全国高等职业学校机械类专业教材

电工电子技术基础

（第三版）

人力资源社会保障部教材办公室组织编写

中国劳动社会保障出版社

简介

本书主要内容包括电路基础及简单直流电路、交流电路、供电与安全用电、室内电气线路、交流异步电动机及其基本控制线路、常用机床电气控制线路、电子元器件与简单电子线路等。

本书由谢京军任主编，王勇任副主编，卞锦珍、黄聚锋、孙宾、沈东辉、王惠东参加编写。

图书在版编目（CIP）数据

电工电子技术基础 / 人力资源社会保障部教材办公室组织编写 . -- 3 版 . -- 北京：中国劳动社会保障出版社，2022

全国高等职业学校机械类专业教材

ISBN 978-7-5167-5165-7

Ⅰ. ①电… Ⅱ. ①人… Ⅲ. ①电工技术 – 高等职业教育 – 教材②电子技术 – 高等职业教育 – 教材 Ⅳ. ①TM②TN

中国版本图书馆 CIP 数据核字（2022）第 101442 号

中国劳动社会保障出版社出版发行

（北京市惠新东街 1 号 邮政编码：100029）

*

北京谊兴印刷有限公司印刷装订 新华书店经销

787 毫米 ×1092 毫米 16 开本 14.5 印张 341 千字

2022 年 8 月第 3 版 2024 年 5 月第 3 次印刷

定价：29.00 元

营销中心电话：400-606-6496

出版社网址：http://www.class.com.cn

http://jg.class.com.cn

前言
PREFACE

为了更好地适应全国高等职业学校机械类专业的教学要求，全面提升教学质量，人力资源社会保障部教材办公室组织有关学校的一线教师和行业、企业专家，在充分调研企业生产和学校教学情况、广泛听取教师对教材使用反馈意见的基础上，对全国高等职业学校机械类专业教材进行了修订。

本次教材修订工作的重点主要体现在以下几个方面：

第一，合理更新教材内容。

根据机械类专业毕业生所从事岗位的实际需要和教学实际情况的变化，合理确定学生应具备的能力与知识结构，对部分教材内容及其深度、难度做了适当调整，对部分学习任务进行了优化；根据相关专业领域的最新发展，在教材中充实新知识、新技术、新设备、新材料等方面的内容，体现教材的先进性；采用最新国家技术标准，使教材更加科学和规范。

第二，精心设计教材形式。

在教材内容的呈现形式上，尽可能使用图片、实物照片和表格等形式将知识点生动地展示出来，力求让学生更直观地理解和掌握所学内容。针对不同的知识点，设计了许多贴近实际的互动栏目，在激发学生学习兴趣和自主学习积极性的同时，使教材“易教易学，易懂易用”。在教材插图的制作中采用了立体造型技术，同时部分教材在印刷工艺上采用了四色印刷，增强了教材的表现力。

第三，引入“互联网+”技术，进一步做好教学服务工作。

在《机床夹具（第二版）》《金属切削原理与刀具（第二版）》教材中使用了增强现实（AR）技术。学生在移动终端上安装 App，扫描教材中带有 AR 图标的页面，可以对呈现的立体模型进行缩放、旋转、剖切等操作，以及观察模型的运动和拆分动画，便于更直观、细致地探究机构的内部结构和工作原理，还可以浏览相关视频、图片、文本等拓展资料。在部分教材中使用了二维码技术，针对教材中的教学重点和难点制作了动画、视频、微课等多媒体资源，学生使用移动终端扫描二维码即可在线观看相应内容。

本套教材配有习题册，另外，还配有方便教师上课使用的电子课件，电子课件和习题册答案可通过技工教育网（http://jg.class.com.cn）下载。

本次教材的修订工作得到了河北、江苏、浙江、山东、河南等省人力资源社会保障厅及有关学校的大力支持，在此我们表示诚挚的谢意。

人力资源社会保障部教材办公室

2021 年 8 月

目录
CONTENTS

电路基础及简单直流电路

课题一 电路基础知识

本课题主要认识电路的基本结构，熟悉电路分析中所涉及的基本物理量，如电流、电压、电动势和电阻等。

任务一 认识电路与电路图

学习目标

- 了解几种常见的电路图形式
- 掌握电路的基本组成以及各组成部分的作用
- 熟悉电路中常用电气元件图形符号的含义

任务引入

在日常生活中，经常会用开关去控制一盏灯的亮灭，这时需要将电池、灯泡、开关等电气元件组合起来，就构成了电路。如图 1–1 所示为用开关控制一盏灯的实物图和电路图。下面结合该图来具体讲解电路及其组成的相关知识。

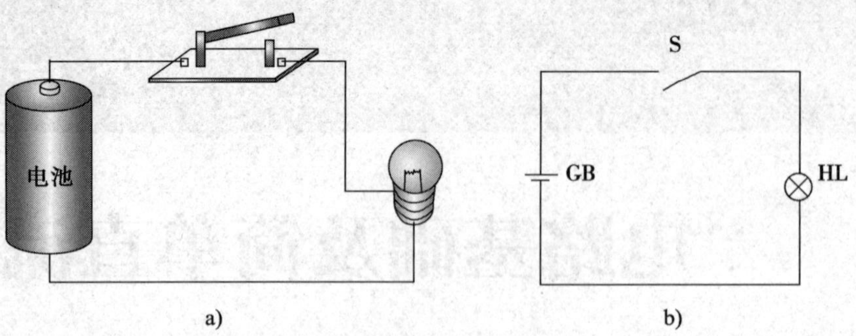

图 1–1 用开关控制一盏灯

a）实物图 b）电路图

相关知识

一、电路

电路是指电流所流过的路径。如图 1–1 所示，就是通过开关、连接导线把电池和灯泡连接起来的一个照明电路。当合上开关时，有电流流过灯泡，灯泡亮起来；当断开开关时，没有电流流过灯泡，灯泡熄灭。

电路的作用主要有两个方面：一是可以进行电能的传输、分配和转换，例如，供电线路可以把发电厂发出的电能传输到远处的负载，再由负载将电能转换成其他形式的能；二是可以实现电信号的产生、传递和处理，例如，计算机可以通过电路实现信息的计算、比较、存储和显示等。

实际应用中，一个完整的电路由电源、负载、开关以及连接导线四部分组成。

1．电源

电源是产生电能的装置，其作用是将其他形式的能转化为电能。

2．负载

负载又称为用电设备，它是消耗电能的装置，其作用是将电能转化为其他形式的能。

3．开关

开关属于控制装置，在电路中起着接通或断开电路的作用。

4．连接导线

电源、负载、开关可以通过连接导线连接起来，组成一个完整的电路。

二、电路图及常见电气元件符号

电路可以用电路图表示，电路图是由理想元件的图形符号所表示的电路模型。如图 1–2 所示为几种常见的电路图形式。

为了读图方便直观，通常采用国家统一规定的图形符号来画电路图。常用电气元件的图形符号及文字代号见表 1–1。

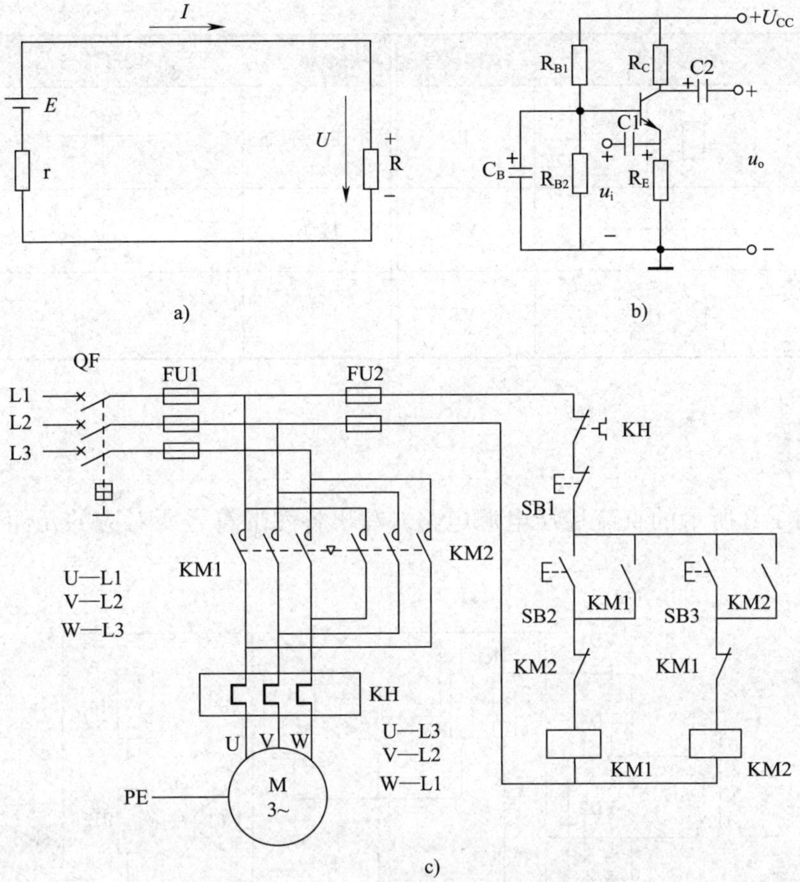

图 1–2　几种常见的电路图形式

a）全电路　b）共基极放大电路　c）三相笼型异步电动机接触器联锁正反转控制电路

表 1–1　　常用电气元件的图形符号及文字代号

名称	图形符号	文字代号	名称	图形符号	文字代号
开关		S	铁芯线圈		L
电池	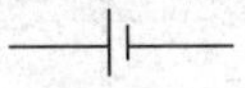	GB	熔断器	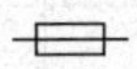	FU
电阻器	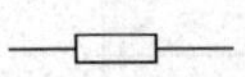	R	指示灯	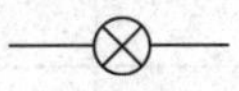	HL
电位器	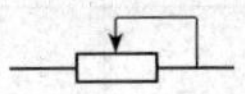	RP	电流表	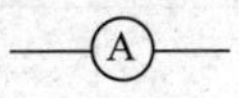	PA，A
电容器	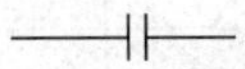	C	电压表	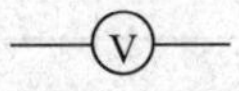	PV，V
电感器、线圈		L	连接导线		—

续表

名称	图形符号	文字代号	名称	图形符号	文字代号
扬声器		B	不连接导线	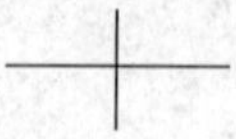	—
二极管	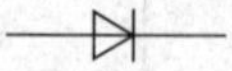	VD	接地		—
三极管	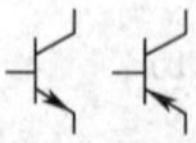	VT			

任务实施

根据如图 1–3 所示的直流稳压电源电路，写出各图形符号所对应的元件名称，并填入表 1–2。

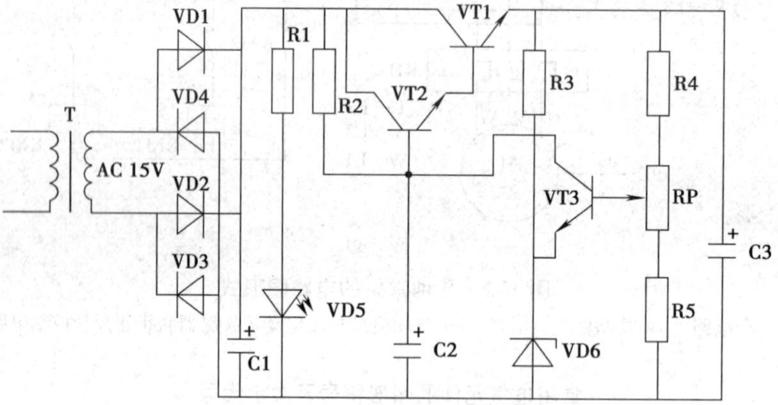

图 1–3　直流稳压电源电路

表 1–2　　元件名称与符号

图形符号	对应元件名称	图形符号	对应元件名称

任务二 认识电流与电压

学习目标

- 掌握电流的概念与分类，以及电流大小、方向的规定
- 掌握电压的概念
- 掌握电位及电动势的概念

任务引入

为了让使用者能够正确使用各种电气设备，一般都在其显著位置上标注有关的电路参数。如图 1–4 所示为一个电力拖动控制电路中常见的行程开关，其表面标有“AC380 V，DC220 V，5 A”等字样，用来提示使用者它们的性能参数。它们的含义是什么呢？通过本任务的学习来认识这些电工学中的基本物理量。

相关知识

一、电流

电流是电荷有规则地定向移动形成的。规定以正电荷定向移动的方向为电流的正方向；而在金属导体中，电流是由自由电子有规则地定向移动形成的，即与电流的正方向相反，如图 1–5 所示。

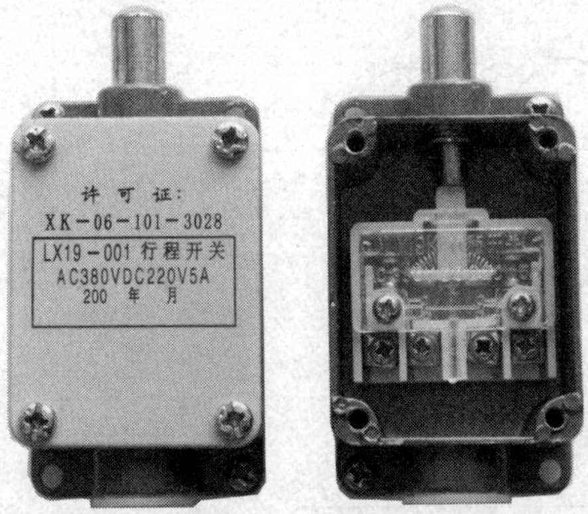

图 1–4 行程开关

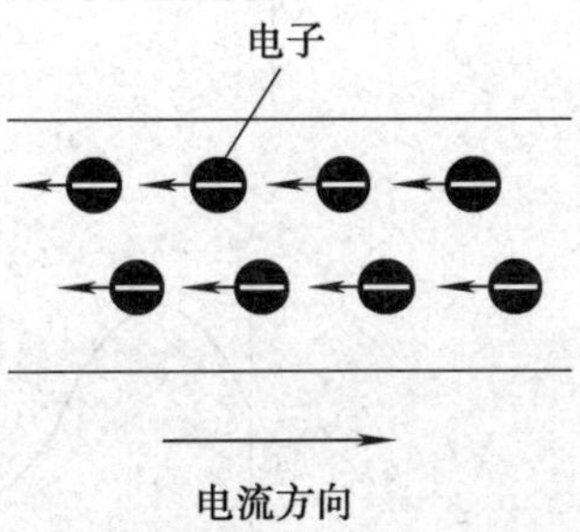

图 1–5 金属导体中电流的形成和方向

在分析计算电路时，需要首先确定电流的方向，这在直流电路中比较容易。而在交流电路中，就需要先假设电流的正方向（参考方向），然后再分析计算。若计算出的电流为正值，则表明实际方向与假设的参考方向相同；否则，实际方向与参考方向相反，如图 1–6 所示。

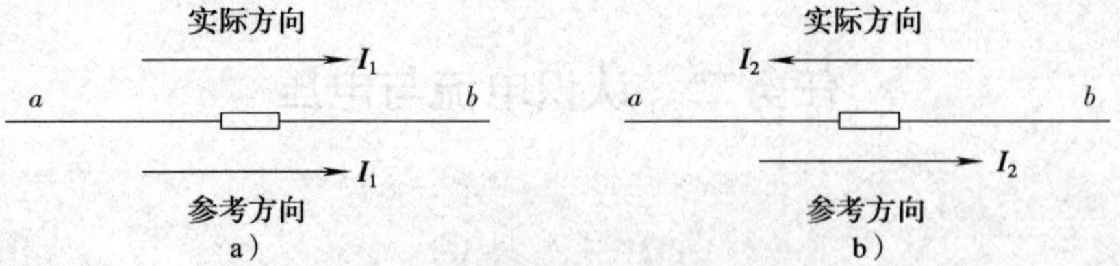

图 1–6　电流的参考方向和实际方向

a）电流为正值　b）电流为负值

电流大小的定义：单位时间内通过导体横截面的电荷的多少。在直流电路中，若在时间 t 内通过导体横截面的电量为 Q，则电流的大小为

$$I=\frac{Q}{t}$$

而在交流电路中，电流的大小是随时间变化的，如果在 Δt 时间内，通过导体横截面的电量为 ΔQ，则瞬时电流的大小为

$$i=\frac{\Delta Q}{\Delta t}$$

电流的单位是安培，简称安，用符号 A 表示，常用的电流单位还有千安（kA）、毫安（mA）和微安（μA），它们之间的换算关系为

$$1\ \text{kA}=1\ 000\ \text{A}$$

$$1\ \text{A}=1\ 000\ \text{mA}$$

$$1\ \text{mA}=1\ 000\ \mu\text{A}$$

电流是一个既有大小又有方向的物理量，根据电流大小和方向随时间变化的情况，可以把电流分为直流电流（DC）和交流电流（AC）两大类。直流电流又分为稳恒直流电和脉动直流电。稳恒直流电是大小和方向都不随时间变化的电流，如图 1–7a 所示；脉动直流电是

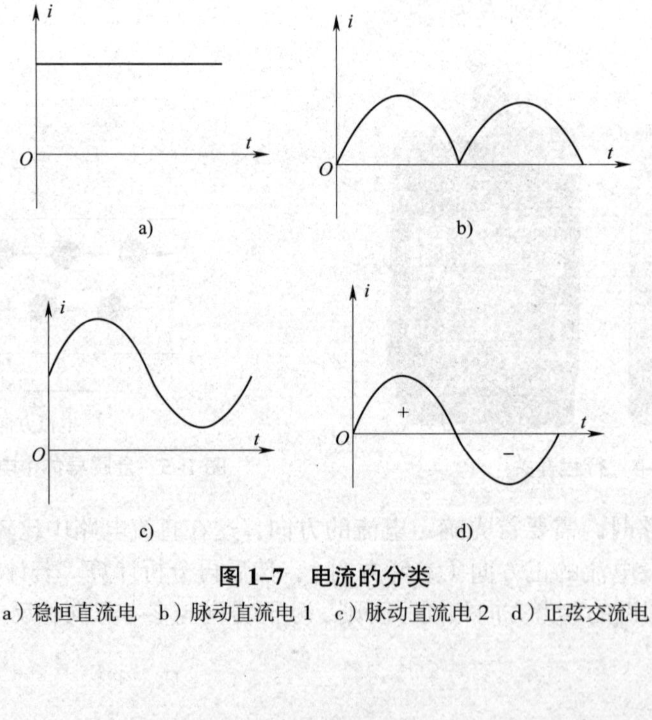

图 1–7　电流的分类

a）稳恒直流电　b）脉动直流电 1　c）脉动直流电 2　d）正弦交流电

指方向不变，而大小随时间变化的电流，如图 1–7b 和图 1–7c 所示；交流电流是指大小和方向都随时间变化而变化的电流，如图 1–7d 所示为最常用的正弦交流电的波形图。

二、电压

水在一定的压力下能产生水流，那么电荷在一定的“压力”下是不是也能产生电流呢?

如图 1–8 所示，电荷 Q 会在电场力的作用下从 a 点移动到 b 点，这时称电场力对电荷做了功。为了衡量电场力对电荷做功本领的大小，引入一个物理量——电压。

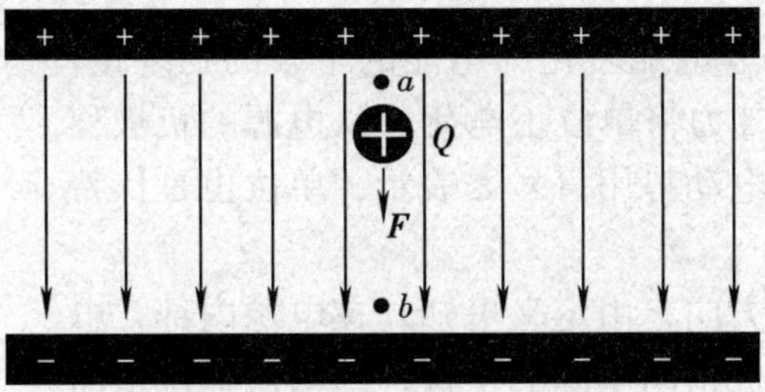

图 1–8 电场力做功示意图

电场力将单位正电荷从 a 点移动到 b 点所做的功，称为 a、b 两点间的电压，可以用公式表示如下

$$U_{\mathrm{ab}}=\frac{W_{\mathrm{ab}}}{Q}$$

电压的单位是伏特（V），常用的单位还有千伏（kV）、毫伏（mV）和微伏（μV），它们之间的换算关系为

$$1\ \mathrm{kV}=1\ 000\ \mathrm{V}$$
$$1\ \mathrm{V}=1\ 000\ \mathrm{mV}$$
$$1\ \mathrm{mV}=1\ 000\ \mu\mathrm{V}$$

电压与电流一样，既有大小又有方向。对于负载而言，规定电流流进的端为电压的正端，电流流出的端为电压的负端，电压的方向由正端指向负端。如图 1–9 所示的白炽灯电路中，标注出了电压与电流的方向。

我国广泛使用的民用电电压为 380 V 和 220 V，日常照明用电一般是 220 V。电压的大小可以使用电压表或万用表的电压挡进行测量。

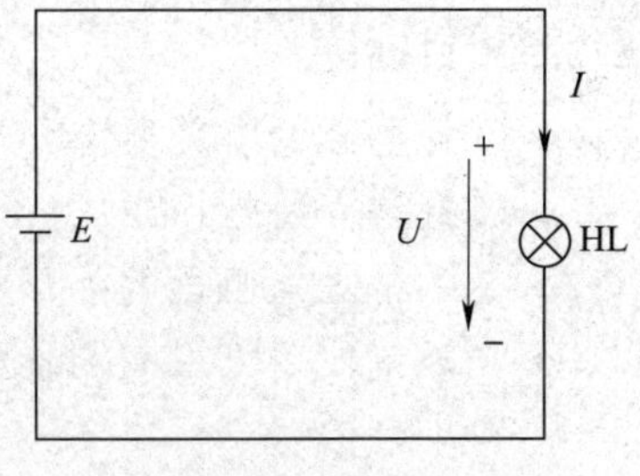

图 1–9 白炽灯电路

三、电位

讨论电位时，需要首先在电路中任选一个点作为参考点（零电位点），那么电路中 a 点的电位就可以定义为：电场力将单位正电荷从 a 点移动到参考点 o 所做的功，即

$$U_{\mathrm{a}}=\frac{W_{\mathrm{ao}}}{Q}$$

所以，选定参考点后，电路中某点的电位就等于该点到参考点之间的电压。由此可见，电位的实质就是电压，只不过是相对参考点的电压。

电位与电压的关系为：电路中任意两点之间的电位差称为这两点之间的电压，即

$$U_{ab}=U_a-U_b$$

电位的单位与电压相同，也是伏特（V）。

电位与电压的区别：电位（相对量）随着参考点的改变而改变，电压（绝对量）与参考点的选择无关；电压就是两点之间的电位差，所以电位相同的各点间的电压为零。

四、电动势

电动势是衡量电源将非电能转化为电能的本领的物理量，其定义是：在电源内部，外力将单位正电荷 Q 从电源的负极移到电源的正极所做的功。电动势用符号 E 表示，单位也是伏特（V）。

电动势既有大小又有方向，由定义可知，在电源内部，电动势的方向是由电源的负极指向电源的正极，即由低电位指向高电位，如图 1–10 所示。

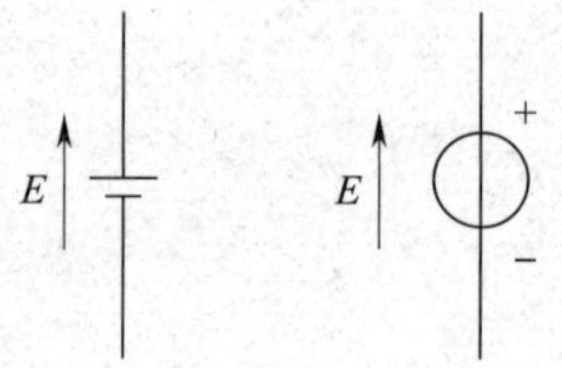

图 1–10　电源电动势的方向

任务实施

通过上述学习可知，任务引入中行程开关表面标注的“AC380 V”表示其交流额定工作电压为 380 V，“DC220 V”表示其直流额定工作电压为 220 V，“5 A”表示其额定工作电流为 5 A。此行程开关适用于交、直流控制电路中。

任务三　认识电阻与电阻定律

学习目标

- 掌握电阻的有关概念和性质
- 掌握伏安特性曲线
- 熟悉常见电阻器的外形及表示方法
- 能规范使用万用表测量电阻

任务引入

电阻是电路中最常见的元件，那么什么是电阻？它的大小与哪些量有关？如何对电阻的大小进行测量？本任务中将具体学习电阻的有关知识，并以灯泡电阻的测量来具体学习使用万用表测量电阻的方法。

相关知识

一、电阻

自然界中的各种物体，按导电性能可分为导体、绝缘体、半导体三类。其中导电性能良好的物体叫作导体，例如，在电路中常用的铜导线、铝导线等都是导体。

导体内部有大量的自由电子，这些电子在电场力的作用下能有规则地运动，从而形成电流。由于自由电子在运动中会与其他的分子、原子、自由电子等发生碰撞，其运动会受到阻碍，因此把导体对电流的阻碍作用称为电阻。电阻的单位为欧姆（Ω），常用的还有千欧（kΩ）和兆欧（MΩ），它们之间的换算关系为

$$1\ \text{k}\Omega = 1\ 000\ \Omega$$
$$1\ \text{M}\Omega = 1\ 000\ \text{k}\Omega$$

二、电阻定律

任何导体都有电阻，电阻是客观存在的，并且不随导体两端电压的变化而变化。

实验证明，在一定的温度下，导体的电阻与导体的长度成正比，与导体的横截面积成反比，并与材料的性质有关，用公式表示为

$$R = \rho \frac{L}{S}$$

式中 R——导体电阻，Ω；

L——导体长度，m；

S——导体横截面积，m^2；

ρ——导体的电阻率，Ω · m。

电阻率是与导体材料性质有关的物理量，它在一定温度下为常数，表 1–3 列出了几种常用材料的电阻率（20 ℃）。

表 1–3　几种常用材料的电阻率（20 ℃）

材料	电阻率 /Ω · m	材料	电阻率 /Ω · m
银	1.6×10^{-8}	铁	1.0×10^{-7}
铜	1.7×10^{-8}	锰铜	4.4×10^{-7}
铝	2.9×10^{-8}	康铜	5.0×10^{-7}
钨	5.3×10^{-8}	橡胶	1.0×10^{16}

实验表明，导体的电阻率是与温度有关的一个变量，一般金属导体的电阻率都是随着温度的升高而增大的；而半导体和电解液的电阻率通常是随着温度的升高而减小的；康铜和锰铜的电阻率一般不随温度变化，所以可以用来制造标准电阻。

在分析计算电路时，还常用到另外一个物理量——电导。电阻的倒数称为电导，它是衡

量导体导电能力大小的物理量，电阻和电导的关系为

$$G=\frac{1}{R}$$

电导的单位是西门子（S），电导越大，表明导体的导电能力越强；反之，导电能力就越弱。

三、电阻的伏安特性曲线

在温度一定的条件下，通过导体的电流随电压变化而变化的关系曲线，称为电阻的伏安特性曲线，如图 1–11 所示，其中线性电阻的阻值不随外加电压的变化而变化，是一个常数，常见的电阻大多数是线性电阻。非线性电阻的阻值不是一个常数，它随着外加电压的变化而变化，电子技术中使用的二极管、三极管都属于非线性电阻。

另外，还可以通过伏安特性曲线的斜率大小来判断电阻值的大小。图 1–12 中给出了 3 个电阻的伏安特性曲线，斜率越大表明电阻值越小，图中三个电阻的关系为 $R_3>R_2>R_1$。

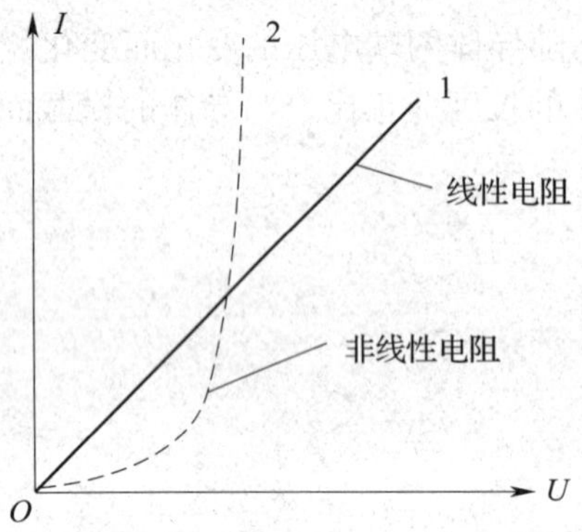

图 1–11　线性电阻与非线性电阻的伏安特性曲线

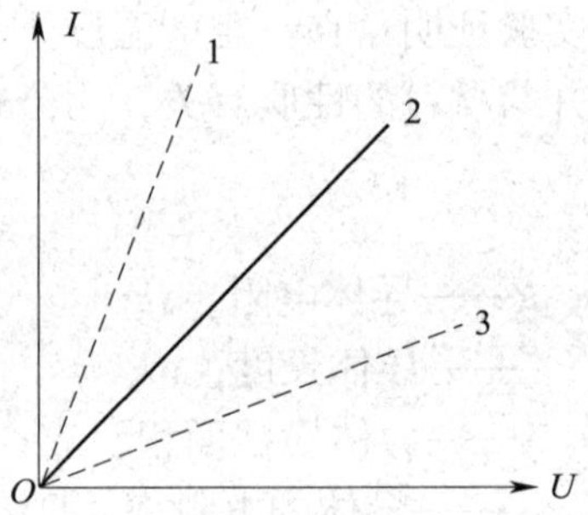

图 1–12　不同阻值电阻的伏安特性曲线

四、常见电阻器

电阻是电路中使用最多的元件之一，按结构可分为固定电阻器、可变电阻器和特殊电阻器三大类。

1. 固定电阻器是电阻值不可调节的电阻器。如碳膜电阻器和金属膜电阻器等。

2. 可变电阻器又称电位器，其电阻值在一定范围内连续可调，通常分为立式和卧式两种。可变电阻器有三只引脚，其中两只引脚之间为固定电阻值，第三只引脚与其他两只引脚之间的电阻值可以随着轴臂的旋转（或活动点的直线式位移）而改变。

3. 特殊电阻器就是在电路中发挥特殊作用的电阻器。如熔断电阻器具有过电流保护的作用，正常情况下相当于一个普通的电阻器，在电流过大的情况能够熔断，从而起到保护整个电路的作用。另外有一些对温度、电压、光照、压力等作用敏感的电阻器，如热敏电阻器、光敏电阻器等。水泥电阻器则绝缘性能好、散热好、功率大，具有优良的阻燃、防爆特性，有较好的稳定性和过负载能力。

常见电阻器的外形图如图 1–13 所示。

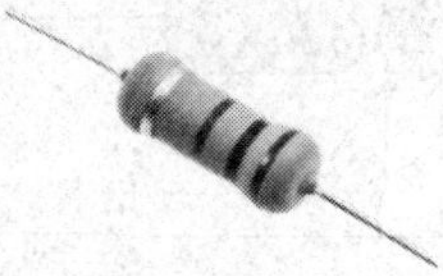

a）

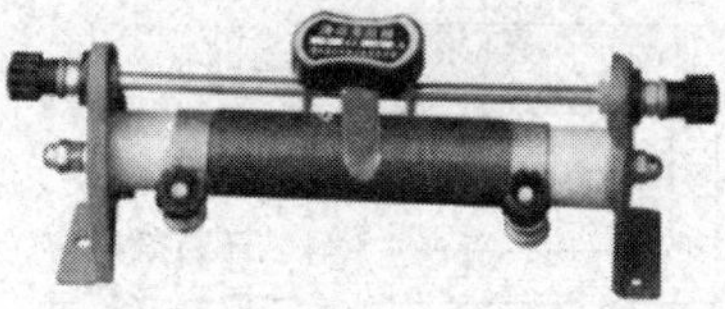

b）

c）

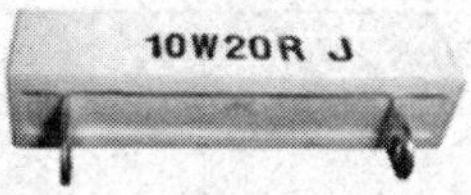

d）

e）

图 1–13　常见电阻器的外形图

a）金属膜电阻器　b）滑动变阻器　c）电位器　d）水泥电阻器　e）热敏电阻器

五、电阻器参数及其标注方法

电阻器在实际选用中主要考虑标称阻值、额定功率和允许偏差这三个参数。

标称阻值是指在电阻器表面所标示的阻值。

额定功率是指电阻器在正常大气压力及额定温度条件下，长期安全使用所允许消耗的最大功率值。

电阻器的实际值对于标称阻值的最大允许偏差范围，称为电阻器的允许偏差，它表明了电阻器产品精度的高低。

这些参数一般在元器件的表面标注出来，电阻器常用的标注方法有直标法和色环法两种。

直标法就是将电阻器的主要参数直接标注在电阻器的表面，主要应用在大功率的电阻器上，比较直观，便于读数，如图 1–14 所示。

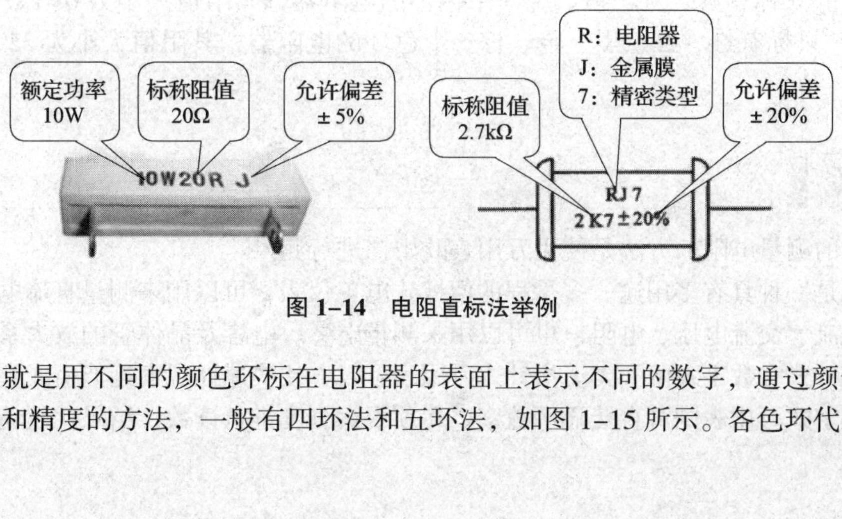

图 1–14　电阻直标法举例

色环法就是用不同的颜色环标在电阻器的表面上表示不同的数字，通过颜色的不同来表示电阻值和精度的方法，一般有四环法和五环法，如图 1–15 所示。各色环代表的含义见表 1–4。

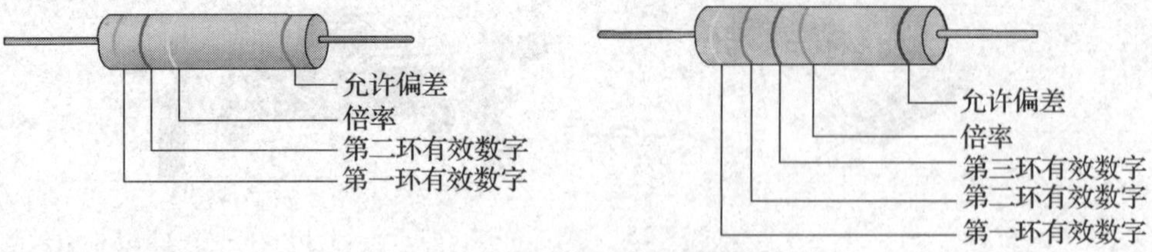

图 1–15　色环标注的含义

表 1–4　各色环代表的含义

颜色	有效数字 /Ω	倍率（乘数）	允许偏差 /%
黑	0	10^0=1	± 1
棕	1	10^1=10	± 2
红	2	10^2=100	—
橙	3	10^3=1 000	—
黄	4	10^4=10 000	± 0.5
绿	5	10^5=100 000	± 0.25
蓝	6	10^6=1 000 000	± 0.1
紫	7	10^7=10 000 000	—
灰	8	10^8=100 000 000	—
白	9	10^9=1 000 000 000	—
金	—	10^{-1}=0.1	± 5
银	—	10^{-2}=0.01	± 10
无色	—	—	± 20

例如，一只标有蓝、灰、橙、金 4 个色环的电阻器，其阻值大小为 68 kΩ，允许偏差为 ± 5%；一只标有红、红、黑、金、棕 5 个色环的电阻器，其阻值大小为 22 Ω，允许偏差为 ± 2%。

任务实施

最常用的测量电阻的方法是使用万用表欧姆挡进行测量。

万用表是一种具有多用途、多量程的便携式电工仪表，可以用来测量直流电流、直流电压、交流电流、交流电压、电阻，也可以用来测量电感、电容及晶体管的放大系数。常用的万用表有指针式和数字式两大类。指针式万用表可以方便快速地观察近似值或被测数值的变化情况。数字式万用表则可直接显示数字，无须观察刻度进行读数，结果比较精确，使用较为广泛。

一、数字式万用表的结构

数字式万用表的结构如图 1–16 所示。

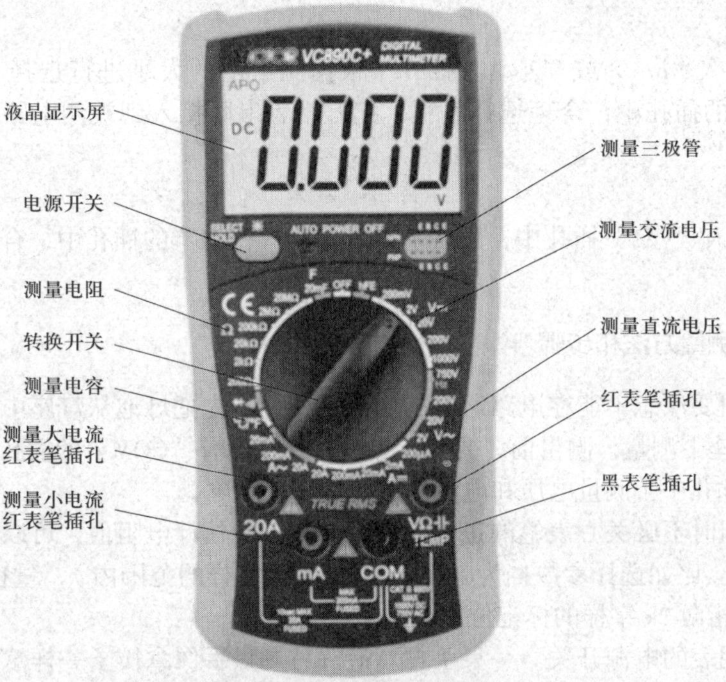

图 1–16　数字式万用表的结构

二、数字式万用表使用的注意事项

1. 使用前必须仔细阅读万用表使用说明书，了解转换开关的功能。

2. 使用万用表测量时应注意两支测量表笔的正、负极性。红表笔为正极性，黑表笔为负极性。

3. 开关各位置上注明的数值为该量程挡位的最大测量范围。量程挡的选择依据是使被测量指示值小于但接近该量程挡的最大测量范围。

4. 在测量未知量时应先选择较大的量程测量。在测量时若显示屏始终显示数字“1”，其他位均消失，则说明该量程不满足被测量大小要求，此时应重新选择更大的量程进行测量。

5. 禁止在测量过程中更换万用表量程。

6. 不能在电路带电的情况下测量电阻，否则会损坏万用表。

7. 使用完毕后，应立即关闭万用表电源开关，以延长内部电池的使用寿命。若长时间不用，应取出电池，防止电池漏液。

三、数字式万用表的测量方法

1. 电压测量

将红表笔插入“VΩ”插孔中，黑表笔插入标有“COM”的插孔中，根据直流或交流电压合理选择量程；再把万用表与被测电路并联，即可进行测量。注意，不同量程测量精度也不同。例如，测量一节 1.5 V 的干电池，分别用 2 V、20 V、200 V、1 000 V 挡测量，其测量值分别为 1.552 V、1.55 V、1.6 V、2 V。可见，随着量程的增大，测量误差也不断增大，所以不能用大量程挡去测小电压。

2．电流测量

将红表笔插入“mA”或“20 A”插孔（根据测量值的大小进行选择）中，黑表笔插入标有“COM”的插孔中，合理选择量程，把万用表串联接入到被测电路中，即可进行测量。

3．电阻测量

将红表笔插入“VΩ”插孔中，黑表笔插入标有“COM”的插孔中，合理选择量程，即可进行测量。

四、灯泡电阻的测量方法和步骤

1．测量电阻要注意不能在电路通电的情况下测量，先把灯泡从灯座中旋下，也可以在断开开关后在灯座上测量。测量前，要确认黑表笔插在标有“COM”的插孔中，红表笔插在标有“VΩ”的插孔中（测量电压和电阻）。

2．测量电阻时不必关心表笔的正负极性，如果不能估计电阻值，可以先选择任一电阻量程挡进行估测。比如选择参数挡为电阻挡（标明 Ω 字样的范围内），量程挡位 2k 挡（使万用表转换开关指向 2k 字样的标记位置）。

3．打开万用表的电源开关。一只手拿灯泡，另一只手像拿筷子一样拿起两只表笔。两只表笔的金属体头部分别接触灯泡尾部的金属体和螺旋金属部分，如图 1–17 所示。

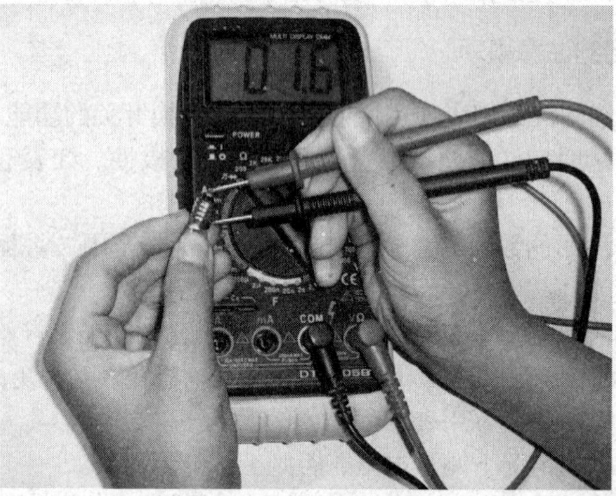

图 1–17　测量灯泡电阻

4．观察万用表的指示值。选择量程挡位为 2k 挡时，显示的数值很小，大约为 0.002 kΩ，由此可以判断出量程挡位选择过大。改用 200 Ω 的量程挡重新进行测量，测量后进行读数，如图 1–17 所示，应为 1.6 Ω（此数值为灯泡灯丝的冷态电阻值，小于额定工作状态下的电阻值）。

5. 注意：测量时手指不可同时接触两只表笔的金属体，以免接入人体电阻，引起测量误差。我们测量的是灯泡内部灯丝的电阻值，灯丝是由金属钨制成的。钨的电阻率随温度升高而增大，因此灯丝的电阻值也会随着灯丝温度的升高而增大。

技能训练

教师给出 10 只不同的电阻器，学生以小组为单位，首先直观识别各种电阻器的功率和电阻值，然后用万用表依次对 10 只电阻器进行测量，并判断电阻器性能的好坏，将结果填入表 1–5 中。

表 1–5　　电阻器的识别与检测记录表

电阻器编号	电阻器外表标志内容	判断结果		额定功率值	万用表实测阻值	电阻器好坏
		标称阻值	允许偏差			
1						
2						
3						
4						
5						
6						
7						
8						
9						
10						

知识链接

指针式万用表

一、指针式万用表的结构

指针式万用表如图 1–18 所示，其结构主要包括表头、转换开关、调零旋钮、插孔与测试表笔等。万用表的表头在万用表的上部，主要用来指示测量结果。转换开关是实现各种测量种类及量程的开关。调零旋钮用于在测量前使万用表指针指在零位置上，包括机械调零旋钮和欧姆调零旋钮。

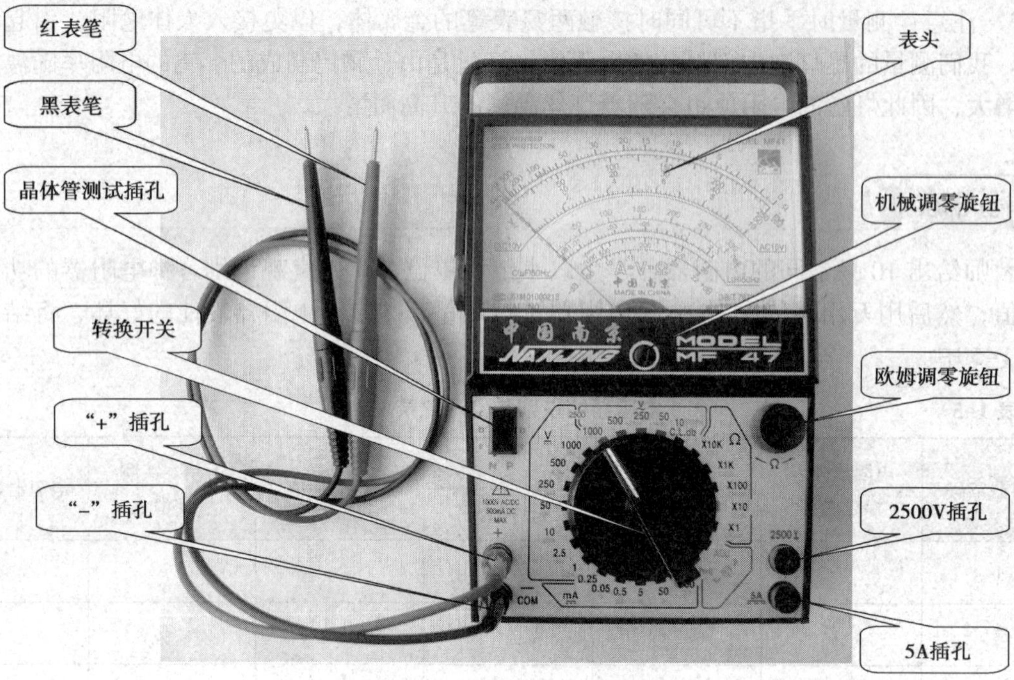

图 1–18　指针式万用表

晶体管测试插孔用来判断晶体管的极性。其余插孔主要用来插测试表笔，测试表笔有红表笔、黑表笔两支，"+"插孔插红表笔，"–"（或"*"）插孔插黑表笔。

二、指针式万用表的使用方法

1．测电压

（1）测量直流电压。测量时，将转换开关转到直流电压挡，将红、黑表笔分别插入"+""–"插孔内。根据所测电压，将转换开关置于相应的测量挡位上，若所测量的电压数值无法估计时，可先用万用表的最高测量挡位进行测量，若指针偏转很小，再逐级调低到合适的测量挡位。测量时应注意正、负极不能接反。

（2）测量交流电压。测量时，将转换开关转到交流电压挡，测量交流电压不分正、负极，所需量程由被测电压高低来确定，若所测量的电压数值无法估计时，也需逐级调低到合适的测量挡位。

2．测直流电流

测量时，将表笔插入"+""–"插孔中，将转换开关转到直流电流挡，并选择适当的挡位，然后将表笔串接在被测电路中。若指针反偏，则将表笔正、负极对调。

3．测电阻

测量时，将红表笔插入"+"插孔内，黑表笔插入"–"插孔内，将转换开关转到欧姆挡的适当位置。先将两表笔短接，旋动欧姆调零旋钮，使指针指在电阻刻度"0"处，然后用表笔测量电阻。将表头的读数乘以倍率就是所测电阻的阻值。具体步骤见表 1–6。

表 1–6　　用指针式万用表测量电阻的方法

序号	操作步骤	图示	说明
1	机械调零	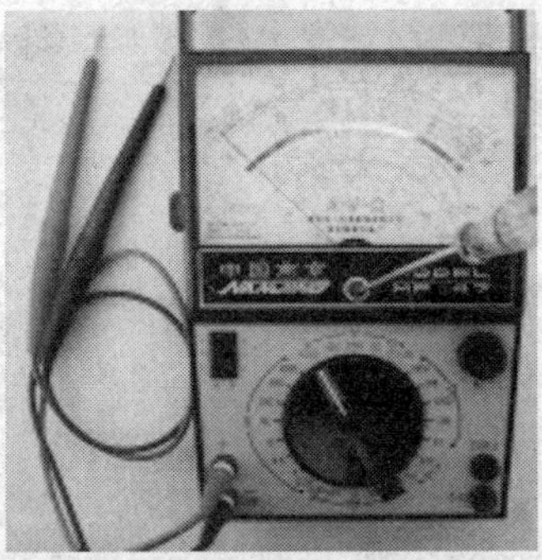	红、黑表笔未短接时，观察指针是否对准表盘左边刻度线零点位置，如不在零点位置，则调节机械调零旋钮，将指针调至零点位置
2	选择合适倍率挡	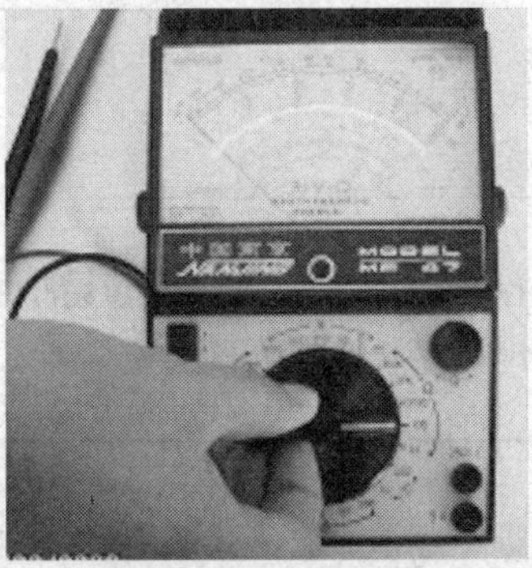	测量时，先依据电阻器的标称阻值选择合适的电阻倍率挡，使万用表指针指在全刻度的中心部分读数才较为准确。一般应使指针指在刻度尺的 1/3 ~ 2/3 之间
3	欧姆调零	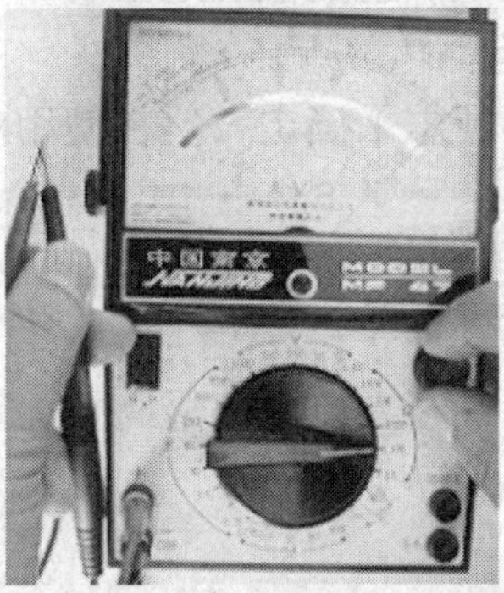	测量前，应将两只表笔短接，同时调节欧姆调零旋钮，使指针刚好指在欧姆刻度线右边的零位（如指针不能调到零位，说明电池电压不足或仪表内部有问题），并且每换一次倍率挡，都要再次进行欧姆调零，以保证测量的准确度
4	测量方法	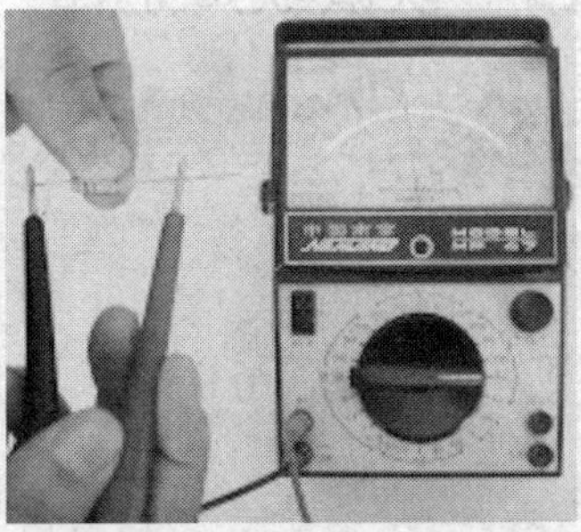	在实际测电阻时，应采用单手测量法，将两表笔（不分正负）分别与被测电阻的两端引脚相接，观察表盘上的数值

续表

序号	操作步骤	图示	说明
5	读取表盘刻度值		待指针稳定后读取表盘上欧姆刻度线的数值
6	计算被测电阻值	被测电阻值 = 表盘读数 × 倍率	
7	判断电阻器性能	把电阻器表面识读的标称阻值与万用表实际测量值进行比较，若数值在误差值以外，则表明电阻器可能变值（一般是阻值增大）或开路	

三、用万用表测量电阻时的注意事项

1. 测量时，特别是在测量几十千欧以上阻值的电阻时，手指不要并接在电阻的两个引脚上，以免对测量产生影响，造成误差。

2. 色环电阻的阻值虽然能以色环标志来确定，但在使用前最好还是用万用表测量其实际阻值。

3. 测量消磁热敏电阻时，不要使热源与消磁热敏电阻靠得过近或直接接触热敏电阻，以防止将其烫坏。

4. 测量完毕应将万用表转换开关旋至交流电压最高挡，防止下次测量时不注意转换开关的位置，而直接去测交流电压，使万用表烧坏。

任务四　认识欧姆定律

学习目标

- 掌握部分电路欧姆定律
- 掌握全电路欧姆定律，并能进行电路分析计算
- 熟悉电路的三种状态

任务引入

前面已经学习过电压、电流、电阻等物理量，它们之间存在内在联系，即欧姆定律。

有一只量程为 250 V 的直流电压表，其等效电路如图 1–19 所示，电压表内阻为 50 kΩ。用它测量电压时，允许通过的最大电流是多少？

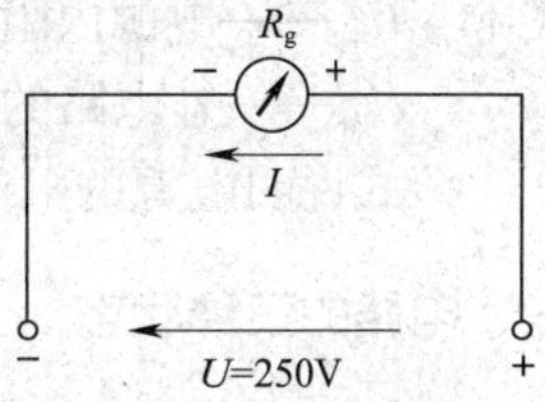

图 1–19 电压表

相关知识

一、部分电路欧姆定律

在如图 1–20 所示的电路中，电阻两端的电压为 U，电阻值为 R，则通过电阻的电流 I 可以表示为

$$I = \frac{U}{R}$$

式中 I——电流，A；

U——电压，V；

R——电阻，Ω。

由上式可知，对于如图 1–20 所示的“部分电路”，通过电阻的电流与电阻两端的电压成正比，与电阻成反比，这就是部分电路欧姆定律。

因此在任何一段电阻电路中，只要知道电路中 U、I、R 三个量中的任意两个量，就可以由欧姆定律求出第三个量。

二、全电路欧姆定律

如图 1–21 所示为一个全电路。所谓全电路就是指含有电源的闭合电路，它由内电路和外电路两部分组成。其中内电路是指电源内部的电路，包括电源电动势 E 和电源的内阻 r，其电流由电源的负极流向正极；外电路则是指电源以外的电路。

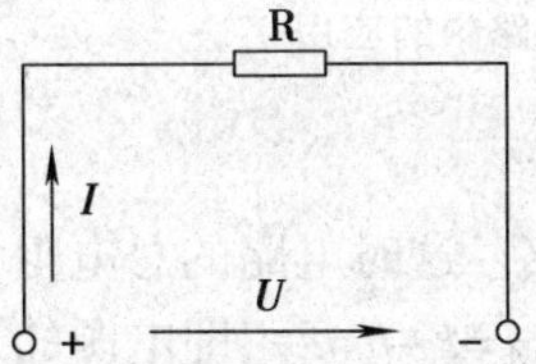

图 1–20 部分电路

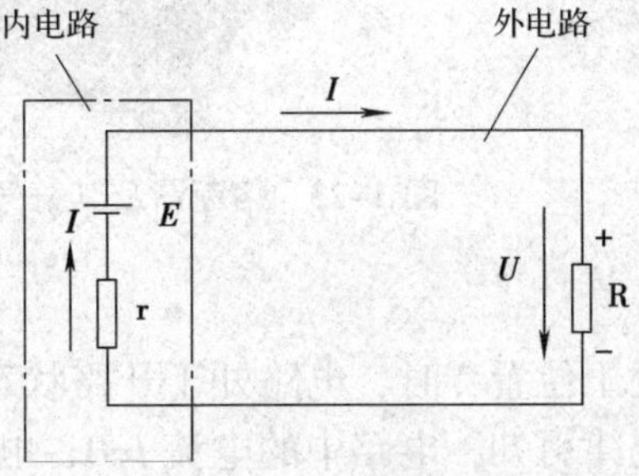

图 1–21 全电路

全电路欧姆定律的内容：闭合电路中的电流与电源的电动势成正比，与电路的总电阻成反比（总电阻包括电源的内阻和外阻），数学表达式为

$$I = \frac{E}{R + r}$$

$$E = IR + Ir = U_{外} + U_{内}$$

式中 $U_{内}$——电源内阻的电压降；

$U_{外}$——外电路的电压降，也就是常说的电源端电压。

该式说明电源的电动势在数值上等于闭合电路中内、外电路电压降的总和。

三、电路的三种状态

如图 1–22 所示，开关 S 可以分别处于位置 1、2、3 上，分别对应电路的短路、开路和通路状态，利用全电路欧姆定律，可以分析出电路在不同状态下输出电流与电源端电压之间的关系。

1．短路

当开关处于位置 1 时，电路处于短路状态。实际上相当于用导线直接将电源两端进行连接，所以电源的端电压 $U_{外}$=0，电流 $I_{短}=\frac{E}{r}$。由于电源内阻通常很小，所以短路电流的数值很大，这样就会造成电源的损坏，并且还可能引起电气火灾。因此，应该采取适当的保护措施，避免电路出现短路现象。实际应用时常使用熔断器来实现短路保护，一旦电路中发生短路事故，熔断器就会因为过大的电流而自动切断电源，从而起到保护电路的作用。如图 1–23 所示为熔断器及其符号以及熔断器在电路中的应用。

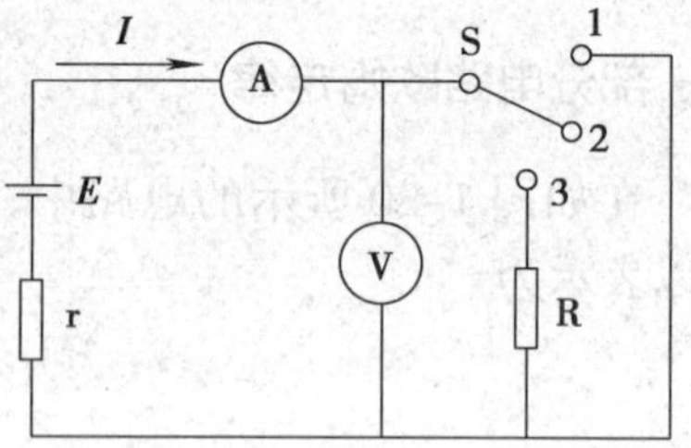

图 1–22　电路的三种状态

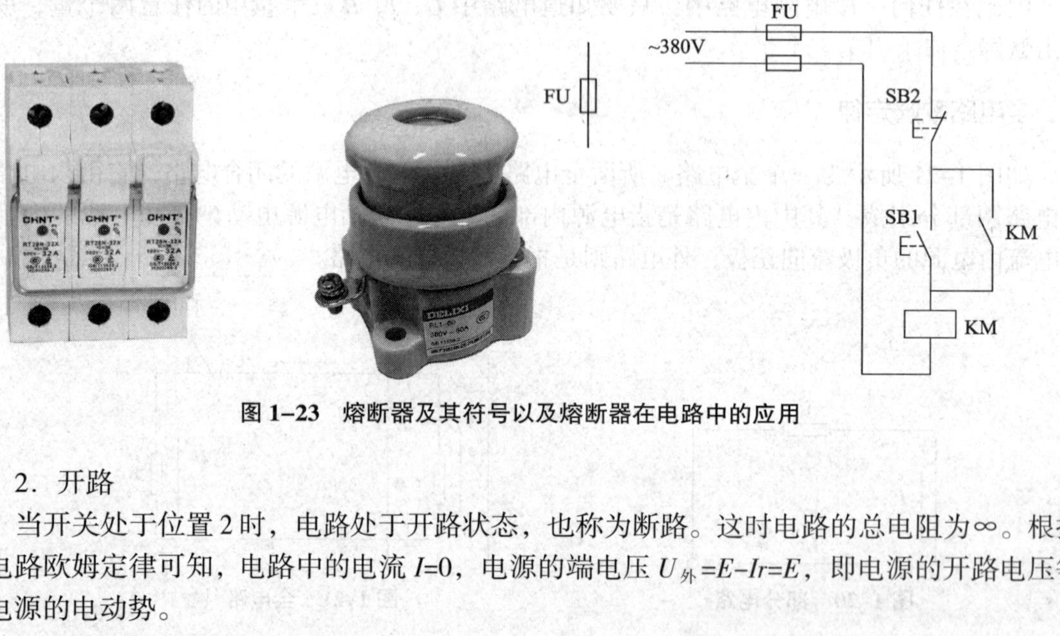

图 1–23　熔断器及其符号以及熔断器在电路中的应用

2．开路

当开关处于位置 2 时，电路处于开路状态，也称为断路。这时电路的总电阻为∞。根据全电路欧姆定律可知，电路中的电流 I=0，电源的端电压 $U_{外}=E-Ir=E$，即电源的开路电压等于电源的电动势。

3．通路

当开关处于位置 3 时，电路处于通路状态。电路中的电流为

$$I = \frac{E}{R + r}$$

由此也可推导出电源的端电压与输出电流之间的关系为

$$U_{外} = E - U_{内} = E - Ir$$

由上式可以画出电源的外特性曲线，如图 1–24 所示，它表示的关系是在电源的电动势和内阻一定的情况下，电源的端电压随输出电流的增大而下降。

通常把通过大电流的负载称为大负载，通过小电流的负载称为小负载。分析电源的外特性曲线可知：在电源内阻一定时，电路接大负载（电流大时）端电压下降得多，接小负载（电流小时）端电压下降得少。

例 如图 1–25 所示是测量电源电动势和内阻的电路。已知 R=24 Ω，当开关 S 合上时电压表的读数为 48 V，开关 S 断开时电压表的读数为 50 V。求电源电动势 E 和内阻 r。

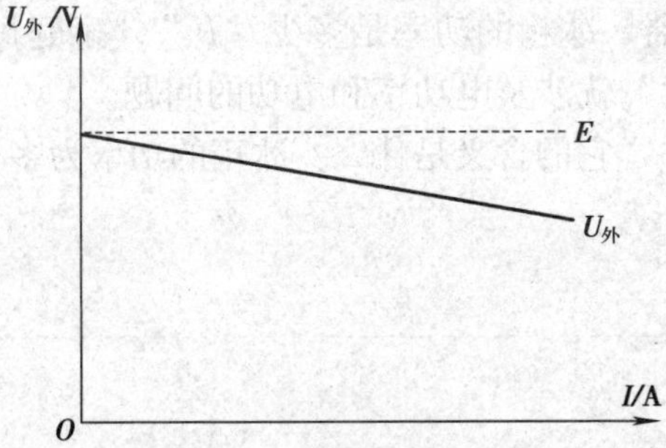

图 1–24 电源的外特性曲线

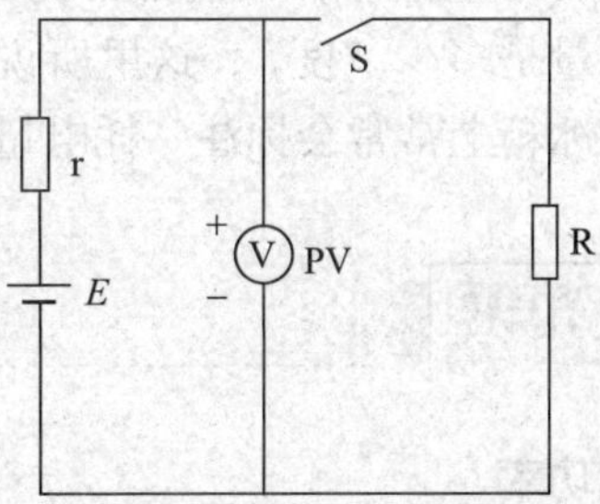

图 1–25 测量电源电动势和内阻的电路

解：（1）开关 S 断开时，电路处于开路状态，电路电流为

$$I = 0$$

电压表读数为

$$U = E = 50\ \text{V}$$

（2）开关 S 接通时，电路处于通路状态，电路电流为

$$I = \frac{U}{R} = \frac{48}{24}\ \text{A} = 2\ \text{A}$$

电压表读数为

$$U = E - Ir = 48\ \text{V}$$

$$r = \frac{50 - 48}{2}\ \Omega = 1\ \Omega$$

任务实施

由于电压表的内阻为一定值，所测量的电压越高，通过的电流就越大。任务引入中，当被测电压为 250 V 时，流过电压表的电流应为最大值，根据欧姆定律得

$$I = \frac{U}{R_g} = \frac{250}{50 \times 10^3}\ \text{A} = 0.005\ \text{A}$$

任务五　认识电功与电功率

学习目标

- 掌握电功和电功率的定义以及两者之间的关系
- 理解电气设备额定值的重要意义
- 能根据负载获得最大功率的条件计算负载功率并准确选用合适的负载

任务引入

在日常生活中，人们常常提及电饭锅、热水器、冰箱的功率是多少“瓦”，家庭每个月的用电量是多少“度”，这里所说的“瓦”和“度”就涉及电功率和电功的问题。

如冰箱上常常会标注“耗电量 4.6 kW · h/24 h”，它的含义是什么？冰箱的功率为多少？

相关知识

一、电功率

电功率是用来表示电流做功快慢的物理量，是单位时间内电场力所做的功。例如，一只标有“220 V，40 W”的灯泡，其中“40 W”的含义就表示灯泡的额定功率是 40 W。

对于前面所学的部分电路（图 1–20），单位时间内电场力在电阻上所做的功可以表示为

$$P = UI = I^2R = \frac{U^2}{R}$$

式中　P——电功率，单位是瓦（W）。

常用电功率单位的换算关系为

$$1\ \text{MW} = 1\ 000\ \text{kW}$$
$$1\ \text{kW} = 1\ 000\ \text{W}$$
$$1\ \text{W} = 1\ 000\ \text{mW}$$

例　额定值为 100 Ω/1 W 的电阻，两端允许加的最大直流电压为多少？此时流过电阻的直流电流是多少？

解：

根据式 $P = \frac{U^2}{R}$ 可得，电阻两端允许加的最大直流电压为

$$U = \sqrt{PR} = \sqrt{100}\ \text{V} = 10\ \text{V}$$

此时流过电阻的直流电流为

$$I = \frac{P}{U} = \frac{1}{10}\ \text{A} = 0.1\ \text{A}$$

二、电功

电功用来表示负载在一段时间内所消耗电能的大小，电功不仅取决于负载功率的大小，还与负载工作时间的长短有关，即

$$W = Pt = UIt$$

式中 P——功率，W；

t——时间，s；

W——电功，J。

在实际工作中，通常用电能表来测量电功的大小，电能表的读数是用千瓦时（kW·h）来表示的，也就是常说的“度”。

$$1\text{ 度} = 1\text{ kW}\cdot\text{h} = 3.6\times10^{6}\text{ J}$$

三、电气设备的额定值

为了保证电气元件和电气设备能够长期安全地工作，要尽量保证实际工作电压等于额定电压，只有这样，负载消耗的实际功率才会等于额定功率。例如，某灯泡上标注的是“220 V，60 W”，则表示灯泡的额定电压为 220 V，在额定电压下工作时其额定功率为 60 W；例如，某三相笼型异步电动机的铭牌上标注的是“380 V，4 kW”，则表示电动机额定工作电压为 380 V，额定功率为 4 kW。

电气设备通常有三种工作状态：满载、轻载和过载。额定功率下的状态称为额定工作状态，也就是满载；低于额定功率的工作状态为轻载；高于额定功率的工作状态称为过载（或超载），在过载情况下电气设备和元件很容易被烧毁，因此，实际中应采取相应措施，如采用热继电器、过流继电器或熔断器等，来防止过载现象的发生。

四、负载获得最大功率的条件

如图 1–26 所示，当电流流经回路时，由于电源内阻的存在，会在内阻上消耗一定的功率。在电源输出功率一定的条件下，内阻消耗的功率越多，外电路负载得到的功率就越少。那么负载在什么情况下才能获得最大功率呢？根据电功率的公式可以推导如下：

$$P = I^2R = \left(\frac{E}{R+r}\right)^2\times R = \frac{E^2R}{R^2+2Rr+r^2}$$

$$= \frac{E^2R}{R^2-2Rr+r^2+4Rr}$$

$$= \frac{E^2R}{(R-r)^2+4Rr}$$

$$= \frac{E^2}{\dfrac{(R-r)^2}{R}+4r}$$

由上式可知，只有当分母最小时，功率 P 才能有最大值，而分母最小的条件是 $R=r$。因此，在电源一定的情况下，当负载电阻和电源内阻相等时，负载可获得最大功率，所获得的最大功率可以用下式计算：

$$P_m = \frac{E^2}{4R} = \frac{E^2}{4r}$$

当负载获得最大功率时，由于外电阻等于电源的内阻，所以电源的效率只有 50%。

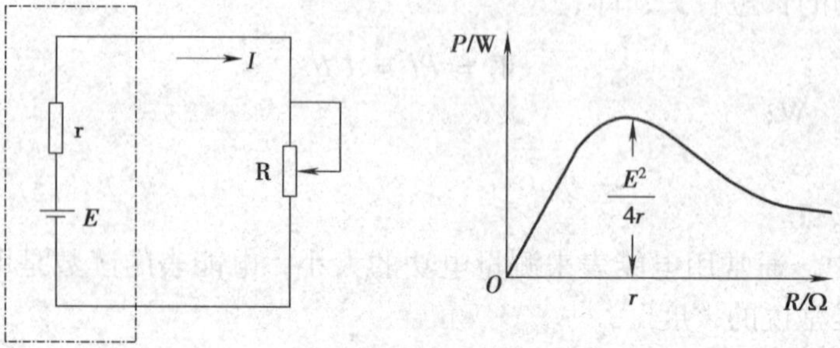

图 1–26　负载获得最大功率的条件

任务实施

冰箱“耗电量 4.6 kW · h/24 h”表示：在 24 h 内，冰箱消耗的电能为 4.6 度。

冰箱的功率为

$$P = \frac{W}{t} = \frac{4.6}{24}\ \text{kW} = 0.192\ \text{kW}$$

课题二　简单直流电路

简单直流电路是指利用串联、并联关系可以化简为单一闭合回路的直流电路，是最基本的电路。分析计算简单直流电路时主要应用欧姆定律和电阻串联、并联的有关规律。本课题主要学习串联、并联电路中电压、电流、电阻和功率等的特点。

任务一　分析电阻串联电路

学习目标

- 熟悉电阻串联电路的基本特点
- 掌握电阻串联电路在实际中的应用
- 掌握电阻串联电路的分析计算

任务引入

某电路需要 20 kΩ 的电阻进行限流，而目前只有若干个 5 kΩ 的电阻，应如何连接电阻才能满足要求？本任务将主要学习电阻串联电路的特点及实际应用。

相关知识

一、电阻串联电路的特点

如图 1–27 所示为一电阻串联电路，两个或两个以上的电阻首尾依次连接就构成了串联电路。如图 1–27a 所示为 n 个电阻的串联电路，此电路化简后可等效为图 1–27b，两个电路具有相同的伏安特性。

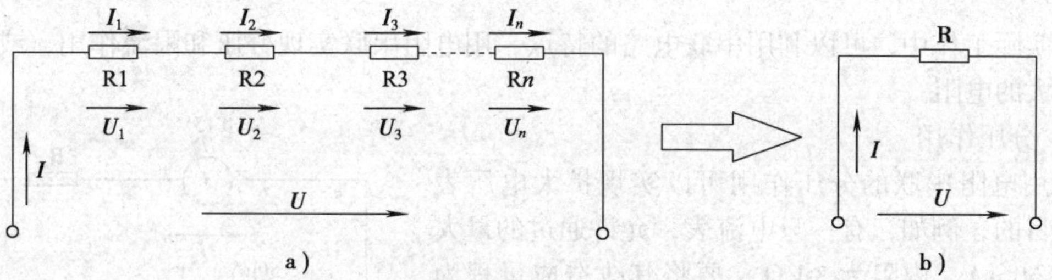

图 1–27 电阻串联电路

a）串联电路的基本结构 b）等效电路

下面从电流、电压、电阻和功率等几个方面来讨论电阻串联电路的特点。

1．串联电路中电流处处相等，即

$$I = I_1 = I_2 = I_3 = \cdots = I_n$$

2．串联电路中，总电压等于各电阻两端的电压之和，即

$$U = U_1 + U_2 + U_3 + \cdots + U_n$$

3．串联电路中，总电阻等于各个串联电阻之和，即

$$R = R_1 + R_2 + R_3 + \cdots + R_n$$

其中总电阻 R 也称为等效电阻。

由于串联电路中电流处处相等，所以在各个电阻上产生的电压为

$$U_1 = IR_1，U_2 = IR_2，U_3 = IR_3，\cdots，U_n = IR_n$$

而总电压等于各电阻两端电压之和，有

$$U = IR = IR_1 + IR_2 + IR_3 + \cdots + IR_n = I（R_1 + R_2 + R_3 + \cdots + R_n）$$

因此等效电阻

$$R = R_1 + R_2 + R_3 + \cdots + R_n$$

由上式可知，电阻串联的数量越多，总等效电阻的数值就越大。

4．串联电路中，各电阻上的电压之比等于各电阻大小之比，即

$$U_1:U_2:U_3\cdots:U_n=R_1:R_2:R_3\cdots:R_n$$

上式表明，在串联电路中，阻值大的电阻分得的电压大，阻值小的电阻分得的电压小。也就是说各电阻上电压的大小与电阻的大小成正比，这就是串联电路中电阻的分压作用。以两个电阻串联为例，可以得到分压公式，即

$$U_1=\frac{R_1}{R_1+R_2}U$$

$$U_2=\frac{R_2}{R_1+R_2}U$$

5．串联电路中，电阻消耗的功率之比等于电阻大小之比，即

$$P_1:P_2:P_3=R_1:R_2:R_3$$

根据公式 $P=I^2R$ 并结合串联电路中电流处处相等的特点，就可以推导出上式。

二、电阻串联电路的应用

在实际工作中，可以利用串联电路的特点，用电阻串联实现分压和限流作用，或者用来获得较大的电阻。

1．分压作用

利用电阻串联的分压作用可以实现扩大电压表量程的目的，例如，有一只电流表，允许通过的最大电流为 50 μA，内阻为 3 kΩ，要将其改造成量程为 10 V 的电压表，该如何实现呢？根据要求，可以采用与该电流表串联一个合适阻值的电阻的方法来实现，如图 1–28 所示，分析如下：

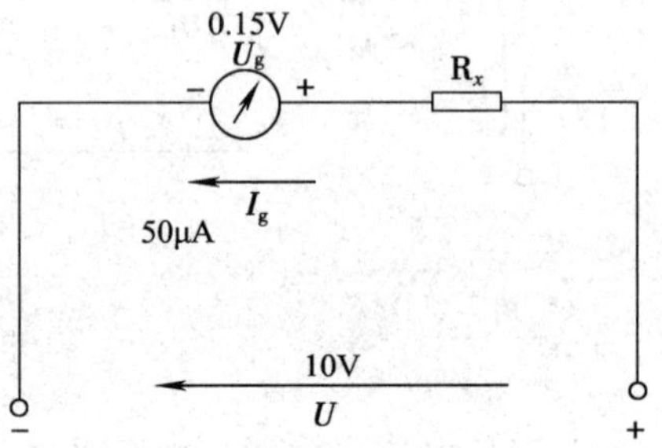

图 1–28 电阻串联的分压作用

当电流表指针满刻度时，电流表两端的电压为

$$U_g=I_gR_g=50\times10^{-6}\times3\times10^3\ \text{V}=0.15\ \text{V}$$

则所串入的电阻分得的电压为 9.85 V，由于串联电路中电流处处相等，根据欧姆定律得 $R_x=\frac{9.85}{50\times10^{-6}}\ \text{k}\Omega=197\ \text{k}\Omega$，由此可求出串入电阻阻值为 197 kΩ。

2．限流作用

在大功率电动机启动时，为防止启动电流对电动机的冲击作用，常采用串联电阻启动的方法来减小启动电流，从而保护电动机。这就是利用了串联电阻后，总等效电阻增大，而在电源电压不变的情况下，电阻越大，电流越小的特点，从而起到“限制电流”的作用。

任务实施

通过以上分析，要想由若干个 5 kΩ 的电阻得到 20 kΩ 的电阻，可以将 4 个 5 kΩ 的电阻进行串联使用，由此得到 20 kΩ 的等效电阻，如图 1–29 所示。

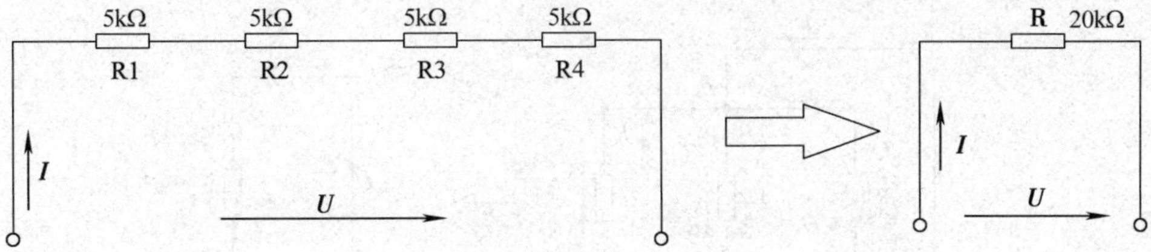

图 1–29 电阻串联获得大电阻

任务二 分析电阻并联电路

学习目标

- 熟悉电阻并联电路的基本特点
- 掌握电阻并联电路在实际中的应用
- 掌握电阻并联电路的分析计算

任务引入

如图 1–30 所示的电路中，已知电源电压为 24 V，如何求各支路电流和总电流？总电流和支路电流之间有何关系？本任务将主要学习电阻并联电路的特点及其实际应用。

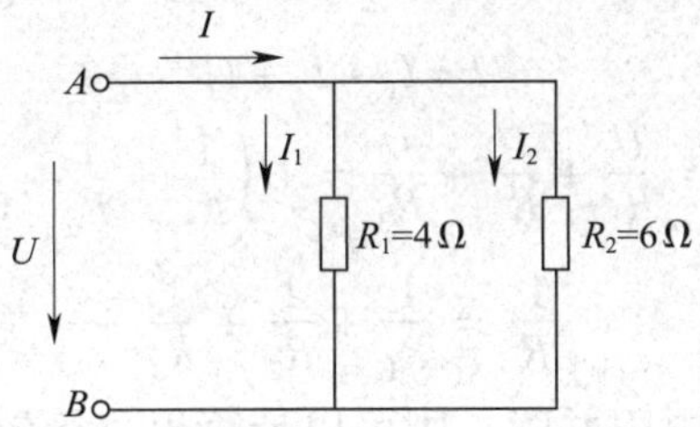

图 1–30 两个电阻的并联电路

相关知识

一、电阻并联电路的特点

把几个电阻的一端连接在电路的一个点上，另一端连接在另一个点上，这种连接方式称为电阻的并联，如图 1–31 所示为 n 个电阻的并联电路。

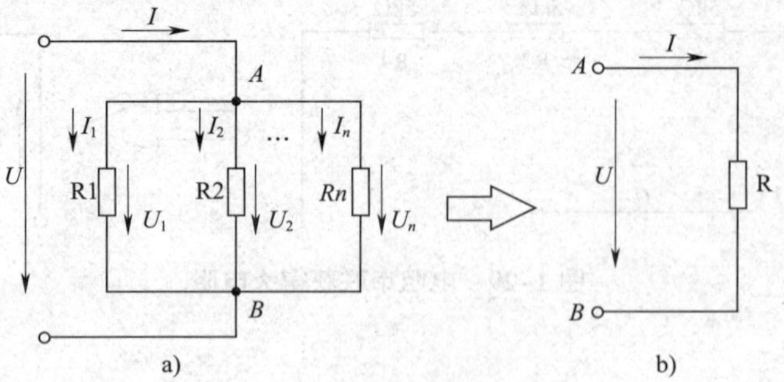

图 1–31 *n* 个电阻的并联电路

a）并联电路的基本结构 b）等效电路

下面从电流、电压、电阻和功率等几个方面来讨论电阻并联电路的特点。

1. 并联电路中各电阻两端的电压相等，且等于电路两端的电压，即

$$U = U_1 = U_2 = U_3 = \cdots = U_n$$

由图 1–31 可知，并联电路都是接在相同的两点 A、B 上，所以它们承受的电压是相同的。

2. 并联电路的总电流等于各电阻支路电流之和，即

$$I = I_1 + I_2 + I_3 + \cdots + I_n$$

3. 并联电路总等效电阻的倒数等于各电阻的倒数之和，即

$$\frac{1}{R} = \frac{1}{R_1} + \frac{1}{R_2} + \frac{1}{R_3} + \cdots + \frac{1}{R_n}$$

因此，并联电路的总等效电阻小于任何一个分电阻。以三个电阻的并联为例，结合欧姆定律分析如下：

$$I = I_1 + I_2 + I_3$$

$$\frac{U}{R} = \frac{U}{R_1} + \frac{U}{R_2} + \frac{U}{R_3} = U\left(\frac{1}{R_1} + \frac{1}{R_2} + \frac{1}{R_3}\right)$$

$$\frac{1}{R} = \frac{1}{R_1} + \frac{1}{R_2} + \frac{1}{R_3}$$

如果 n 个电阻值都为 R 的电阻并联，则可以计算出总等效电阻为

$$R_{总} = \frac{R}{n}$$

很显然，电阻并联后，总等效电阻一定比任何一个并联电阻的阻值要小。

两个电阻并联是经常遇到的一种情况，其等效电阻的公式为

$$R = \frac{R_1 R_2}{R_1 + R_2}$$

4. 并联电路中电流的分配与电阻大小成反比，即

$$I_1 : I_2 : I_3 \cdots : I_n = \frac{1}{R_1} : \frac{1}{R_2} : \frac{1}{R_3} \cdots : \frac{1}{R_n}$$

阻值越大所分配到的电流越小，阻值越小所分配到的电流就越大。

在实际的电路计算中常见的两个电阻并联的情况，其分流公式为

$$I_1 = \frac{R_2}{R_1 + R_2} I$$

$$I_2 = \frac{R_1}{R_1 + R_2} I$$

5. 并联电路中功率的分配与电阻大小成反比，即

$$P_1 : P_2 : P_3 \cdots : P_n = \frac{1}{R_1} : \frac{1}{R_2} : \frac{1}{R_3} \cdots : \frac{1}{R_n}$$

阻值越大所消耗的功率越小，阻值越小所消耗的功率就越大，而总功率等于各个电阻所消耗的功率之和。

二、电阻并联电路的应用

并联电路在实际工作中常用在分流、恒压供电等场合，也可以利用电阻的并联获得较小阻值的电阻。

1. 分流作用

在电工测量中，可以使用并联电阻的方法扩大电流表的量程，如图 1–32 所示，在只能测量小电流的表头两端，并联上一个合适的电阻，可以实现扩大电流表量程的目的。

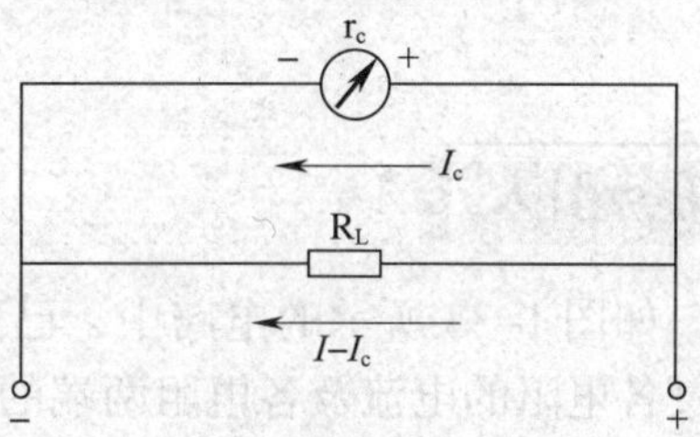

图 1–32 并联电阻的分流作用

2. 恒压供电

负载在并联状态下工作时，它们两端的电压是完全相同的，任何一个负载的工作情况不会影响其他负载的工作，所以在日常工作和生活中所用的电动机、各种灯具、家用电器等都采用的是并联使用。

3. 获得较小电阻值

另外，根据电阻并联后，总等效电阻一定比任何一个并联电阻的阻值要小的特点，若某电路急需 100 kΩ 的电阻一只，而现在只有 200 kΩ 的电阻若干只，这时就可以将两只 200 kΩ 的电阻并联使用，就能得到 100 kΩ 的等效电阻。

任务实施

根据任务描述的要求，由以上分析可知：

$$R = \frac{R_1 R_2}{R_1 + R_2} = \frac{4 \times 6}{4 + 6}\ \Omega = 2.4\ \Omega$$

$$I = \frac{U}{R} = \frac{24}{2.4}\ \text{A} = 10\ \text{A}$$

$$I_1 = \frac{U}{R_1} = \frac{24}{4}\ \text{A} = 6\ \text{A},\ I_2 = \frac{U}{R_2} = \frac{24}{6}\ \text{A} = 4\ \text{A}$$

所以，总电流等于各支路电流之和，即

$$I = I_1 + I_2 = 6\ \text{A} + 4\ \text{A} = 10\ \text{A}$$

也可以根据已知的分流公式，求出各支路电流为

$$I_1=\frac{R_2}{R_1+R_2}I=\frac{6}{4+6}\times10\ \text{A}=6\ \text{A}$$

$$I_2=\frac{R_1}{R_1+R_2}I=\frac{4}{4+6}\times10\ \text{A}=4\ \text{A}$$

任务三　分析电阻混联电路

学习目标

- 掌握电阻混联电路的基本特点
- 能进行电阻混联电路的分析计算

任务引入

如图 1–33 所示的电路中，已知电路的总电压为 220 V，各电阻的阻值均已知，如何求流过各电阻的电流及各电阻两端的电压？本任务将主要学习电阻混联电路的特点及其分析计算方法。

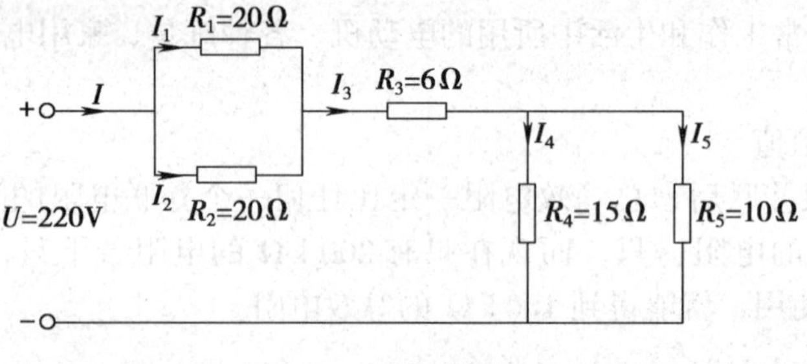

图 1–33　电阻混联电路

相关知识

如图 1–33 所示的电路中，既有电阻的串联，又有电阻的并联，这样的电路叫作电阻的混联电路。

分析计算混联电路的方法如下：

（1）应用电阻串、并联的特点，对电路进行逐步化简，求出电路总的等效电阻。

（2）根据等效电阻和已知的电路总电压，结合欧姆定律求出电路的总电流。

（3）在求出总电流的基础上，再根据欧姆定律和电阻串、并联的特点，求出各支路的电流和电压。

任务实施

根据以上分析，可计算如下：

先求 R_1 和 R_2 的并联等效电阻为

$$R_{12}=\frac{R_1R_2}{R_1+R_2}=\frac{20\times20}{20+20}\ \Omega=10\ \Omega$$

R_4 与 R_5 的并联等效电阻为

$$R_{45}=\frac{R_4R_5}{R_4+R_5}=\frac{15\times10}{15+10}\ \Omega=6\ \Omega$$

混联电路的等效电阻为

$$R=R_{12}+R_3+R_{45}=10\ \Omega+6\ \Omega+6\ \Omega=22\ \Omega$$

电路总电流为

$$I=I_3=\frac{220}{22}\ \text{A}=10\ \text{A}$$

R_1、R_2 两端的电压为

$$U_{12}=IR_{12}=10\times10\ \text{V}=100\ \text{V}$$

R_3 两端的电压为

$$U_3=IR_3=10\times6\ \text{V}=60\ \text{V}$$

R_4、R_5 两端的电压为

$$U_{45}=IR_{45}=10\times6\ \text{V}=60\ \text{V}$$

由于 $R_1=R_2$，有

$$I_1=I_2=\frac{100}{20}\ \text{A}=5\ \text{A}$$

通过 R_4、R_5 的电流分别为

$$I_4=\frac{60}{15}\ \text{A}=4\ \text{A}$$

$$I_5=I_3-I_4=10\ \text{A}-4\ \text{A}=6\ \text{A}$$

知识链接

较复杂混联电路的分析计算

如图 1–34a 所示电路是较复杂的混联电路，很难直接判断出各电阻之间的连接关系。此时比较有效的方法就是画出等效电路图，即把原电路整理成较为直观的电阻串、并联关系的电路图，然后再计算其等效电阻。

例 以图 1–34 为例，说明较复杂混联电路画等效电路并进行分析计算的步骤。

解：（1）在原电路图中标出各个节点（节点是指 3 个或 3 个以上支路的汇合点）。一般情况下，给原电路两端分别标出 *A* 点、*B* 点，其他节点依次标出，并假设 *A* 点为最高电位

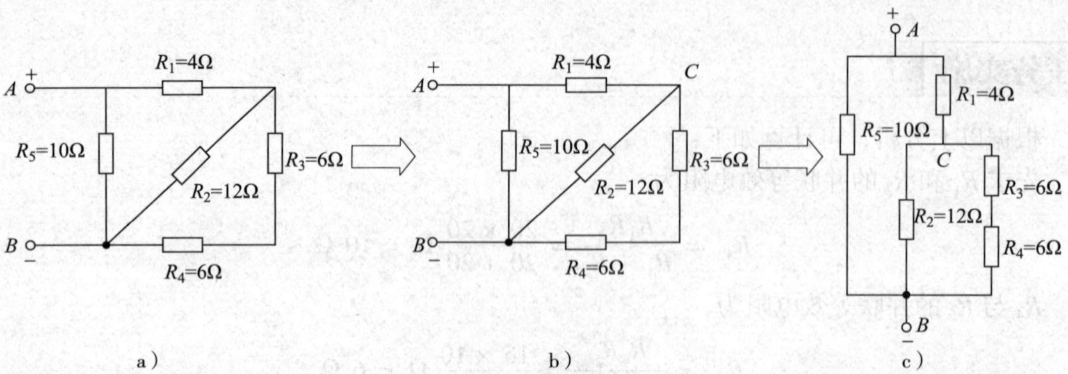

图 1–34　混联电路

点“+”，B 点为最低电位点“–”，其他节点的电位在 A 点、B 点电位之间。本电路除去 A 点、B 点之外，还有一个节点标为 C 点，如图 1–34b 所示。

（2）按照电位的高低，把标注的各字母沿竖直方向依次排开（好比水从高处流向低处一样，只能从“+”流向“–”，中途不得返回）。将各电阻依次接入与原电路图对应的两节点之间，画出等效电路图，如图 1–34c 所示。

（3）根据等效电路中电阻之间的串、并联关系，求出等效电阻。由图 1–34c 可见，R_3 和 R_4 串联后与 R_2 并联，再与 R_1 串联，最后再与 R_5 并联，其等效电阻为：

$$R_{CB}=\frac{(R_3+R_4)R_2}{(R_3+R_4)+R_2}=\frac{(6+6)\times 12}{(6+6)+12}\ \Omega=6\ \Omega$$

$$R_{AB}=\frac{(R_{CB}+R_1)R_5}{(R_{CB}+R_1)+R_5}=\frac{(6+4)\times 10}{(6+4)+10}\ \Omega=5\ \Omega$$

模块二

交流电路

课题一　单相正弦交流电

在日常生活中，可以见到各种各样的发电厂（见图 2–1），如火力发电厂、水力发电站、核能发电站、风力发电机组、太阳能发电站等，它们把各种不同形式的能转换成电能，供生产和生活使用。在生产及日常生活中，交流电的应用是最广泛的，如照明电路、电动机电路、生产车间的机床电路等。

图 2–1　发电厂

任务一　认识交流电

学习目标

- 了解电能的生产、变换与输送过程
- 掌握正弦交流电的三要素
- 掌握正弦交流电的三种表示方法

任务引入

公路旁、旷野上，坚挺的钢架托着、吊着粗大的金属导线（见图 2–2），这些由发电厂、变电站引出的输电线，将电能输送到城市、乡村，输送到千家万户。电能每时每刻都为人类做着巨大贡献。在电饭煲、微波炉、计算机等的使用要求中，对电源都提出了“额定电压：AC220 V，额定频率：50 Hz”的要求，它的含义是什么？本任务将具体学习交流电的基本知识。

图 2–2　电力输送

相关知识

一、220 V 正弦交流电

干电池、蓄电池等提供的是恒定电压，即电压的大小和方向都不随时间变化，被称为直流电（DC）。而供电系统向用户提供的是交流电（AC）。交流电的大小和方向是随时间变化的。若按正弦规律变化，称其为正弦交流电。如果不做特别说明，通常所说的交流电都是指正弦交流电，用符号“～”表示。

用示波器可以显示输送到用户的 220 V 交流电的电压波形（见图 2–3），由图可以看出，输送到用户的交流电的电压是按正弦规律变化的。

电灯、电视机、计算机等使用的都是这种正弦交流电。

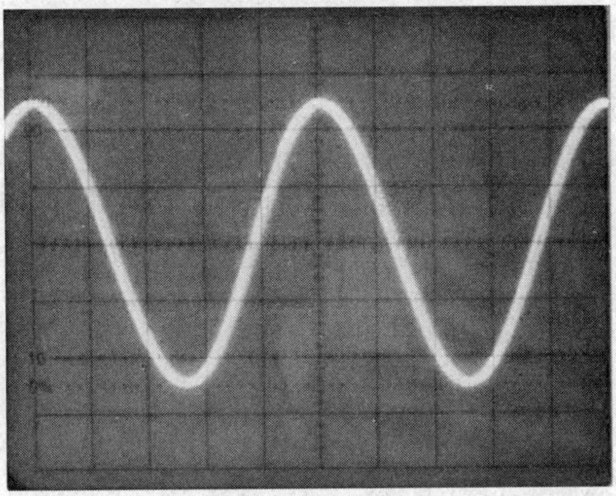

图 2–3　示波器显示的正弦交流电电压波形

二、正弦交流电的三要素

如图 2–4 所示为照明电路中使用的“220 V，50 Hz”交流电的波形图。其瞬时值表达式为

$$u = 220\sqrt{2}\sin 100\pi t$$

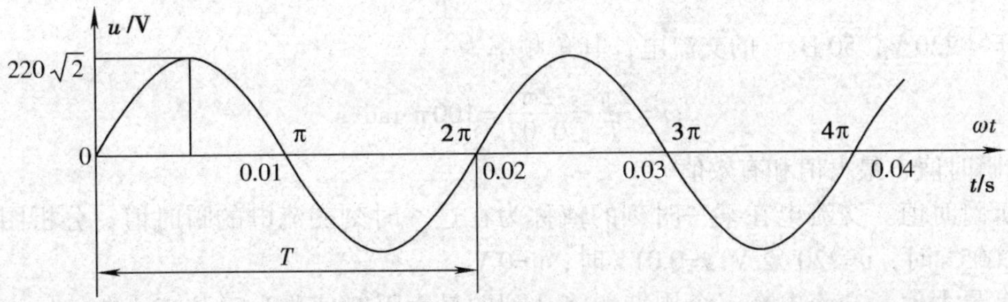

图 2–4　正弦交流电波形

从图上可以直观地看到：

（1）交流电每重复变化一次所需要的时间为 0.02 s。

（2）正弦波形最高点的电压数值为 $220\sqrt{2}$ V。

（3）在 t=0 时，所对应的电压数值 $u=220\sqrt{2}\sin 100\pi t=220\sqrt{2}\sin 0°=0$ V。

以上三个条件所包含的信息就是关于交流电的三要素问题，这是决定正弦交流电波形的关键因素。

1. 周期、频率、角频率

（1）周期。交流电每重复变化一次所需时间称为周期，用符号 T 表示，单位是秒（s）。从图 2–4 中可以看出，输送到用户的单相正弦交流电的周期为 0.02 s。

（2）频率。交流电在 1 s 内重复变化的次数称为频率，用符号 f 表示，单位是赫兹（Hz）。根据定义可知，周期和频率互为倒数，即

$$f=\frac{1}{T}\quad 或\quad T=\frac{1}{f}$$

如图 2–4 所示正弦交流电的频率为 $f=\frac{1}{0.02}\ \text{Hz}=50\ \text{Hz}$。我国动力和照明用电的标准频率为 50 Hz（习惯上将其称为“工频”），在一些用电设备铭牌上常看到的“额定频率：50 Hz”就是用电设备对电源频率的要求。

（3）角频率。正弦交流电随时间的变化关系也可以用一个在直角坐标系中绕原点沿逆时针方向旋转的相量表示，如图 2–5 所示。交流电每秒变化的角度（电角度）称为角频率，用符号 ω 表示，单位是 rad/s。

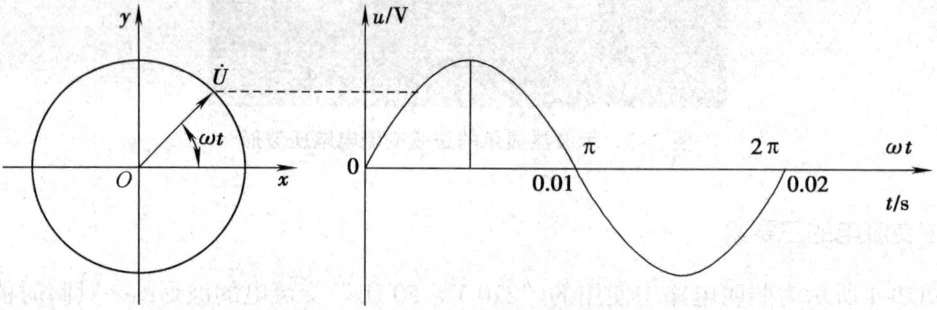

图 2–5 用旋转相量表示正弦交流电

$$\omega=2\pi f=\frac{2\pi}{T}$$

对于“220 V，50 Hz”的交流电，其角频率为

$$\omega=\frac{2\pi}{T}=\frac{2\pi}{0.02}=100\pi\ \text{rad/s}$$

2. 瞬时值、最大值和有效值

（1）瞬时值。交流电在某一时刻的值称为在这一时刻交流电的瞬时值。分析图 2–5 可知，t=0.005 s 时，$u=220\sqrt{2}$ V；t=0.01 s 时，u=0 V。

（2）最大值。交流电在一个周期所能达到的最大瞬时值称为正弦交流电的最大值，用 U_m 表示。分析图 2–5 可知，该交流电的最大值为 $220\sqrt{2}$ V。

（3）有效值。因为交流电压的大小是随时间变化的，所以在研究交流电时，通常用有效值表示。有效值规定为：使交流电和直流电加在同样阻值的电阻上，如果在相同时间内产生的热量相等，就把这一直流电的大小叫作相应交流电的有效值（见图2–6），交流电压的有效值用 U 表示。理论计算表明，交流电压的有效值和最大值之间的关系为

$$U=\frac{1}{\sqrt{2}}U_{\mathrm{m}}$$

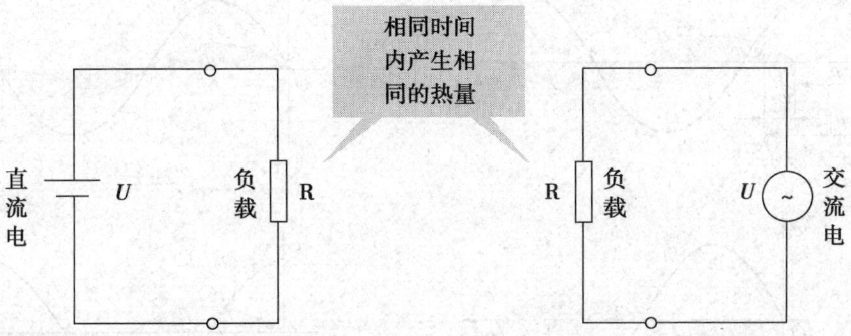

图 2–6　正弦交流电的有效值

输送到用户的“220 V，50 Hz”交流电电压的有效值为：U=220 V。

3．相位和相位差

（1）相位。在瞬时值表达式 $e=E_{\mathrm{m}}\sin(\omega t+\varphi_0)$ 中，$(\omega t+\varphi_0)$ 表示正弦交流电在任意时刻的电角度，称为相位角，也称相位或相角，它反映了交流电变化的进程。式中 φ_0 为正弦量在 t=0 时的相位，称为初相位，也称初相角或初相。

交流电的初相可以为正，也可以为负。若 t=0 时正弦量的瞬时值为正，则初相为正，如图 2–7a 所示；若 t=0 时正弦量的瞬时值为负，则初相为负，如图 2–7b 所示。

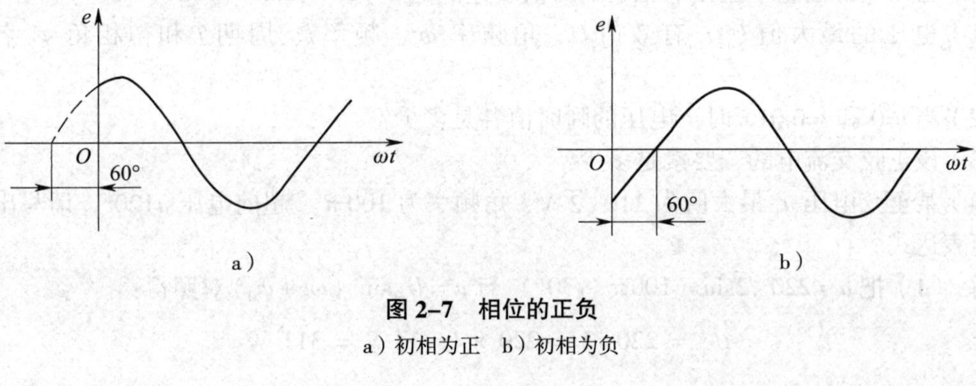

图 2–7　相位的正负

a）初相为正　b）初相为负

初相位通常用不大于 180°的角来表示。例如，$e=E_{\mathrm{m}}\sin(\omega t+240°)$ V 应记为 $e=E_{\mathrm{m}}\sin(\omega t-120°)$ V。

（2）相位差。两个同频率交流电的相位之差称为相位差，用符号 φ 表示，即

$$\varphi=(\omega t+\varphi_1)-(\omega t+\varphi_2)=\varphi_1-\varphi_2$$

如果一个交流电比另一个交流电提前达到零值或最大值，如图 2–8a 中 e_1 和 e_2，$\varphi=\varphi_1-\varphi_2>0$，则称 e_1 超前 e_2，或称 e_2 滞后 e_1；若两个交流电同时达到零值或最大值，即两者的初相位相等，则称它们同相位，简称同相，如图 2–8b 所示；若一个交流电达到正的最大值时，另一个交流电同时达到负的最大值，即它们的初相位相差 180°，则称它们反相位，简称反相，如图 2–8c 所示；若两个正弦交流电相位差 $\varphi=90°$，则称它们正交，如图 2–8d 所示。

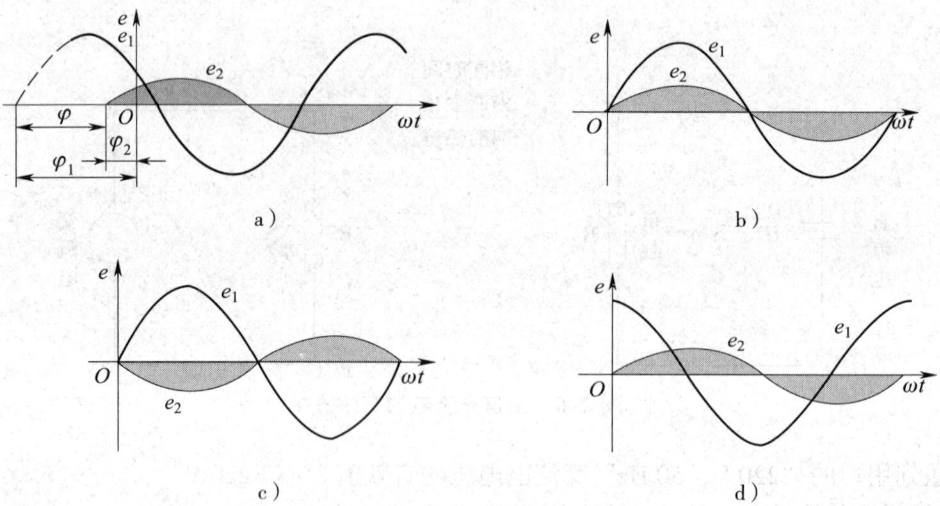

图 2–8　正弦交流电的相位关系

a）e_1 超前 e_2　b）e_1 与 e_2 同相　c）e_1 与 e_2 反相　d）e_1 与 e_2 正交

综上所述，正弦交流电的最大值反映了正弦交流电的变化范围，其角频率反映了正弦交流电的变化快慢，其初相位反映了正弦交流电的起始状态。由这三个量可以唯一确定一个交流电。因此，最大值、角频率和初相位称为正弦交流电的三要素。

例　已知电源插座中正弦电压的瞬时值表达式为 $u=220\sqrt{2}\sin(100\pi t-30°)$ V，试求：

（1）电压的最大值 U_m、有效值 U、角频率 ω、频率 f、周期 T 和初相角 φ_0 各为多少?

（2）当 t=0 和 t=0.01 s 时，电压的瞬时值各是多少?

（3）该正弦交流电的三要素是多少?

（4）某正弦电压 u_1 最大值为 $110\sqrt{2}$ V、角频率为 100π、超前电压 u120°，请写出 u_1 的瞬时值表达式。

解:（1）把 $u=220\sqrt{2}\sin(100\pi t-30°)$ 与 $u=U_m\sin(\omega t+\varphi_0)$ 对照得：

$$U_m=220\sqrt{2}=220\times1.414\ \text{V}=311\ \text{V}$$

$$U=\frac{U_m}{\sqrt{2}}=\frac{220\sqrt{2}}{\sqrt{2}}\ \text{V}=220\ \text{V}$$

$$\omega=100\pi\ \text{rad/s}=100\times3.14\ \text{rad/s}=314\ \text{rad/s}$$

$$f=\frac{\omega}{2\pi}=\frac{314}{2\times3.14}\ \text{Hz}=50\ \text{Hz}$$

$$T = \frac{1}{f} = \frac{1}{50}\ \mathrm{s} = 0.02\ \mathrm{s}$$

$$\varphi_0 = -30^\circ$$

（2）t=0 时电压 u 的瞬时值为

$$u = 220\sqrt{2}\sin(100\pi \times 0 - 30^\circ)\ \mathrm{V} = 311\sin(-30^\circ)\ \mathrm{V} = 311 \times (-0.5)\ \mathrm{V} = -155.5\ \mathrm{V}$$

t=0.01 s 时电压 u 的瞬时值为

$$u = 220\sqrt{2}\sin(100\pi \times 0.01 - 30^\circ)\ \mathrm{V} = 311\sin(\pi - 30^\circ)\ \mathrm{V}$$
$$= 311\sin 30^\circ\ \mathrm{V} = 311 \times 0.5\ \mathrm{V} = 155.5\ \mathrm{V}$$

（3）该正弦交流电的三要素：最大值 U_m=311 V，角频率 ω=314 rad/s，初相角 $\varphi_0 = -30^\circ$。

（4）u_1 的瞬时值表达式为

$$u_1 = 110\sqrt{2}\sin(100\pi t - 30^\circ + 120^\circ)\ \mathrm{V} = 110\sqrt{2}\sin(100\pi t + 90^\circ)\ \mathrm{V}$$

平时生活中接触最多的是 220 V 交流电源（AC220 V），其最大值为 311 V，频率为 50 Hz，周期为 0.02 s，也就是前面所说的工频交流电。

三、正弦交流电的表示方法

在分析和计算正弦交流电时，通常用解析式、波形图和相量图等表示方法来表示一个正弦交流电。无论用哪一种表示方法，都需要表达出正弦交流电的三要素：最大值、角频率和初相位。

1. 解析式表示法

解析式表示法就是用正弦函数来表示交流电，其一般表示形式为瞬时值表达式 $u=U_m\sin(\omega t+\varphi_0)$，从解析式中可以直观地知道最大值 U_m、角频率 ω 和初相角 φ_0。解析式是交流电的基本表示方法。

2. 波形图表示法

用正弦函数图像来表示交流电的方法就是波形图表示法。在波形图的纵轴上可以确定瞬时值和最大值，在横轴上可以确定角频率和初相角。如图 2–5 所示，其右侧即为某一交流电的波形图。

3. 相量图表示法

如果要对正弦交流电进行加、减运算，无论是运用波形图还是解析式都不方便，为此引入正弦交流电的相量图表示法。

以正弦电动势 $e=E_m\sin(\omega t+\varphi_0)$ 为例说明。如图 2–9 所示，在直角坐标系内，作一矢量 OA，其长度为正弦电动势 e 的最大值 E_m，它的起始位置与 x 轴正方向的夹角等于初相 φ_0，并以正弦电动势的角频率 ω 为角速度逆时针匀速旋转，则在任一瞬间旋转矢量与 x 轴的夹角即为正弦电动势的相位（$\omega t+\varphi_0$），它在 y 轴的投影即为该正弦电动势的瞬时值。

例如，当 t=0 时，旋转矢量在 y 轴的投影为 e_0，对应于图中的电动势波形的 a 点；$t=t_1$ 时，矢量与 x 轴夹角为（$\omega t_1+\varphi_0$），此时，矢量在 y 轴的投影为 e_1，对应于波形图上 b 点，如果矢量旋转一周，就与该正弦交流电一个周期的波形恰好对应。可见，旋转矢量也能完全反映正弦交流电的三要素及变化规律。

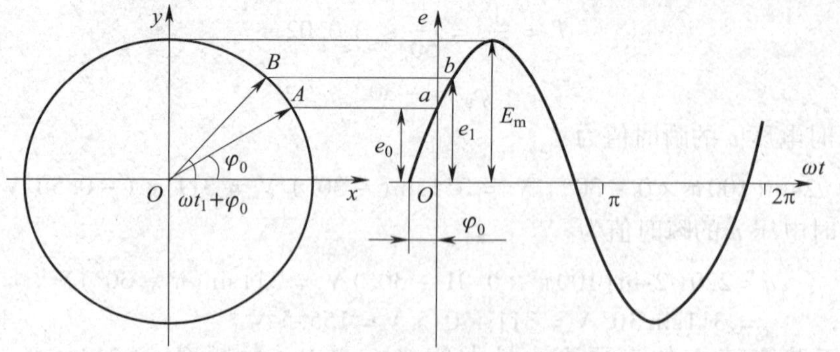

图 2–9　旋转矢量与波形图的对应关系

为了与一般的空间矢量相区别，把表示正弦交流电的这一矢量称为相量。正弦交流电的相量用“$\dot{E}_m$、$\dot{U}_m$、$\dot{I}_m$”表示。但实际应用更多的是有效值相量（见图 2–10），即将有向线段 OA 的长度定为正弦量的有效值，相应符号则为 $\dot{E}$、$\dot{U}$、$\dot{I}$。

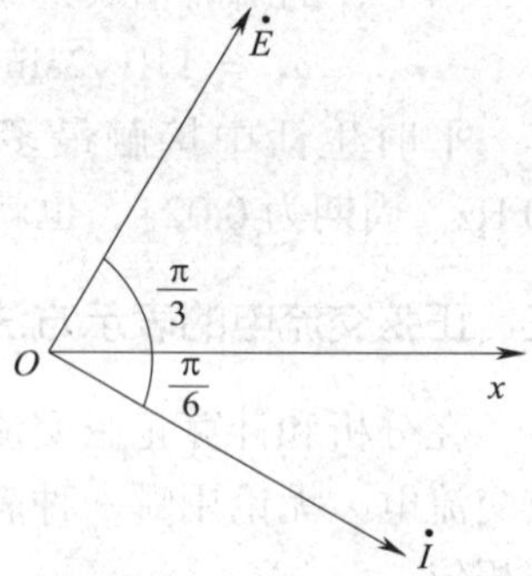

图 2–10　有效值相量图

在物理学中，曾学习过速度矢量、力矢量等，它们是既有大小又有方向的量，一般称它们为空间矢量，其加、减运算遵循平行四边形法则。用以表示正弦交流电的相量与力学中的矢量不同，它只是相位随时间变化的量，虽然加、减运算也遵循平行四边形法则，但与方向无关。

使用相量图的注意事项如下。

（1）同一相量图中，各正弦交流电的频率应相同，不同频率的交流电不能画在同一个相量图中。

（2）同一相量图中相同物理量的相量应按相同比例画出。

（3）一般取直角坐标轴的水平正方向为参考方向，逆时针转动的角度为正，反之为负。为方便起见，可以取消直角坐标系。

采用相量图表示正弦交流电时，在进行几个同频率交流电的加减运算时，可以采用平行四边形法则来进行，这要比其他两种表示方法的运算方便得多。具体方法如下。

（1）如果两个相量平行，可以直接相加减。

（2）两个互成一定角度的相量相加，以这两个相量为邻边画出一个平行四边形，其对角线就是相量和。

（3）两个互成一定角度的相量相减，例如，$\dot{U}_1-\dot{U}_2$，可先画出 $\dot{U}_2$ 的反相量 $-\dot{U}_2$，再将 $\dot{U}_1$ 与 $-\dot{U}_2$ 进行加运算即可。

任务实施

任务引入中提到的电源“额定电压：AC220 V，额定频率：50 Hz”的含义是：能保证用电设备正常工作的电源额定电压为 220 V（交流），220 V 为有效值；用电设备对电源频率的要求为 50 Hz。

任务二 验电笔和万用表的使用

学习目标

- 掌握相线、零线和地线的概念
- 掌握墙壁插座的接线方法
- 能用验电笔检测墙壁插座
- 能用万用表测量墙壁插座交流电压

任务引入

在住宅、宾馆、办公室、教室等场合都要安装墙壁插座（见图 2–11），用于连接电视、洗衣机、计算机、电风扇等各种电器。有时经常将台灯、计算机等家用电器的电源插头插到墙壁插座上。

那么，电源插座上各个插孔的电特性是什么？如何判断插座是否有电？本任务中，将了解墙壁插座的电特性，并以学习小组为单位，用验电笔检测教室和实验室中的墙壁插座，判断其是否有电，并用万用表测量其具体数值。

图 2–11 墙壁插座

相关知识

一、相线、零线和地线

进户的两条输电线中，有一根带电的导线称为相线（火线），另外一根不带电的导线称为零线，相线与零线共同组成供电回路，如图 2–12 所示。这种由一根相线和一根零线组成的交流电路称为单相正弦交流电路。

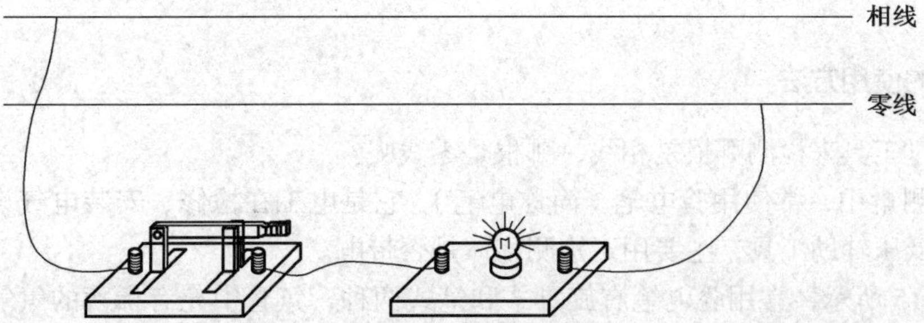

图 2–12 相线与零线

相线和零线的区别在于它们对地电压的不同：相线的对地电压为 220 V；零线的对地电压为 0 V（它本身与大地相连接在一起）。所以当人体的一部分碰上了相线，而另一部分站在地上，人体这两个部分之间的电压就是 220 V，即有触电的危险。

为了保证用电安全，防止触电事故的发生，常常用一根导线（地线）把设备或电器的外壳可靠地连接到大地上。地线的一端是在用户区附近用金属导体深埋于地下，另一端则与各用户的地线接点相连，起接地保护的作用。大多数家用电器都要求有接地线。

在三相交流电路中，L1 相导线为黄色，L2 相导线为绿色，L3 相导线为红色，N 相导线为淡蓝色；在直流电路中，正极导线为棕色，负极导线为蓝色，安全用接地线（PE）为黄绿双色。

二、墙壁插座的接线要求

目前，使用的电源插座大多是单相二线插座或单相三线插座。当电气设备没有接地要求时，如台灯、电视机等，可用单相二线插座，单相二线插座的两个接线柱分别接相线和零线，顺序是左侧插孔接零线，右侧插孔接相线，即“左零右相”。

而当电气设备有接地要求时，如计算机、洗衣机、电冰箱、电热水器等，可用单相三线插座，如图 2–13 所示为单相三线插座墙内接线头，红色为相线，淡蓝色为零线，黄绿相间的为接地线。

单相三线插座的中间插孔为接地线，也能做定位使用，另外两端分别接相线和零线，接线顺序也是左边为零线，右边为相线，如图 2–14 所示。

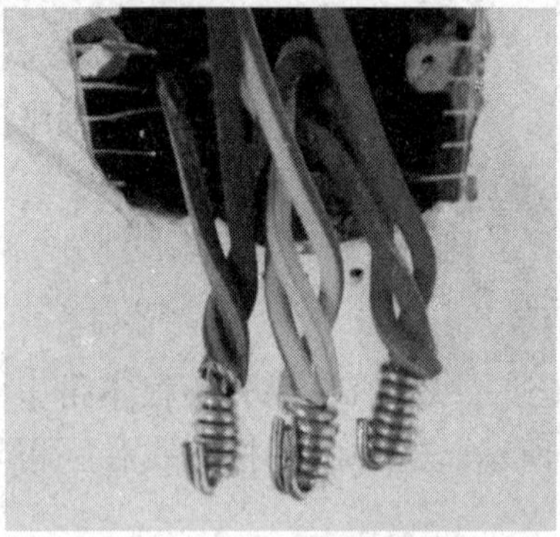

图 2–13　单相三线制插座墙内接线头

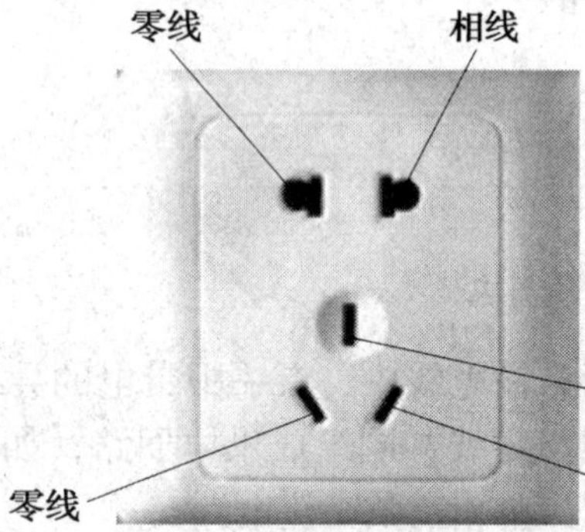

图 2–14　插座的电特性

三、验电笔的使用方法

如何通过工具来检测哪根是相线，哪根是零线呢？

在电工测量中，常使用验电笔（简称电笔）。它是电工在检修、安装电气设备时，经常使用的一种低压辅助工具，主要用于检测物体是否带电。

如图 2–15 所示，常用验电笔有旋具式和笔式两种，氖管中充有稀薄的氖气，当笔尖和笔尾间的电压达到一定值时，氖气就导电，电流从笔尖流向笔尾，氖气会发出红光。

使用验电笔时，握笔的方法见表 2–1，注意要用笔尖接触被测的导体，而手指千万不要碰到笔尖的金属部分。

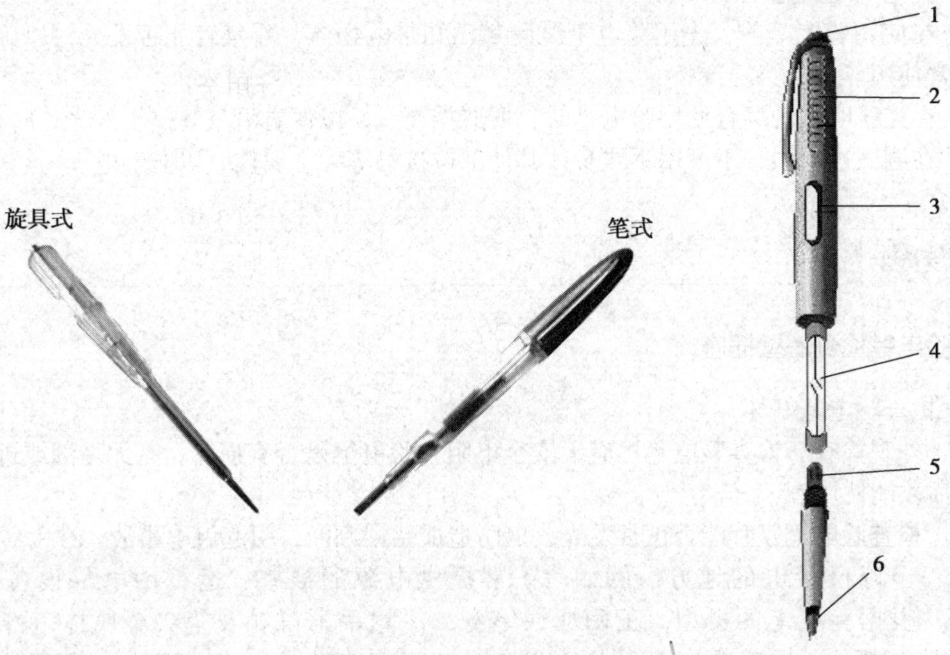

图 2–15　验电笔组成和结构

1—笔尾金属体　2—弹簧　3—小窗　4—氖管　5—电阻　6—笔尖金属体

表 2–1　　验电笔的握法

验电笔类型	握笔方法	正确握法	错误握法
旋具式	旋具式握法	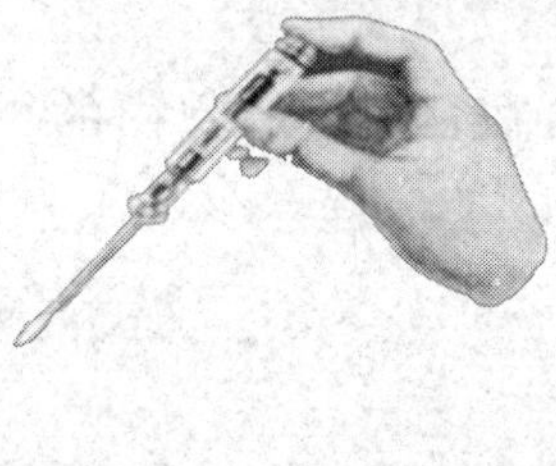	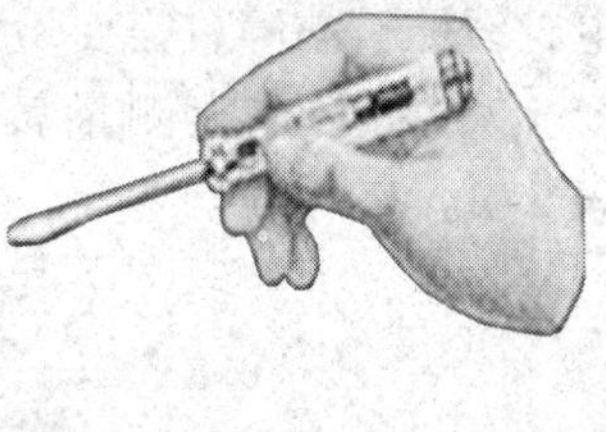
笔式	钢笔式握法	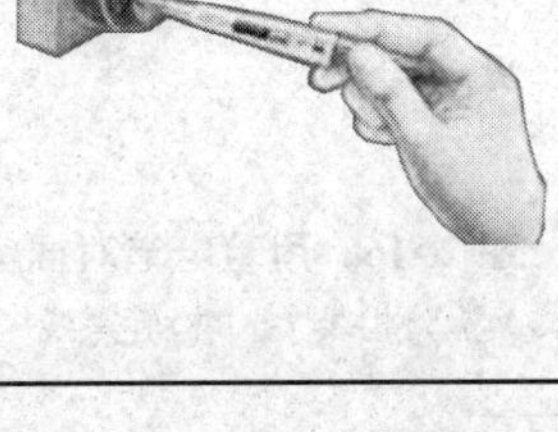	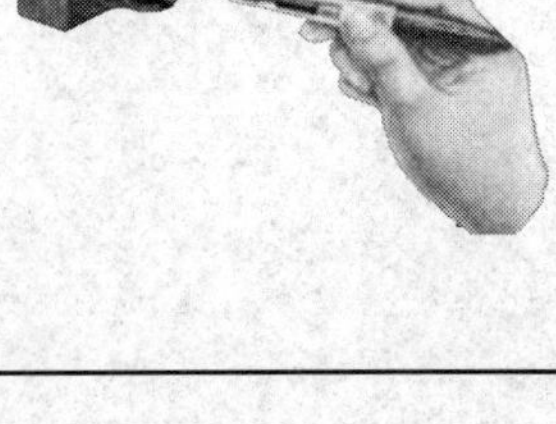

使用验电笔时需要注意：

1．电路中各部位在未验电前，一律视为有电。

2．验电笔的测量范围为 60 ～ 500 V。

3．在使用验电笔前，先用验电笔试测某已知带电物体，看氖管能否发光，以确保验电笔能正常使用。

4．在光线明亮的场合使用验电笔时，要遮挡光线，以便看清氖管是否发光，防止误测。

5．在测试过程中，不可用手或身体其他部位接触笔尖金属体，以防触电。

任务实施

一、用验电笔检测墙壁插座

1．检查验电笔好坏

（1）外观检查。检查验电笔里有无安全电阻，验电笔是否有损坏，有无受潮或进水，检查合格后才能使用。

（2）检查验电笔氖管能否正常发光，以防造成错误判断，引起触电事故。

找一个确已带电的地方，例如，正常提供电源的插座、运行中电气设备的电源开关等，根据验电笔的类型，正确握住笔身，注意手不得触及笔尖金属体，将笔尖逐渐靠近带电部位，同时观察氖管是否发光。若氖管能正常发光，则验电笔可以正常使用。

2．用验电笔对插座进行验电

（1）检验相线。正确握住笔身，将验电笔的笔尖插入墙壁插座的相线插孔（见图 2–16a），观察氖管是否发光，若氖管发光，则说明插座的相线带电。

（2）检验零线和地线。正确握住笔身，将验电笔的笔尖分别插入零线（见图 2–16b）和地线（见图 2–16c）插孔，正常情况下氖管不会发光。若氖管发光，则说明零线和地线带电，线路有故障，需要检修。

3．用验电笔测量教室、宿舍、实验室内的 5 个墙壁插座，并将测量到的结果填入表 2–2。

a）　　b）　　c）

图 2–16　用验电笔对插座进行验电

a）检验相线　b）检验零线　c）检验地线

表 2–2　墙壁插座电性能测量

序号	插座位置	相线带电情况	零线带电情况	地线带电情况	插座能否使用
1					
2					
3					
4					
5					

二、用万用表测量墙壁插座交流电压

1. 如果使用数字式万用表测插座电压，将红表笔插入“VΩ”插孔中，黑表笔插入标有“COM”的插孔中，使用交流 750 V 挡位测量即可，如图 2–17a 所示。

2. 如果使用指针式万用表测量插座电压，可以参照以下方法进行。

（1）将万用表水平放置，检查指针是否停在表盘左端的零位，如有偏离，可用小旋具轻轻转动表头上的机械调零旋钮，使指针指零。

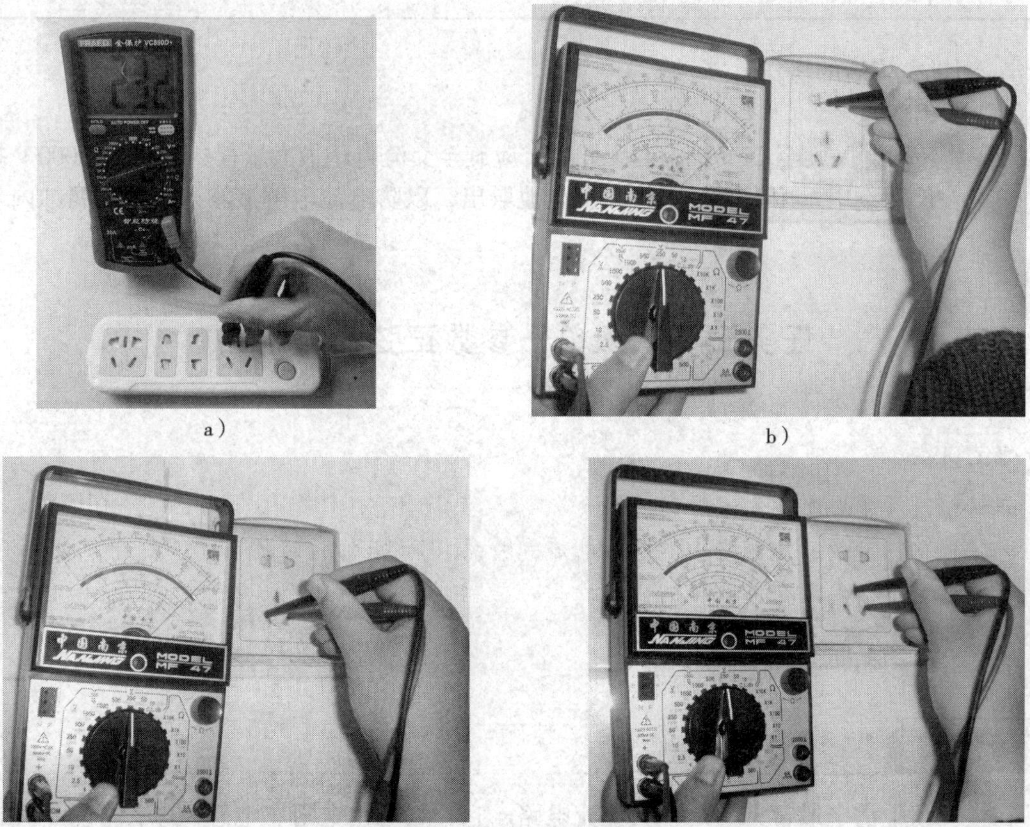

a）　b）　c）　d）

图 2–17　用万用表测量墙壁插座电压

（2）将万用表红表笔插入“+”插孔，黑表笔插入“–”插孔。

（3）将转换开关旋于交流 250 V 挡位置。双手分别持万用表红、黑表笔，将表笔前金属探针分别插入相线和零线插孔内。注意手不得触及表笔金属体，以防发生触电事故。

（4）观察万用表指针的指示位置，在刻度盘“V250”刻度尺上进行读数并记录数值。若指针快速右偏，且超出刻度尺最大值，应立即停止测量；并注意在带电测量过程中不得切换转换开关。

如图 2–17b、c、d 所示为用指针式万用表测量墙壁插座电压。

3．用万用表测量教室、宿舍、实验室内的 5 个墙壁插座，并将测量到的结果填入表 2–3。

表 2–3　墙壁插座电压的测量

序号	插座位置	电压	超出标准值 /%	插座能否安全使用
1				
2				
3				
4				
5				

4．测量完毕后的操作

（1）拔出表笔。

（2）将转换开关旋至 OFF 挡，若无此挡，应旋至交流电压最大量程挡，如 ~ 1 000 V 挡。

（3）若长期不用万用表时，应将表内电池取出，以防电池电解液渗入表内，腐蚀内部电路。

任务三　认识单一参数正弦交流电路

学习目标

- 了解三种单一参数交流电路的概念
- 掌握单一参数交流电路中电压与电流的关系、功率大小
- 能进行单一参数交流电路的简单计算

任务引入

在生产和生活中最常见的是正弦交流电路，它一般是由电阻、电感、电容等基本元器件组成的，当给这些电路通入交流电时，电路中的电压、电流以及电路所消耗的功率该如何进行分析呢？本任务将认识分别由电阻、电感、电容组成的单一参数正弦交流电路的基本特点。

相关知识

一、纯电阻正弦交流电路

如图 2–18 所示为白炽灯电路，只需考虑电阻的作用，这种交流电路称为纯电阻电路。日常生活中，负载为白炽灯、电炉、电烙铁的交流电路都可近似看成是纯电阻电路。

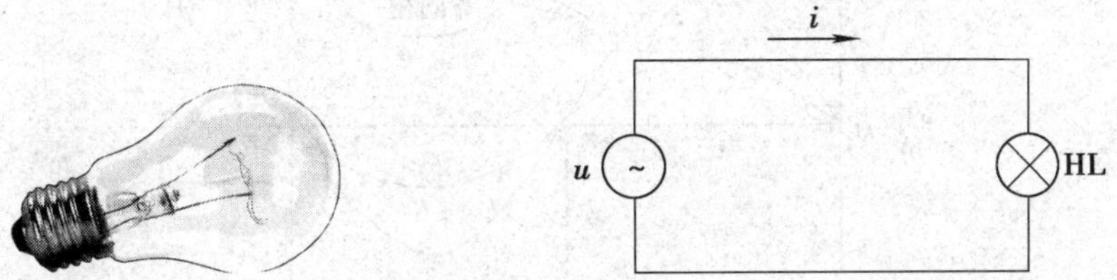

图 2–18　白炽灯电路

1. 电流与电压的相位关系和数量关系

在纯电阻电路中，当外电压已确定时，影响电流大小的主要因素是电阻，实验证明，在任一瞬间通过电阻的电流 i 仍然符合欧姆定律，即

$$i=\frac{u}{R}=\frac{U_{\mathrm{m}}\sin\omega t}{R}=\frac{U_{\mathrm{m}}}{R}\sin\omega t$$

上式表明，在正弦交流电的作用下，白炽灯中通过的电流是一个和电压同频率的正弦交流电流，且和电压同相位。

如图 2–19a、图 2–19b 所示分别为电流和电压的相量图和波形图。

由上式可知，通过电阻的最大电流为

$$I_{\mathrm{m}}=\frac{U_{\mathrm{m}}}{R}$$

通过电阻的有效电流为

$$I=\frac{U}{R}$$

这说明，在纯电阻电路中，电流与电压的瞬时值、最大值和有效值都符合欧姆定律。

2. 功率

在任一瞬间，电阻中电流的瞬时值与同一瞬间电阻两端电压的瞬时值的乘积称为电阻获得的瞬时功率，用 p_{R} 表示，即

$$p_{\mathrm{R}}=ui=\frac{U_{\mathrm{m}}^{2}}{R}\sin^{2}\omega t$$

瞬时值的功率曲线如图 2–19c 所示，由于电流和电压同相，所以 p_{R} 在任一瞬间的数值都大于或等于零，这说明电阻总是要消耗功率的，因此电阻是一种耗能元件。

由于瞬时功率时刻变动，不便于计算，所以一般用电阻在交流电一个周期内消耗的功率平均值来表示功率的大小，叫作平均功率，平均功率又称为有功功率，用 P 表示，单位为瓦特，简称瓦，用字母 W 表示，其计算公式为

$$P = UI = I^2R = \frac{U^2}{R}$$

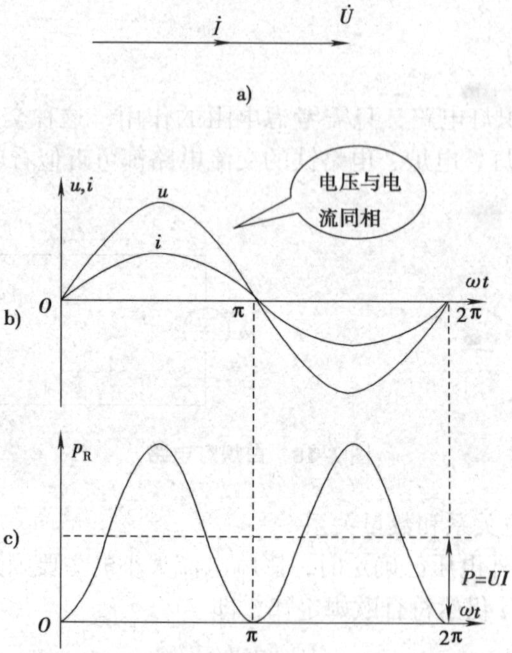

图 2–19　白炽灯电路的电流、电压和功率

a）相量图　b）电压、电流波形图　c）功率曲线图

二、纯电感正弦交流电路

如图 2–20 所示为常见的几种电感线圈。如果将图 2–18 中的白炽灯换成一个电感线圈，那么就组成了纯电感电路，如图 2–21 所示。电感线圈通交流电后，由于电磁感应的影响，会在线圈上产生一个自感电动势来阻碍电流的变化，从而使线圈中电流的变化滞后于线圈两端电压的变化。

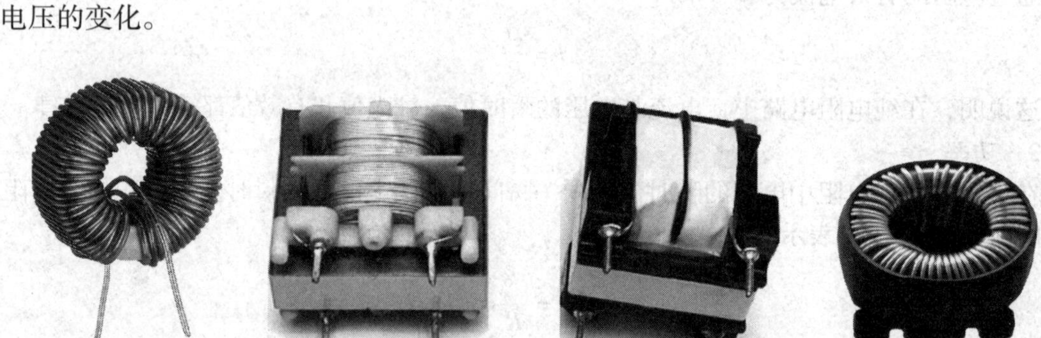

图 2–20　电感线圈

首先做一个实验，如图 2–22 所示的电路中，HL1 和 HL2 为两个相同的灯泡，R 为电阻，L 为电感线圈，合上开关 S 时，HL2 立即亮起来，而 HL1 却要慢慢亮起来。这是因为

HL1 支路里串联了线圈 L，合上开关的瞬间，流过线圈的电流由零突然增加到最大，从而在线圈中产生了方向相反的感应电动势和感应电流，阻碍了线圈 L 和灯泡 HL1 支路中电流的增加，故 HL1 不能立即亮起来。

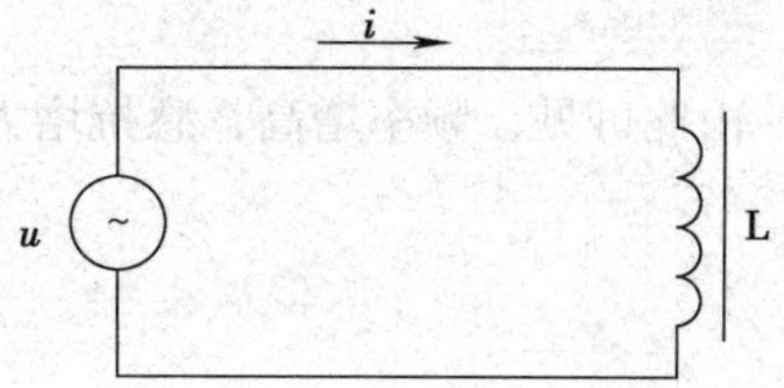

图 2-21 纯电感电路

下面再做一个实验，在如图 2-23 所示的电路中，先合上开关 S，使灯泡正常发光后，再突然断开开关，发现在断开开关的瞬间，灯泡先亮了一下，然后才慢慢熄灭。这是因为线圈中的电流由于开关断开而急剧减小，线圈中产生感应电动势，在回路中产生感应电流，使灯泡闪亮。

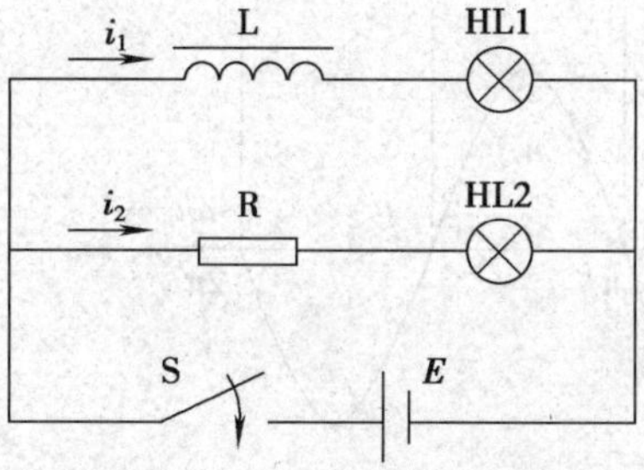

图 2-22 电感线圈接通电源

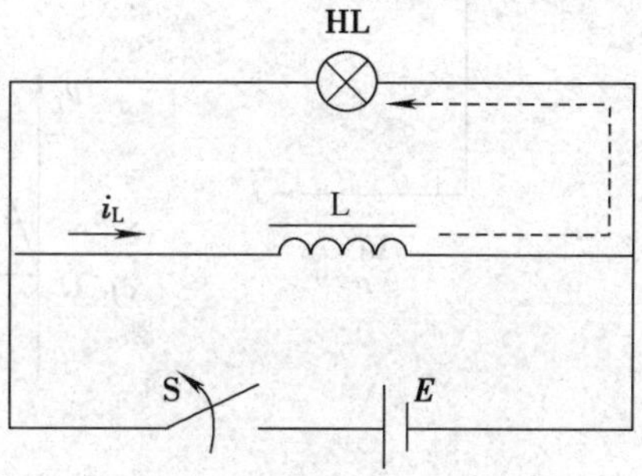

图 2-23 电感线圈断开电源

电感是表示线圈自感能力大小的物理量，它由线圈本身的特性决定。线圈越长，单位长度上的匝数越多，截面积越大，电感就越大。有铁芯的线圈，其电感要比空芯线圈的电感大得多。电感用符号 L 来表示，单位是亨利，简称亨（H）。

感抗是用来表示电感线圈对交流电流起阻碍作用的一个物理量。电感线圈的感抗可用下式计算

$$X_{\mathrm{L}} = \omega L = 2\pi f L$$

式中 ω——正弦交流电的角频率，rad/s；

L——线圈的电感，H。

从式中可看出，感抗值的大小与交流电频率、电感的大小成正比。

1. 电流与电压的相位关系与数量关系

根据实验和数学运算，电感线圈两端的电流和电压的波形图如图 2-24a 所示。

计算公式为

$$u_{\mathrm{L}} = U_{\mathrm{Lm}} \sin\left(\omega t + \frac{\pi}{2}\right)$$

$$i = I_{\mathrm{m}} \sin\omega t$$

分析图 2-24a 可知，在纯电感电路中，电流和电压的频率相同，但是电压超前电流 90°，电压和电流的相量图如图 2-24b 所示。

在纯电感电路中，电流和电压的有效值之间仍然符合欧姆定律，即

$$I = \frac{U_L}{X_L}$$

由此可见，频率增高，感抗增大，电流减小。

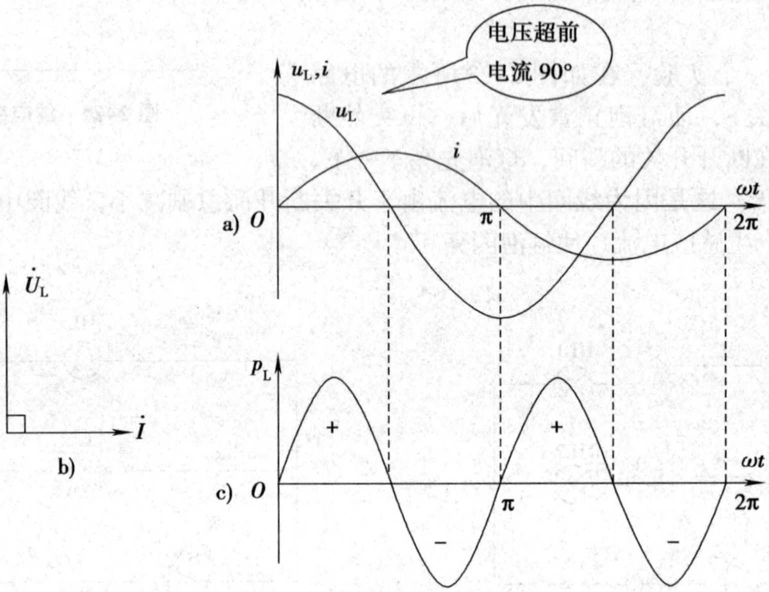

图 2–24 纯电感电路的电流、电压和功率

a）电流、电压波形图 b）电流、电压相量图 c）功率曲线图

2．功率

纯电感电路的瞬时功率为

$$\begin{aligned} p_L &= u_L i = U_{Lm}\sin\left(\omega t+\frac{\pi}{2}\right)\times I_m\sin\omega t \\ &= U_{Lm}I_m\sin\omega t\cos\omega t \\ &= \frac{1}{2}U_{Lm}I_m\sin 2\omega t \\ &= U_L I\sin 2\omega t \end{aligned}$$

此式表明，纯电感电路的瞬时功率也是一个正弦量，但它的变化频率是电流变化频率的两倍，瞬时功率的波形图如图 2–24c 所示。从图中可以看出，在第一个 $\frac{1}{4}$ 周期和第三个 $\frac{1}{4}$ 周期内，p_L 是正值，这表示线圈要从电源吸取电能，并转换成磁能，储存在线圈周围的磁场中，此时线圈起着一个负载的作用。但在第二个 $\frac{1}{4}$ 周期和第四个 $\frac{1}{4}$ 周期内，p_L 是负值，这表示线圈将磁能转换成电能，并向线路输送，此时线圈起着一个电源的作用。综上所述，纯电感线圈时而“吞进”功率，时而“吐出”功率，在一个周期内的平均功率为零。平均功率不能反映线圈能量交换的规模，所以用瞬时功率的最大值来反映这种能量交换的规模，并将其称为无功功率，用字母 Q 表示。Q 的大小为

$$Q = U_L I = I^2 X_L = \frac{U_L^2}{X_L}$$

为了与有功功率相区别，无功功率的单位用乏（Var）表示。当上式中各物理量的单位分别用 V、A、Ω 时，无功功率的单位就是乏（Var）。

必须注意，“无功”的含义是“交换”，而不是“消耗”，绝不能理解为“无用”。

三、纯电容正弦交流电路

两个互相绝缘而又靠得很近的导体就组成了电容器，如图 2–25 所示为电解电容器结构图。电容器能够储存电荷，表示电容器储存电荷能力的物理量称为电容，电容是电容器的固有参数，它与极板的正对面积成正比，与两极板间的距离成反比，同时与极板间的介质有关，而与电极上的电荷和电压无关。电容用符号 C 表示，单位有法拉（F）、微法（μF）、皮法（pF）等。

$$1\ \mu F = 10^{-6}\ F$$
$$1\ pF = 10^{-12}\ F$$

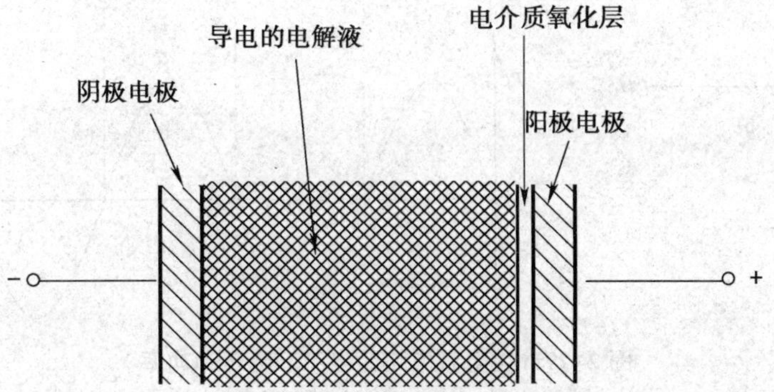

图 2–25 电解电容器结构图

如果将电容器接到 $u = U_m \sin\omega t$ 的交流电源上，就组成了纯电容电路，如图 2–26 所示。由于交流电压的大小和方向呈周期性变化，使电容器在电路中不停地充电、放电，则电容器中就有持续不断的交流电流通过。

容抗是用来表示电容器对交流电流阻碍作用大小的一个物理量，电容器中电流的有效值等于电容器两端电压的有效值除以它的容抗。电容器的容抗可用下式计算

$$X_C = \frac{1}{\omega C} = \frac{1}{2\pi f C}$$

由上式可见，容抗的大小与频率及电容成反比，当电容器的容量一定时，频率 f 越高，则容抗 X_C 越小。在直流电路中，因频率 $f=0$，故电容器的容抗为无限大。这表明，电容器有阻断直流、通过交流的作用。

图 2–26 纯电容电路

1. 电流与电压的相位关系和数量关系

当交流电通过电容器时，电容器两端的电压是随电荷的积累（即充电）而升高，随电荷的释

放（即放电）而降低的。由于电荷的积累和释放需要一定的时间，因此电容器两端的电压变化滞后于电流的变化。根据实验和数学运算，电容器两端的电流、电压波形图如图 2–27a 所示，计算公式为

$$u_C = U_{Cm}\ \sin\omega t$$

$$i = I_m\ \sin\left(\omega t + \frac{\pi}{2}\right)$$

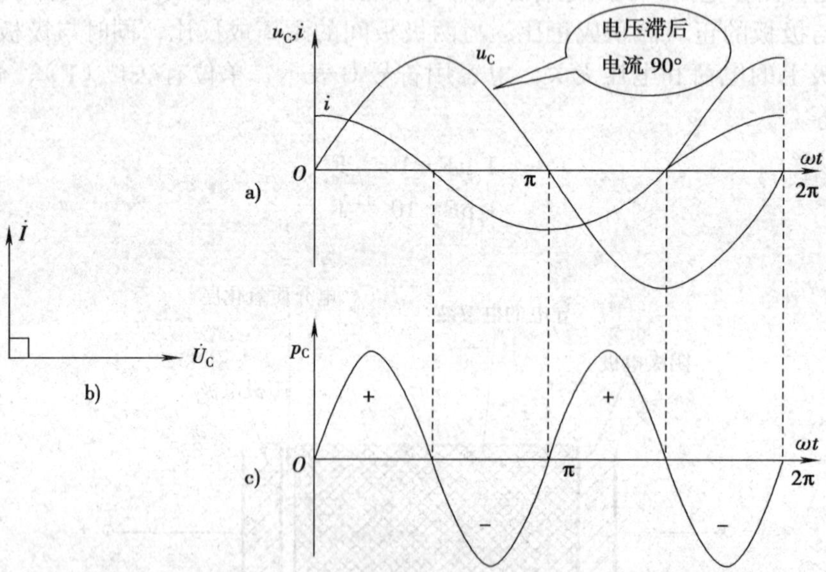

图 2–27　纯电容电路的电流、电压和功率

a）电流、电压波形图　b）电流、电压相量图　c）功率曲线图

分析图 2–27a 可知，在纯电容电路中，电流和电压的频率相同，但是电压滞后电流 90°，电流、电压相量图如图 2–27b 所示。

纯电容电路中，电流与电压的有效值之间也符合欧姆定律，即

$$I = \frac{U_C}{X_C}$$

2．功率

纯电容电路的瞬时功率为

$$\begin{aligned} p_C = u_C i &= U_{Cm}\ \sin\omega t \times I_m\ \sin\left(\omega t + \frac{\pi}{2}\right) \\ &= U_{Cm} I_m\ \sin\omega t\ \cos\omega t \\ &= \frac{1}{2}\ U_{Cm} I_m\ \sin 2\omega t \\ &= U_C I\ \sin 2\omega t \end{aligned}$$

根据上式，画出瞬时功率波形图如图 2–27c 所示。从图中可以看出，在第一个 $\frac{1}{4}$ 周期和第三个 $\frac{1}{4}$ 周期内，p_C 是正值，电容器充电，从电源吸取能量，并储存在电容器的电场中，

此时电容器起着一个负载的作用。但在第二个 $\frac{1}{4}$ 周期和第四个 $\frac{1}{4}$ 周期内，p_C 是负值，电容器放电，它把储存的电场能量又输送到电路中，此时电容器起着一个电源的作用。所以在纯电容电路中，电容器也是时而“吞进”功率，时而“吐出”功率，因而电容器不消耗有功功率，在一个周期内的平均功率为零。

与纯电感电路类似，为了衡量电容器和电源之间的能量交换，用瞬时功率的最大值来反映其交换规模，并称为无功功率，用 Q 表示，其大小为

$$Q = U_C I = I^2 X_C = \frac{U_C^2}{X_C}$$

无功功率 Q 的单位也是乏（Var）。

任务实施

以纯电阻交流电路为例，分析通入交流电时，电路中电压、电流以及所消耗的功率特点。

已知某白炽灯的额定参数为 220 V/100 W，其两端所加电压为 $u = 220\sqrt{2}\sin(314t)$ V。试求：（1）交流电流的频率。（2）白炽灯的工作电阻。（3）白炽灯的有功功率。

解： 交流电流的频率与其所加电压的频率相同，即

$$f = \frac{w}{2\pi} = \frac{314}{2 \times 3.14}\ \text{Hz} = 50\ \text{Hz}$$

白炽灯的工作电阻为

$$R = \frac{U^2}{P} = \frac{220^2}{100}\ \Omega = 484\ \Omega$$

白炽灯的有功功率为

$$P = \frac{U^2}{R} = \frac{220^2}{484}\ \text{W} = 100\ \text{W}$$

在纯电阻交流电路中，通过以上讨论可知：

（1）电流与电压同相。

（2）电压与电流的最大值、有效值和瞬时值之间，都符合欧姆定律。

（3）电阻是耗能元件，其平均功率等于电阻两端电压有效值与电流有效值的乘积。

任务四　认识 RLC 串联电路

学习目标

- 了解 RLC 串联电路的基本组成
- 理解 RLC 串联电路的电流与电压的关系、功率的计算
- 认识并理解 RLC 串联电路中的功率三角形、阻抗三角形和电压三角形

任务引入

如图 2–28 所示为 RLC 串联电路，若用交流电压表分别测量串联电路两端总电压 U、电阻两端电压 U_R、电感两端电压 U_L、电容两端电压 U_C，能不能得出 $U=U_R+U_L+U_C$ 的关系式？为什么？

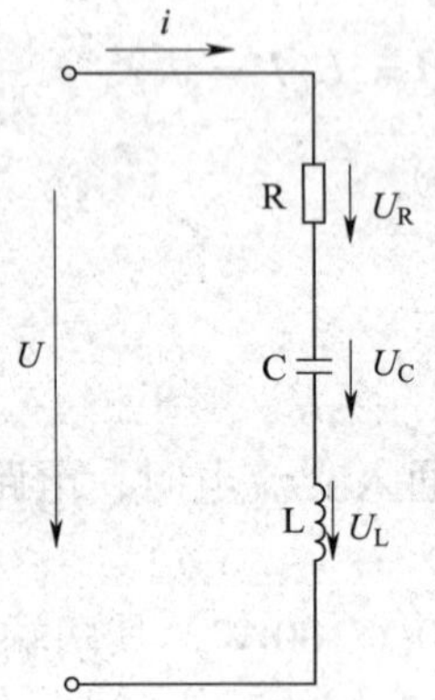

图 2–28　RLC 串联电路

相关知识

相关知识主要讨论 RLC 串联电路中电压与电流的相位关系和数量关系，以及电路的功率问题。

一、电流与电压的关系

1．相位关系

对于图 2–28 所示的 RLC 串联电路，首先通过作相量图的办法来讨论总电压与电流的相位关系，再根据相量图计算有关物理量间的数量关系。

由于串联电路中电流处处相等，故选电流为参考量，又因 $\dot{U}_R$ 与 $\dot{I}$ 同相，$\dot{U}_L$ 超前 $\dot{I}$ 90°，而 $\dot{U}_C$ 又滞后 $\dot{I}$ 90°，所以作出的相量图如图 2–29 所示。

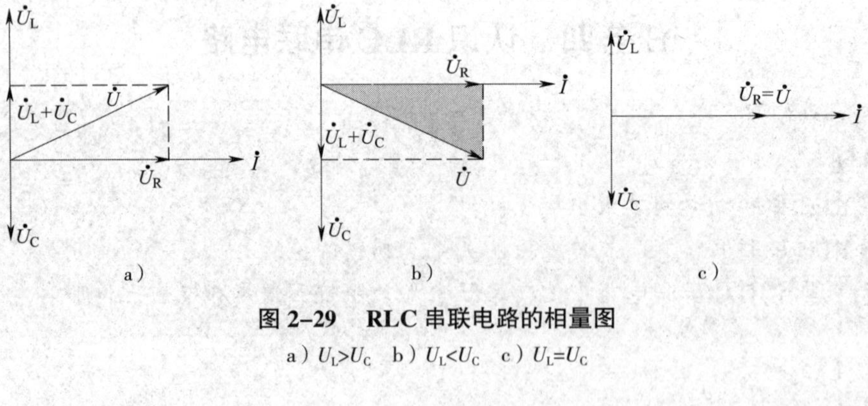

图 2–29　RLC 串联电路的相量图

a）$U_L>U_C$　b）$U_L<U_C$　c）$U_L=U_C$

由于 $\dot{U}_L$ 和 $\dot{U}_C$ 的相位相反，在相量图中表现为二者方向相反，因而它们的相量和也就是代数差，即 $\dot{U}_L+\dot{U}_C$ 在数值上就等于 U_L-U_C，其方向取决于 U_L 和 U_C 的大小，分三种情况：

（1）当 $U_L>U_C$ 时，电压 $\dot{U}$ 超前电流 $\dot{I}$，此时电路是电感性电路，相量图如图 2–29a 所示。

（2）当 $U_L<U_C$ 时，电流 $\dot{I}$ 超前电压 $\dot{U}$，此时电路是电容性电路，相量图如图 2–29b 所示。

（3）$U_L=U_C$ 时，电压 $\dot{U}$ 和 $\dot{I}$ 同相位，电路中虽然有元件 L 和 C 存在，但电路呈纯电阻性，相量图如图 2–29c 所示。这是一种特殊情况，称为串联谐振。串联谐振时电路呈现纯电阻性，总电压 $U=U_R$，$I=U/R$。

2．数量关系

由图 2–29a、b 所示相量图可以看出，电压 $\dot{U}$ 、$\dot{U}_R$ 和（$\dot{U}_L+\dot{U}_C$）构成一个直角三角形，称为电压三角形。由电压三角形可求得总电压的数值为

$$U = \sqrt{U_R^2 + (U_L - U_C)^2}$$

可见，由于各电压之间的相位不同，所以 $U \neq U_R+U_L+U_C$，这点与直流电路是不同的。

将 $U_R=IR$，$U_L=IX_L$，$U_C=IX_C$ 代入上式得

$$U = I\sqrt{R^2 + (X_L - X_C)^2} = I\sqrt{R^2 + X^2} = IZ$$

式中，$X=X_L-X_C$ 称为电抗，$Z = \sqrt{R^2 + X^2}$ 称为阻抗，单位都是欧姆。公式 $U=IZ$ 称为交流电路的欧姆定律，说明当电压一定时，阻抗越大，电流越小。可见阻抗在电路中起到阻碍电流通过的作用。

由图 2–30 可知，在电压三角形的基础上稍加改造，还能得到另外两个三角形。其中由 P、Q、S 组成的三角形称为功率三角形；由 Z、R、X 组成的三角形称为阻抗三角形。显然，功率三角形、阻抗三角形和电压三角形都是相似三角形。

用电压三角形和阻抗三角形都可以求出总电压与电流的相位角 φ 的大小。

$$\varphi = \arctan\frac{U_L - U_C}{U_R} = \arctan\frac{X_L - X_C}{R}$$

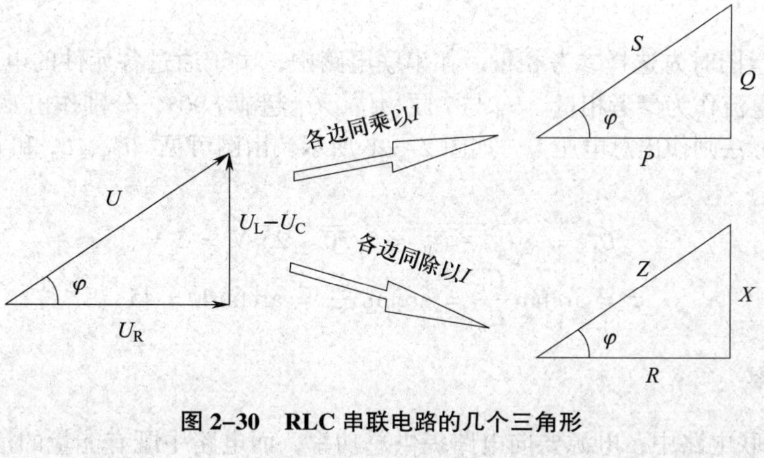

图 2–30　RLC 串联电路的几个三角形

因此，φ 也被称为阻抗角。

需要注意的是电压三角形是相量三角形，而阻抗三角形和功率三角形都不是相量三角形，因此不能用相量表示。

当 $X_C=0$ 时，上述公式即变成计算 RL 串联电路的公式。

当 $X_L=0$ 时，上述公式则变成计算 RC 串联电路的公式。

例 在 RLC 串联交流电路中，已知 $R=30\ \Omega$，$X_L=40\ \Omega$，$X_C=80\ \Omega$，电源电压 $U=220$ V，试求电路中的电流有效值，并作出相量图。

解： 根据例题已知条件可得

$$Z=\sqrt{R^2+(X_L-X_C)^2}=\sqrt{30^2+(40-80)^2}\ \Omega=50\ \Omega$$

$$I=\frac{U}{Z}=\frac{220}{50}\ \text{A}=4.4\ \text{A}$$

$$\varphi=\arctan\frac{X_L-X_C}{R}=\arctan\frac{40-80}{30}=-53°$$

φ 为负值，电路呈容性，电流超前电压 53°，相量图如图 2-31 所示。

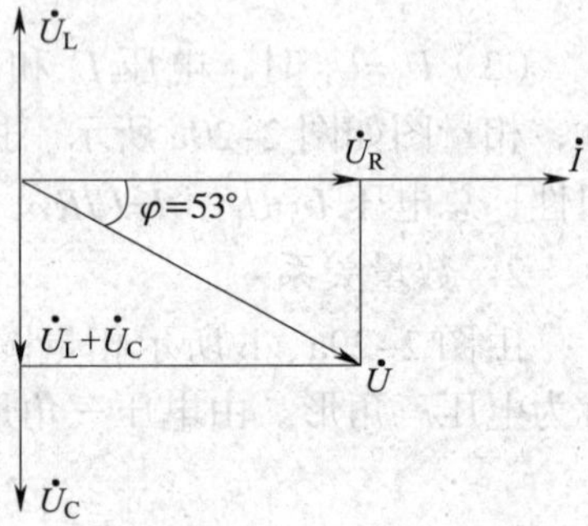

图 2-31 相量图

例 一个电阻和电感线圈串联接在 $U=5\sqrt{2}$ V 的交流电源上，如图 2-32a 所示。已知电阻上的电压 $U_R=5$ V，问电感线圈两端的电压 U_L 为多少？电源电压超前电流的相位角 φ 是多少？

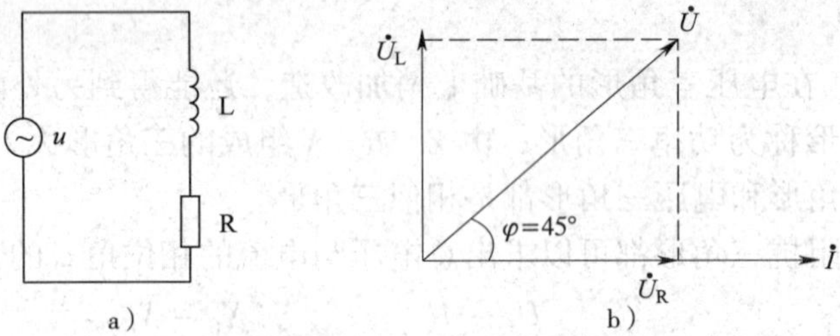

图 2-32 RL 串联电路

a）RL 串联电路 b）RL 串联电路相量图

解： 作相量图时先选择参考相量。在串联电路中，由于通过各元件的电流为同一电流，因此，通常以电流作为参考相量。$\dot{U}_R$ 与 $\dot{I}$ 同相位，$\dot{U}_L$ 超前 $\dot{I}$ 90°，分别作出 $\dot{U}_R$、$\dot{U}_L$ 相量，然后用平行四边形法则作出总电压 $\dot{U}$，如图 2-32b 所示。由图可见，$\dot{U}_R$、$\dot{U}_L$ 和 $\dot{U}$ 构成一个电压三角形，因而

$$U_L=\sqrt{U^2-U_R^2}=\sqrt{50-25}\ \text{V}=5\ \text{V}$$

$$\varphi=\arctan\frac{U_L}{U_R}=\arctan\frac{5}{5}=\arctan1=45°$$

二、电路的功率

在 RLC 串联电路中，电源要向电路提供总功率，而电路中既有能量的消耗又有能量的

交换，既存在视在功率又存在有功功率和无功功率。

1．视在功率 S

在 RLC 串联电路中，视在功率表示电源提供的总功率，即表示需要交流电源容量的大小，其定义为电压与电流有效值的乘积，即

$$S = UI$$

为区别有功功率和无功功率，视在功率的单位一般用伏·安（V·A）。

视在功率表示占用电源的容量大小，不代表电路中消耗的功率。负载消耗的功率要根据实际运行中负载的性质和大小而定。

2．有功功率 P

在 RLC 串联电路中，只有电阻是消耗功率的，所以 RLC 串联电路中的有功功率就是电阻上所消耗的功率，即

$$P = U_R I = UI\cos\varphi$$

3．无功功率 Q

由于电感和电容两端的电压相位相反，因此当电感吸收能量时，电容正好放出能量；当电容吸收能量时，电感也正好放出能量。二者能量相互补偿后的不足部分才由电源提供，所以电路的无功功率为电感和电容上的无功功率之差，即

$$Q = Q_L - Q_C = (U_L - U_C)I = UI\sin\varphi$$

无功功率表示了电源与 RLC 串联电路之间能量“吞吐”规模的大小。

视在功率 S、有功功率 P、无功功率 Q 之间的关系由功率三角形可得

$$S = \sqrt{P^2 + Q^2}$$

$$P = S\cos\varphi = UI\cos\varphi$$

$$Q = S\sin\varphi = UI\sin\varphi$$

由功率三角形可以得到 $\cos\varphi = \dfrac{P}{S}$，$\cos\varphi$ 称为功率因数，它是供电线路的运行指标之一，表示电源的输出功率被负载利用的程度。电力系统通常要求有较高的功率因数，功率因数过低，电源设备的容量就不能充分利用。电力系统中大多数负载是感性负载，如变压器、电动机等，这类负载的功率因数较低，为了提高电力系统的功率因数，常在负载两端并联电容器来提高功率因数，这称为并联补偿。

任务实施

通过以上分析可知，在 RLC 串联电路中，由于各量的初相位不同，不可以用简单相加减的方法得出各电压量之间的关系，即 $U \neq U_R+U_L+U_C$。正确的方法是借助于相量图及平行四边形法则，求出各个量之间的数量及相位关系。

课题二 三相正弦交流电

任务一 认识三相交流电源

学习目标

- 了解三相交流电的线电压和相电压
- 认识三相交流电路的电压波形图
- 认识三相四线制插座，能用万用表进行各插孔间的电压测量

任务引入

在实习车间，如果留意观察，会看到很多电源配电箱，如图 2–33 所示为某一实习场所的电源配电箱。打开电源配电箱，会看到在一些元器件的进线端和出线端都有三根电源线。它们的用途是什么？在操作机床时，其运动部件需要电动机来驱动，其中最常用的是三相笼型异步电动机，“三相”的含义是什么？本任务将具体学习三相交流电源的相关知识。

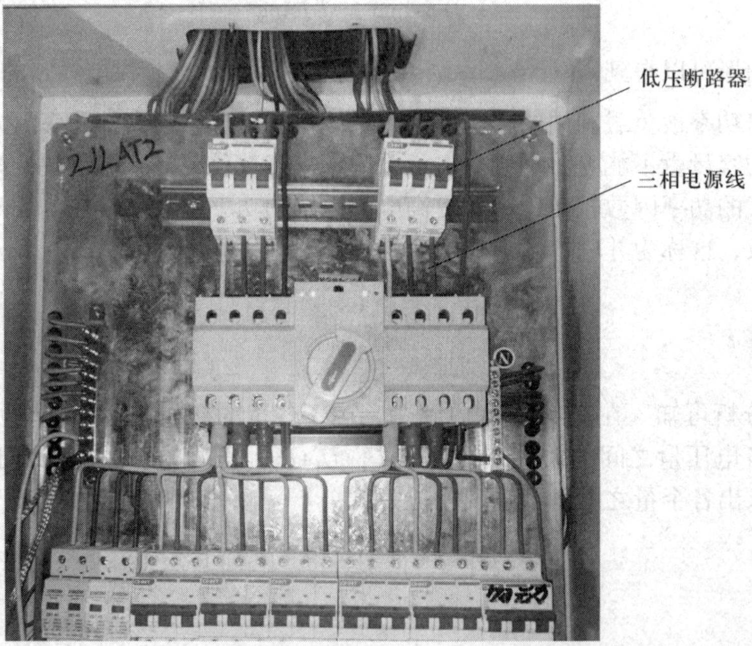

图 2–33 实习场所的电源配电箱

相关知识

前面所讲的单相交流电路的电源只有两个输出端钮，输出一个正弦交流电压；如果在交流电路中有几个正弦交流电压同时作用，就构成了多相制电路。目前世界上的电力系统常采用三相制供电方式，通常的单相交流电源也是从三相交流电源中获得的。

一、认识三相交流电路

在低电压供电时，多采用三相四线制或三相五线制，如图 2–34 所示。许多电气设备（如三相笼型异步电动机、三相空调机等）都使用三相交流电；而电灯、电视机、电风扇等家用电器及单相电动机，工作时是用两根导线连接在线路中的零线和一根相线上。

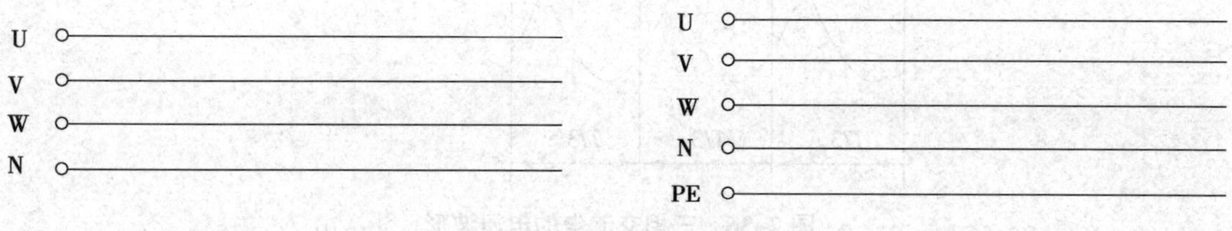

图 2–34　三相交流线路

a）三相四线制　b）三相五线制

三相四线制供电线路中，有三根相线（U、V、W，又称火线）和一根零线（N）。两根相线之间的电压为 380 V，称其为线电压；任何一根相线和零线之间的电压为 220 V，称其为相电压，如图 2–35 所示。三相五线制比三相四线制多一根地线，用于安全要求较高、设备要求统一接地的场所。

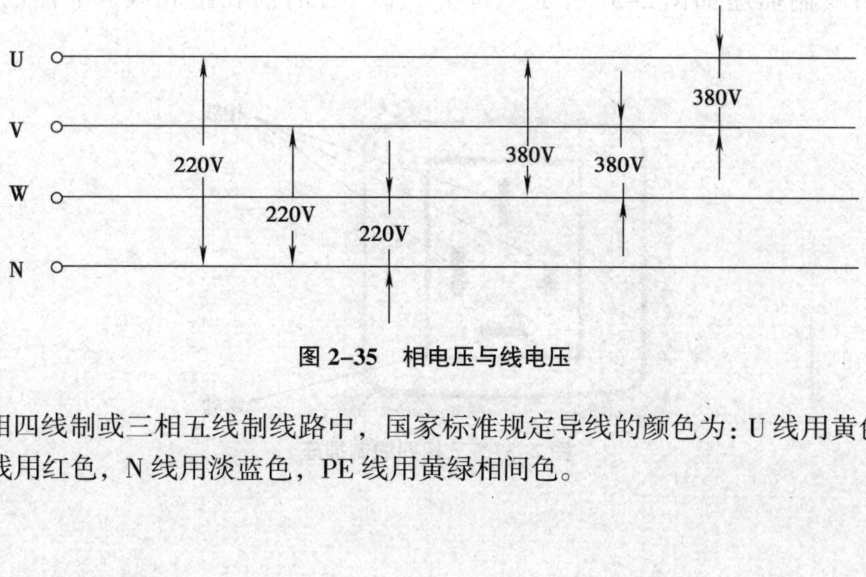

图 2–35　相电压与线电压

在三相四线制或三相五线制线路中，国家标准规定导线的颜色为：U 线用黄色，V 线用绿色，W 线用红色，N 线用淡蓝色，PE 线用黄绿相间色。

二、分析三相交流电路的电压波形图

三相交流电的电压波形如图 2-36 所示。从图中可以看出，三相交流电是三个交流电的组合，这三个交流电幅值相等、频率相同，只是相位彼此相差 120°。

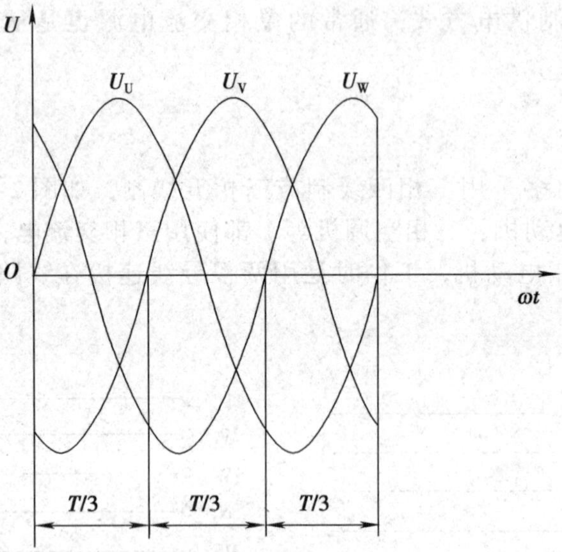

图 2-36 三相交流电的电压波形

分析图 2-36，三相交流电的数学表达式为

$$U_U = 220\sqrt{2}\sin(100\pi t)\ V$$

$$U_V = 220\sqrt{2}\sin(100\pi t - 120°)\ V$$

$$U_W = 220\sqrt{2}\sin(100\pi t + 120°)\ V$$

三、认识三相四线制插座

三相四线制插座如图 2-37 所示，其左、上、右的插孔接相线，下侧的插孔接零线。

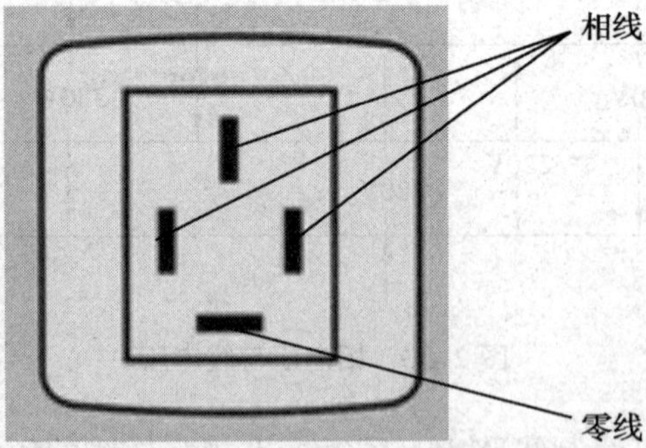

图 2-37 三相四线制插座

任务实施

用万用表对三相四线制插座各插孔进行电压测量，将测量结果填入表 2-4。

表 2-4　　三相四线制插座电压测量

测量项目	相与相（1）	相与相（2）	相与相（3）	相与零（1）	相与零（2）	相与零（3）
测量结果						

任务二　认识三相负载

学习目标

- 认识三相负载的星形连接和三角形连接
- 能计算负载及各线路的电压和电流
- 能计算三相负载的功率，学会选用合适的负载连接方式

任务引入

在 380 V/220 V 的三相四线制交流电源上，连接三盏额定电压为 220 V、电阻为 1 210 Ω 的灯泡。

（1）三盏灯应如何连接才能满足额定电压为 220 V 的要求？

（2）如何计算线路瞬时电流、有效电流、通过零线的电流和三相负载的总功率？

本任务将学习星形连接的三相负载的相关知识。

相关知识

一、三相负载的星形连接

1. 三相负载星形连接的电路图

在三相四线制系统中，三相电源的一根相线和零线之间的电压（相电压）为 220 V。负载如果接成如图 2-38 所示的形式，则每相负载的电压为 220 V，这种接法称为星形连接（常用“Y”标记）。若每相负载大小相等，则称这种负载为三相对称负载，下面的分析都是在三相对称纯电阻负载的条件下进行的。

2. 负载的瞬时电流

在三相四线制中，由于中线的存在，对于其中的每一相来说就是一个单相电路，工作情况与单相电路相同。

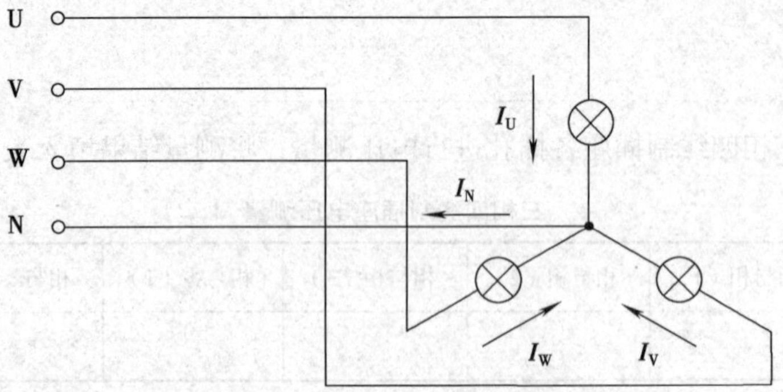

图 2–38　三相负载的星形连接

$$i_U = \frac{u_U}{R} = \frac{U}{R}\sqrt{2}\sin\omega t$$

$$i_V = \frac{u_V}{R} = \frac{U}{R}\sqrt{2}\sin(\omega t - 120°)$$

$$i_W = \frac{u_W}{R} = \frac{U}{R}\sqrt{2}\sin(\omega t + 120°)$$

由以上公式可知，在星形连接法的三相对称负载中，通过各相负载的瞬时电流的相位也相差 120°。

3．负载的有效电流

由于三个负载是对称的，所以通过负载的有效电流也相同，为

$$I = \frac{U}{R}$$

4．通过零线的电流

负载各相电流的相量如图 2–39 所示，负载星形连接时，通过零线的电流为各相电流的相量和。在三相对称负载电路中，由于各相负载对称，所以流过的三相电流也对称，其相量和为 0。所以，三相对称负载星形连接时，通过零线的电流 I_N 为 0。

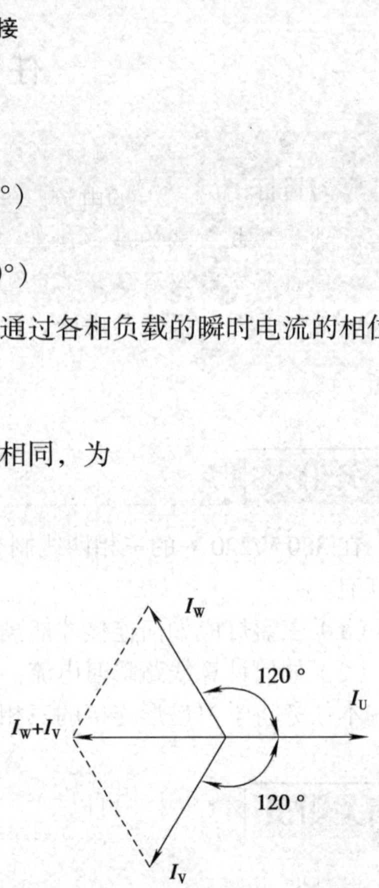

图 2–39　三相对称负载的电流相量图

5．三相负载的功率

在三相交流电路中，三相负载消耗的总功率为各相负载消耗的功率之和，即

$$P = P_U + P_V + P_W$$

二、负载的三角形连接方式

1．三相负载三角形连接的电路图

在三相四线制系统中，三相电源的两根相线之间的电压（线电压）为 380 V，如图 2–40 所示。这种将三相负载分别连接在三相电源的每两根相线之间的连接方式称为三角形连接（常用“△”标记）。

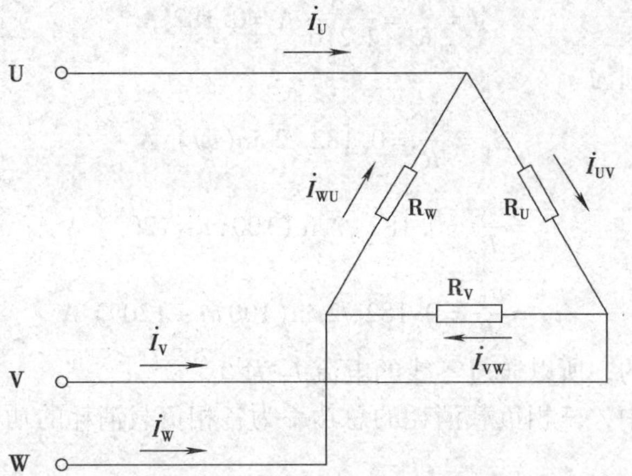

图 2–40　三相负载的三角形连接

2．通过各相负载的电流和通过相线的电流

流过相线的电流为线电流，如图 2–40 中的 I_U、I_V、I_W。流过每相负载的电流称为相电流，如图 2–40 中的 I_{VW}。

当按照三角形连接法接入的负载对称时，通过负载的电流对称，各相线上的电流也对称，其关系为

$$I_U = I_V = I_W = \sqrt{3}I_{UV} = \sqrt{3}I_{VW} = \sqrt{3}I_{WU}$$

3．三相负载的功率

在三相交流电路中，三相负载消耗的总功率为各相负载消耗的功率之和，即

$$P = P_U + P_V + P_W$$

例　在热处理车间，要用到三相电阻炉，其额定电压为 380 V，它有三个功率为 5 000 W 的发热电阻，若接在 380 V/220 V 三相四线制的交流电源上，则

（1）负载该如何连接，才能满足 380 V 额定电压的要求?

（2）通过各相负载的电流和通过相线的电流为多少?

解:（1）由于三相电源的两根相线之间的电压为 380 V，正好能满足三相电阻额定电压为 380 V 的要求，所以可以把发热电阻接在两根相线之间。

（2）通过各相负载的电流为

$$I_{UV} = I_{VW} = I_{WU} = \frac{P}{U} = \frac{5\ 000}{380}\ \text{A} = 13.158\ \text{A}$$

通过各相线的电流为

$$I_U = I_V = I_W = \sqrt{3}I_{UV} = \sqrt{3} \times 13.158\ \text{A} = 22.790\ \text{A}$$

任务实施

（1）将灯泡接于一根相线和零线之间，正好能满足灯泡的额定电压为 220 V 的要求。

（2）根据电流的计算公式可以求出有效电流

$$I=\frac{U}{R}=\frac{220}{1\ 210}\ \text{A}=0.182\ \text{A}$$

所以瞬时电流分别为

$$i_{\text{U}}=\frac{u_{\text{U}}}{R}=0.182\sqrt{2}\sin(\omega t)\ \text{A}$$

$$i_{\text{V}}=\frac{u_{\text{V}}}{R}=0.182\sqrt{2}\sin(100\pi t-120°)\ \text{A}$$

$$i_{\text{W}}=\frac{u_{\text{W}}}{R}=0.182\sqrt{2}\sin(100\pi t+120°)\ \text{A}$$

因为负载是对称的，所以通过零线的电流 I_{N} 为 0。

根据三相交流电中，三相负载消耗的总功率为各相负载消耗的功率之和，可求出三相负载的总功率为

$$P=P_{\text{U}}+P_{\text{V}}+P_{\text{W}}=3P_{\text{U}}=3\frac{U^2}{R}=3\times\frac{220^2}{1\ 210}\ \text{W}=120\ \text{W}$$

知识链接

在低压供电系统中，三相负载是经常要变动的（如照明电路中的灯具要经常开和关，这样就称为不对称的三相负载），并且三相负载也不可能都是纯电阻，所以通过各相的电流大小不一定相等，相位差也不一定为 120°，通过零线的电流也不一定为 0。只有零线存在，才能保证三相电路成为三个互不影响的独立回路，不会因负载的变化而相互影响。因此在低压供电系统中，不允许在零线上安装断路器和开关，以避免零线断开引起事故。

在生产、生活用电中，要力求三相负载平衡，以减小通过零线的电流，如果三相电源的各相所加负荷不均衡，使变压器处于不对称运行状态，导致三相电源各相的电压不对称，并且会造成变压器的损耗增大，甚至导致变压器烧毁。三相电压的不平衡将影响电动机的工作，使流过零线的电流过大，线路的损耗增大。

例 如图 2–41 所示，在三相四线制的电路中接有三相不对称负载。已知 R_{U}=5 Ω，R_{V}=10 Ω，R_{W}=20 Ω，相电压为 220 V。

（1）计算各相电流的有效值。

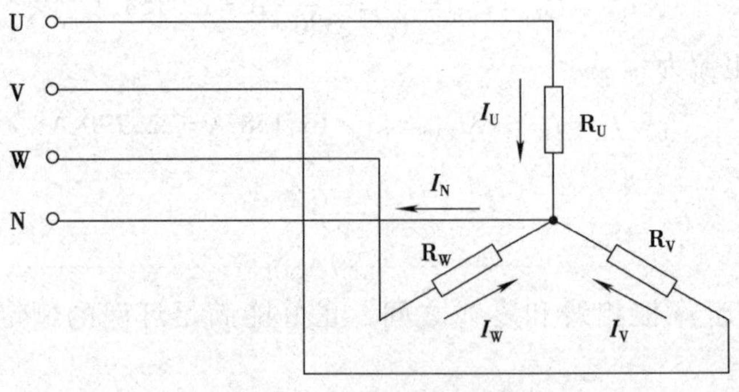

图 2–41 三相不对称负载电路

（2）绘制各相电流相量图，判断通过零线的电流是否为 0。

（3）计算三相负载的总功率。

解：（1）各相电流的有效值

$$I_U = \frac{U}{R_U} = \frac{220}{5}\ \text{A} = 44\ \text{A}$$

$$I_V = \frac{U}{R_V} = \frac{220}{10}\ \text{A} = 22\ \text{A}$$

$$I_W = \frac{U}{R_W} = \frac{220}{20}\ \text{A} = 11\ \text{A}$$

（2）绘制各相电流的相量图如图 2–42 所示。由图可见，通过零线的电流不为 0。

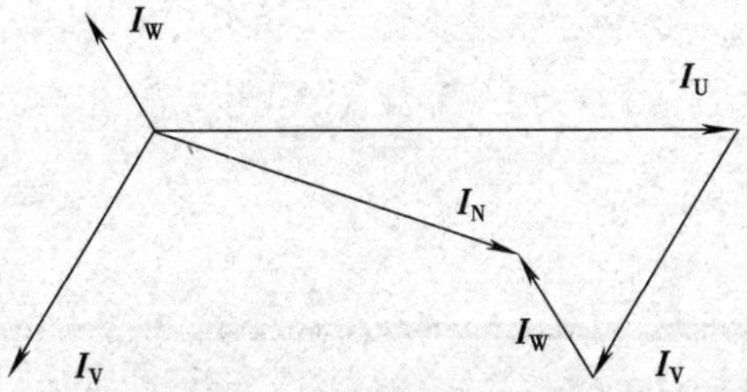

图 2–42　各相电流的相量图

（3）三相负载的总功率

$$P_U = \frac{U^2}{R_U} = \frac{220^2}{5}\ \text{W} = 9\ 680\ \text{W}$$

$$P_V = \frac{U^2}{R_V} = \frac{220^2}{10}\ \text{W} = 4\ 840\ \text{W}$$

$$P_W = \frac{U^2}{R_W} = \frac{220^2}{20}\ \text{W} = 2\ 420\ \text{W}$$

$$P = P_U + P_V + P_W = (9\ 680 + 4\ 840 + 2\ 420)\ \text{W} = 16\ 940\ \text{W} = 16.94\ \text{kW}$$

模块三

供电与安全用电

课题一 工厂供电知识

任务一 认识电力系统的组成

学习目标

- 了解电力系统的基本组成
- 了解发电厂、变配电所、电网的基本概念
- 掌握电力系统各组成部分的作用

任务引入

电能是现代工业生产的主要能源和动力，它不仅便于输送、分配，易于转换为其他形式的能源，而且便于控制、使用方便，在工业生产及日常生活等方面，应用十分广泛。

如图 3–1 所示为电能的传输与分配过程示意图，工厂及其他电能用户所需的电能是由发电厂发出的，但发电厂往往建在能源基地附近或城市周边，距离用电负荷很远，发电厂发出的电能要经过变压器升压后远距离输送，而电能用户的负荷电压一般是低压，因此电能必须经过降压后才能分配到用户。本任务将学习电力系统的相关知识。

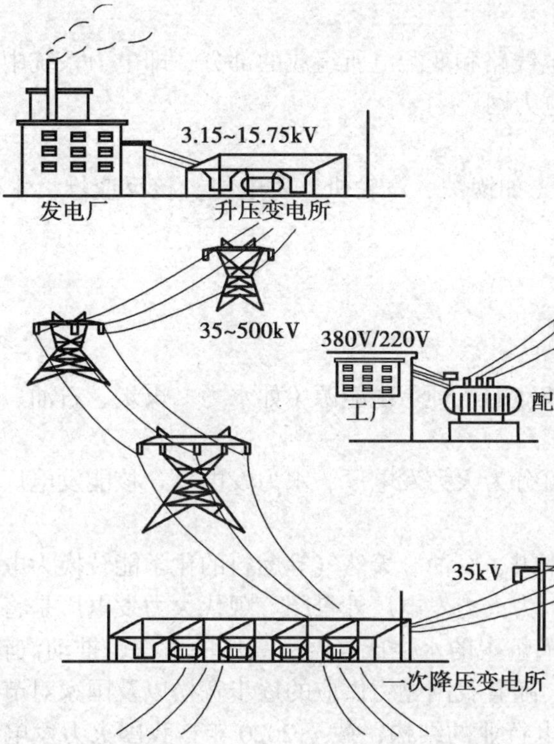

图 3–1 电能的传输与分配过程示意图

相关知识

一、电力系统的基本概念

1. 电力系统

由发电厂、变配电所、电力线路及用户组成的统一体，称为电力系统。结合图 3–2 可了解电力系统的基本概念。

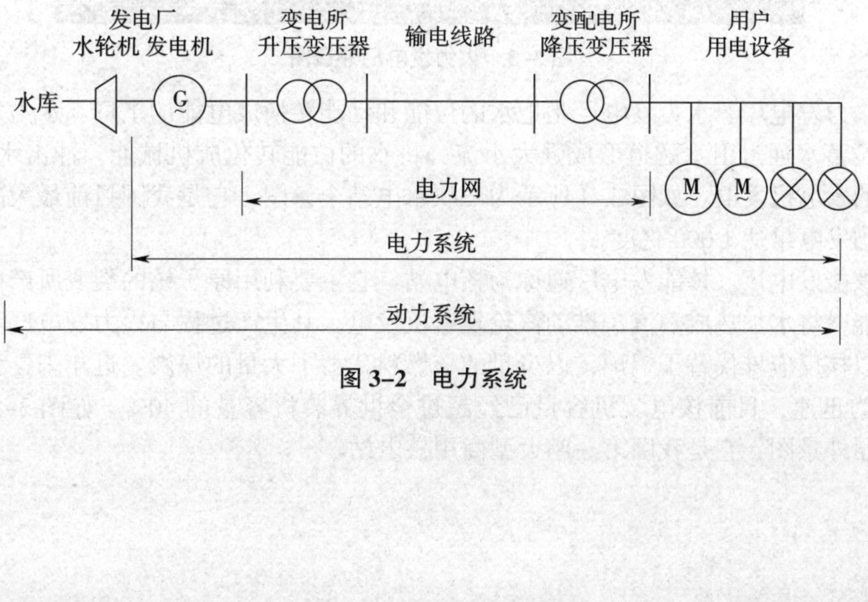

图 3–2 电力系统

2．电力网

电力系统中各种电压等级的输配电线路和变配电所组成的部分，即电力系统中除去发电厂及电力用户以外的中间环节，称为电力网。

3．动力系统

电力系统加上发电厂的动力部分（如锅炉、汽轮机、发电机、核反应堆、水轮机等装置）所构成的整体，称为动力系统。

二、电力系统的构成

1．发电厂

发电厂又称发电站，是将自然界蕴藏的各种一次能源（如水力、煤炭、石油、风能、太阳能等）转换成二次能源（电能）的工厂。

发电厂按其所利用的能源不同，可分为火力发电厂、水力发电厂、核能发电厂、风力发电厂、太阳能发电厂等。

（1）火力发电厂。火力发电是利用煤、石油、天然气等燃料的化学能转换为电能，我国火力发电厂以燃煤为主，如图 3–3 所示为火力发电厂外景图。现代火力发电厂是将煤块粉碎成煤粉，煤粉在锅炉中充分燃烧，将锅炉中的水烧成高温、高压的蒸汽，推动汽轮机转动，从而驱动与其同轴的发电机旋转发电。随着我国电力供应的逐步宽松以及国家对节能降耗的重视，中国开始加大力度调整火力发电行业的结构，截至 2020 年，我国火力发电量约占总发电量的 70%。

图 3–3　火力发电厂外景图

（2）水力发电厂。水力发电厂是把水的位能和动能转换成电能的工厂。水力发电厂水库中的高水位蓄水通过引水隧道形成强大水流，将水的位能转化成机械能，冲击水轮机旋转，带动同轴的发电机发电。如图 3–4 所示为三峡水电站全景图，它是我国目前最大的水力发电厂，年平均发电量达 1 000 亿度。

（3）核能发电厂。核能发电厂通称为核电站，它主要利用原子核的裂变所产生的原子能转换为热能，将水加热成蒸汽，推动汽轮发电机发电。其生产过程与火力发电厂基本原理相同，只是以核反应堆代替了锅炉，以少量的核燃料代替了大量的煤炭。近年来，我国核能发电发展尤为迅速，目前核电装机容量已经超过全世界装机容量的 40%。如图 3–5 所示为大亚湾核电站外景图，它是我国第一座大型商用核电站。

图 3–4 三峡水电站全景图

图 3–5 大亚湾核电站外景图

（4）风力发电厂。风力发电是利用风力发电机，在风力的作用下，风机的叶片旋转，从而带动发电机产生电能，如图 3–6 所示为内蒙古乌拉特中旗风力发电厂外景图。风能是一种无污染、可再生的能源，取之不竭，分布广泛。近年来，随着相关技术的不断发展，风力发电的技术水平有了很大的进步。目前，我国风电累计装机容量已达 2.81 亿千瓦，规模居世界首位。

图 3–6 内蒙古乌拉特中旗风力发电厂外景图

（5）太阳能发电厂。太阳能发电又称光伏发电，它是利用半导体界面的光生伏特效应而将光能直接转变为电能的一种技术。太阳能是人类取之不尽用之不竭的可再生能源，具有清洁、安全、免维护以及资源充足、经济等优点，在长期的能源战略中具有重要地位。如图 3–7 所示为青海格尔木光伏发电站外景图。

图 3–7　青海格尔木光伏发电站外景图

2．变电所

变电所又称变电站，其作用是接收电能、变换电压和分配电能，根据变电所在电力系统中所处的地位和作用可分为以下几类。

（1）枢纽变电站。枢纽变电站位于电力系统的枢纽点，电压等级一般为 500 kV 及以上，联系多个发电电源，出线回路多，供应多个片区，变电容量大，是目前联网式大电网运行的关键。

（2）地区变电站。地区变电站是一个中、小城市的主要变电所，电压等级一般为 110 ~ 220 kV。

（3）企业变电站。企业变电站是大、中型企业的专用变电站，电压等级一般为 35 ~ 110 kV，包括企业总降压变电站和车间变电站。

（4）终端变电站。终端变电站位于配电线路的终端接近负荷处，高压侧多为 10 kV，经降压后直接向用户供电。

3．电力负荷

电力负荷又称电力负载，有两种含义：一是指耗用电能的用电设备或用电单位（用户），如重要负荷、不重要负荷、动力负荷、照明负荷等；二是指用电设备或用电单位所耗用的电功率或电流大小，如轻负荷（轻载）、重负荷（重载）、空负荷（空载）、满负荷（满载）等。电力负荷的具体含义视具体情况而定。

任务实施

对图 3–1 的分析如下。

一、发电

图 3–1 中采用广泛应用的火力发电方式，通过发电装置（锅炉、汽轮机、发电机及电厂辅助生产系统等）将自然界的一次能源转化成电能。发电厂发电机的输出电压一般在 3.15 ~ 15.75 kV 之间。

二、变电

由于发电厂距离负荷中心很远，以及发电机的输出电压不高，当电流在线路上流过时，会造成电压降落（$\Delta U=IR$）以及功率损耗（$P=I^2R$）增大，无法进行远距离输电。

由 $P=IU$ 可知，当输送相同功率时，电压越高则电流越小，为了减少电压降落和功率损耗，发电厂发出的电能一定要经过厂内升压变压器（见图 3–8a）将电压升高后，远距离输送至某一用电地区。

此段线路的功能主要是输电，所以称为高压输电线路，其特点是高电压（35 ~ 500 kV）、大功率、远距离。

电能输送到某个地区后，由地区降压变电所降压变压器（见图 3–8b）将高压电能根据需要进行一次降压（如 35 kV）和二次降压（6 ~ 10 kV），然后对本地区的某个用电区域进行输送和分配。

a)

b)

图 3–8　电力变压器

a）发电厂升压变压器　b）变电所降压变压器

三、配电

从二次降压变电所分配输出的配电电压等级，其特点是电压相对较低，输电距离较近，以 10 kV 的配电电压最为普遍，是大多数电力用户的首选。10 kV 的配电线路大部分深入到负荷中心，为中、小电力用户供电。同时地方电网公司还在某些适当的地区敷设低压配电线路作为低压公用区，为较小的用户，如一些小的学校、商店、居民住宅供电。

任务二　认识工厂变配电站

学习目标

- 了解供配电系统及变配电站的作用和组成
- 了解组合式变电站简单的运行维护知识
- 掌握组合式变电站各部分的作用和特点

任务引入

如图 3–9 所示为某小型工厂内一座 ZBW–11 型组合式变电站的外观图和结构示意图，它担负着为各类用电设备提供、分配电能的作用。在如此有限的空间里面，它是如何将高压（6 ~ 10 kV）降为低压用电设备所需的电压（380 V/220 V），然后进行分配使用的呢？在其内部有哪些电气设备？这些电气设备起什么作用呢？

a）

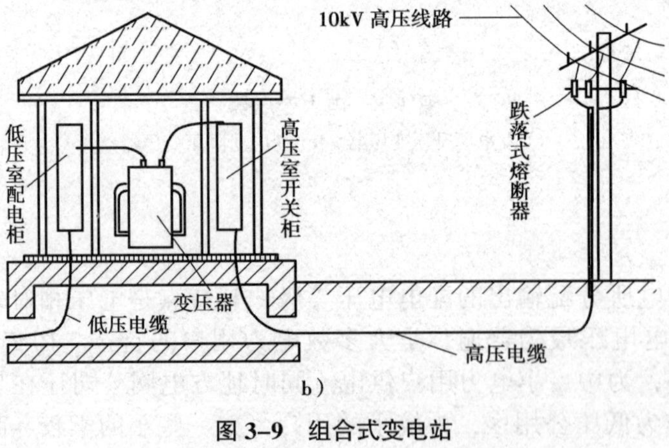

b）

图 3–9　组合式变电站

a）ZBW–11 型外观图　b）结构示意图

本任务要求认识组合式变电站中各部分的名称、作用，以及工厂变配电站电能转换和分配的方法。

相关知识

一、工厂供配电系统

工厂供配电系统是工厂所需的电力电源从进厂起到所有用电设备输入端止的整个线路，它是电力系统中最大的电力用户。图 3–10 是一个典型大型工厂的供配电系统图，它同时也表达了工厂在电力系统中的位置，以及与电力系统的关系。

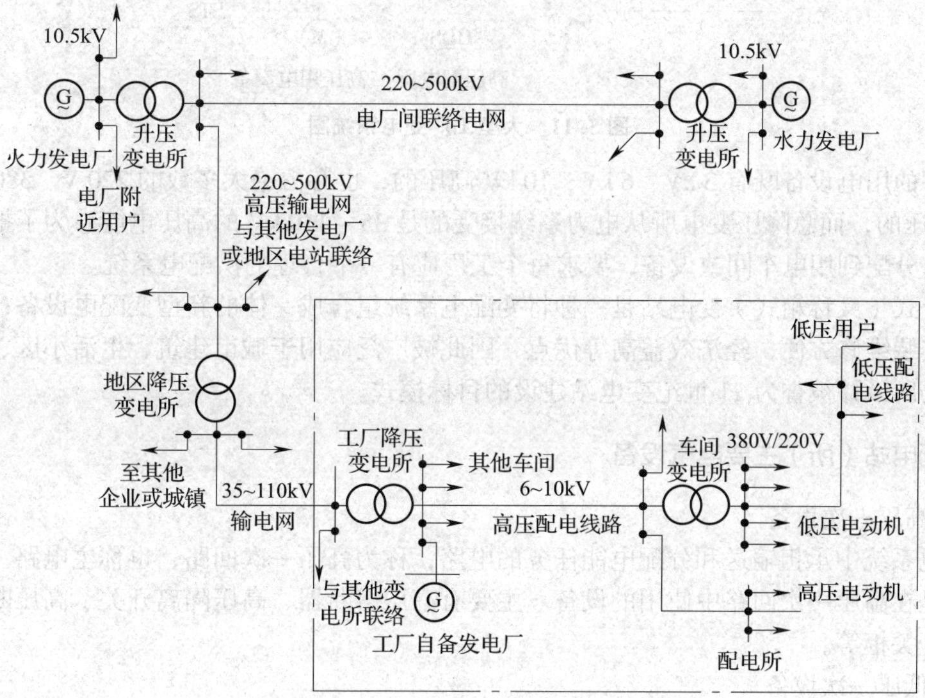

图 3–10　典型大型工厂的供配电系统图

工厂供配电系统由工厂总降压变电所、高压配电线路、车间变配电所、低压配电线路和配电装置组成。

工厂供配电系统的基本功能首先是受电，即将电能从配电网引入到工厂；其次，根据工厂用电负荷大小进行电压转换；最后进行分配。应当指出的是，对于某个具体的工厂变配电系统，可能只是其中的一部分，这主要取决于工厂电力负荷的大小和区域规模。

二、工厂变配电站（所）

变配电站（所）是供电系统的枢纽，它通过变压器将各级电压的电网联系起来，是电力系统中变换电压、接受和分配电能、控制电流流向和调整电压的设施。

如图 3–11 所示，工厂变配电所分为总降压变电所和车间变电所，一般小型工厂不设总降压变电所。其作用是把电力系统供给的高压电能，经过变电所的各级降压，变成用电设备所需要的较低电压的电能，然后经过配电装置和配电线路将电能送到各车间的用电设备。

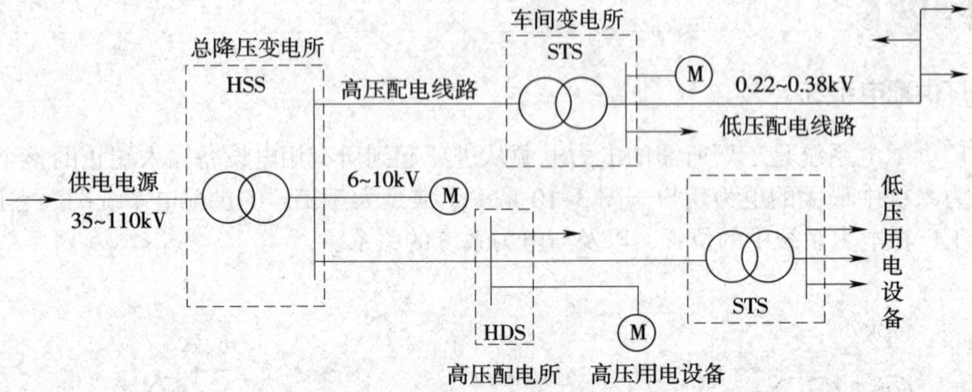

图 3-11　大型工厂受电系统图

工厂的用电设备既有 3 kV、6 kV、10 kV 高压的，也有占绝大多数的 220 V、380 V 以及 660 V 低压的，而总降压变电所从电力系统接受的是 35 ~ 110 kV 的高压电能，为了把高压电能降压并分配到用电车间或设备，要求每个工厂应有一个合理的供配电系统。

组合式（又称箱式）变电站是一种将变配电系统组合成一体的新型变配电设备，具有体积小、安装维修方便、经济效益高等优点，因此被广泛应用于城市建筑、生活小区、中小型工厂等场所，并被誉为 21 世纪变电站建设的目标模式。

三、变配电站（所）主要电气设备

1. 高压一次设备

供电系统中承担输送和分配电能任务的电路，称为高压一次回路，也称主电路。高压一次设备是在高压一次回路中使用的设备。主要有高压熔断器、高压隔离开关、高压断路器以及高压开关柜等。

2. 低压一次设备

低压一次设备主要指用于供电电压 1 000 V 或 1 200 V 以下一次侧的电气设备，主要有低压开关、低压熔断器、低压断路器以及配电屏等。

3. 电力变压器

电力变压器是变配电站的核心设备，通过它能实现高低电压的转换。电力变压器的种类很多，一般有三相油浸自冷式变压器、三相风冷式变压器以及三相干式变压器等。

三相油浸自冷式电力变压器主要由铁芯和绕组、油箱、油枕、绝缘套管以及冷却系统等组成。

任务实施

一、高压接入

由图 3–9b 可知，10 kV 公用架空线路首先连接至电线杆上跌落式熔断器，跌落式熔断器出线经高压电缆接入组合式变电站高压室开关柜，并由高压室开关柜进行完善的高压控制和保护。

跌落式熔断器是一种简单的高压保护电器，在 6 ~ 35 kV 高压电路中，广泛用于户外高压进户前作为线路和变压器的短路保护，又可在一定条件下作为开关使用，如图 3–12 所示。

高压开关柜是按一定的线路方案将有关一、二次设备组装而成的一种高压成套配电装置，内部安装有高压开关设备、保护电器、监测仪表等。除具有开关功能外，还具备高压限流熔断器保护、过负荷保护和“五防”保护及带电显示等功能，如图 3–13 所示。

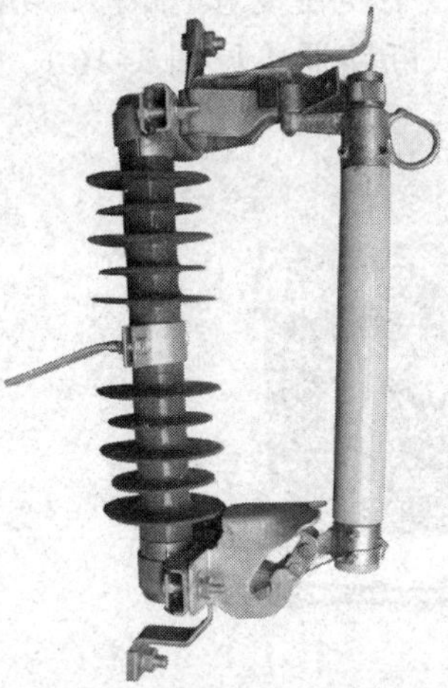

图 3–12 RW4–10 型跌落式熔断器

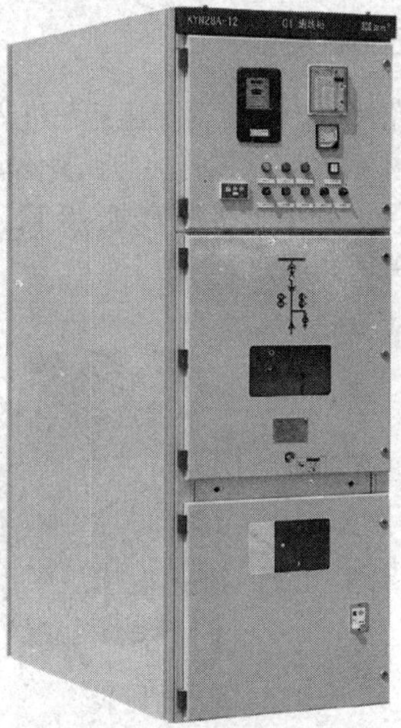

图 3–13 KYN28–12 型高压开关柜

二、电力变压器变换电压

在图 3–9b 中，高压线路由高压室引出进入变压器室，连接电力变压器高压端绝缘子，经内部电压变换后得到电气设备所需的低电压（380 V/220 V）。

新型组合式变电站多采用 S9–M 型油浸自冷式电力变压器、S11–M 型全密封电力变压器或环氧树脂干式变压器，实现了变电站无油化运行，如图 3–14 所示。

a）　　　　b）

图 3-14　常用电力变压器

a）S9-M 型油浸自冷式电力变压器　b）S11-M 型全密封电力变压器

提示

变压器运行时，会产生大量的热量，使变压器室的温度不断升高，影响变压器的安全运行，所以除采用自然通风外，一般都设计了测温保护装置，采用强制排风措施加以解决。

三、低压分配电能

线路经电力变压器变压后，进入低压室，连接一台主保护开关，多选择 DW 或 HD 系列开关，如图 3-15 所示，开关为弹簧储能机构，可手动跳、合闸，作为配变总电路投、切使用。

主保护开关下级配有 4～8 只分路开关，多选用塑壳式断路器（见图 3-16）。电能由各分路开关送达用户。

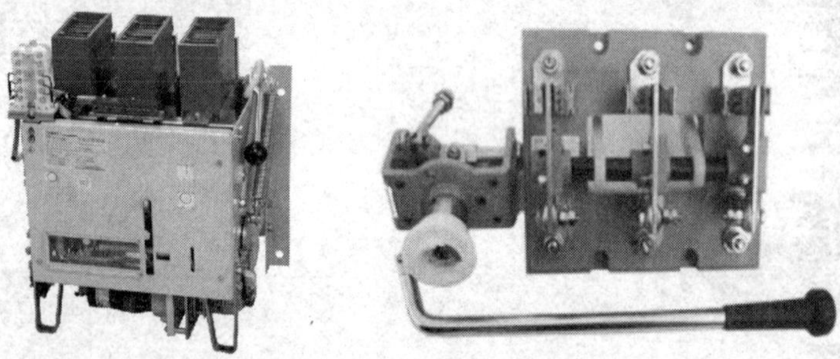

a）　　　　b）

图 3-15　低压主保护开关

a）DW 型低压开关　b）HD 型低压开关

图 3-16　塑壳式断路器

知识链接

变配电站的无功补偿

在工厂企业中，由于有大量的感应电动机、电焊机、日光灯等感性负荷，使电网功率因数降低，影响供电质量。所以，在变配电站的低压配电装置中通常安装有低压无功补偿装置，通过在电路中并联电力电容器进行人工补偿。图 3–17 所示为电力电容器外形及连接示意图。

a）

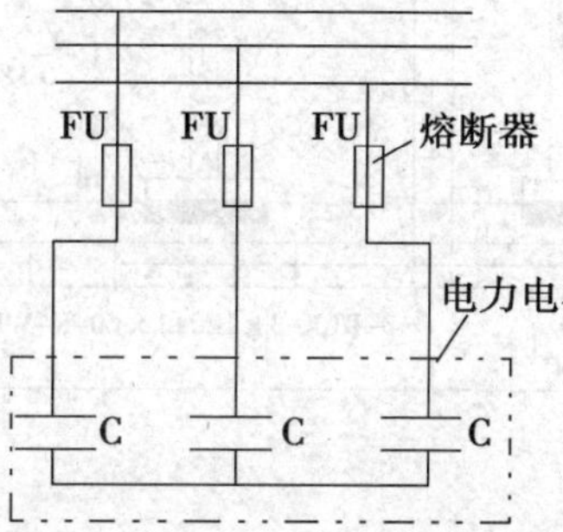

b）

图 3–17　电力电容器外形及连接示意图
a）电力电容器外形　b）三相电容器连接示意图

任务三　识读车间配电线路图

学习目标

- ✲ 了解车间配电线路的组成及敷设方式
- ✲ 了解车间线路的基本维护方法
- ✲ 能够正确识读车间电力平面图

任务引入

如图 3–18 所示为某机械加工车间电力平面图及配电系统概略图，试识读该车间的配电线路图，分析该车间有哪些用电设备，配电线路是如何分布的。

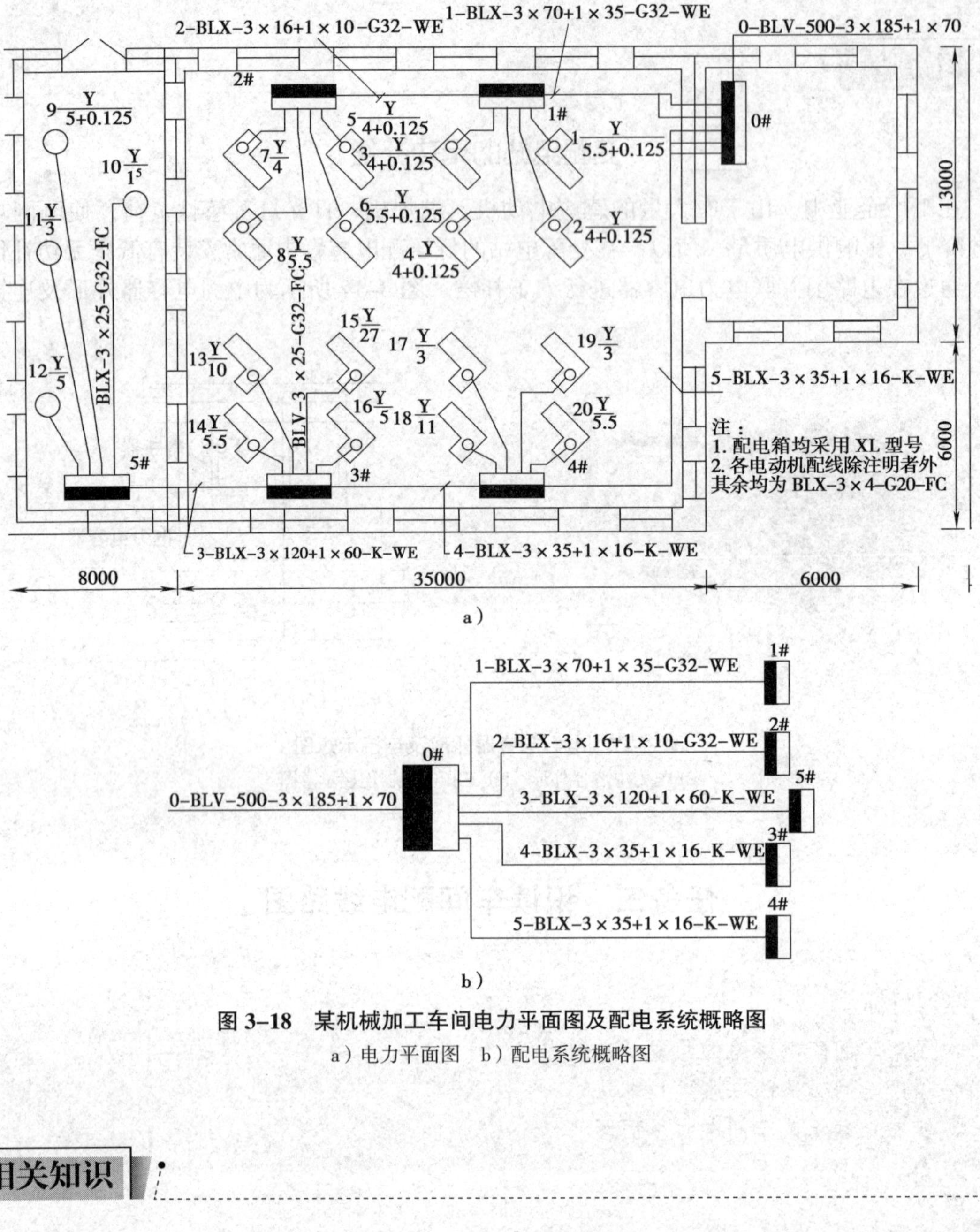

图 3-18　某机械加工车间电力平面图及配电系统概略图

a）电力平面图　b）配电系统概略图

相关知识

一、电力平面图

电力平面图是一种用图形符号和文字代号表示建筑物内各种电力设备平面布置的简图，主要反映电力设备的安装位置和标高，电力设备的规格、型号、数量，供电线路的敷设路径和方法等（见图 3-18a）。正确识读车间配电线路图，除供施工和电力设备安装外，还可以帮助车间操作人员熟悉车间线路的概况，了解线路及电气设备的安装位置，合理运用电能进行生产。

为弄清总配电箱与分配电箱之间的关系，还需给出与之对应的配电系统概略图，如

图 3–18b 所示。

电力平面图中，用图形符号表示线路、配电箱或者电气设备，常见的图形符号及其含义见表 3–1。

表 3–1　　常见的图形符号及其含义

名称	图形符号	含义
交流配电线路	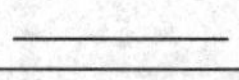	连线、连接导线的一般符号
	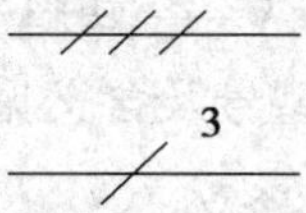	3 根导线
	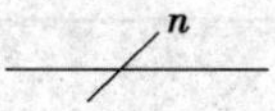	*n* 根导线（*n* ≥ 3），*n* 根导线可用一条图线表示
接点		导线连接点
端子、盒		接线盒、端子的一般符号
线路连接	形式1 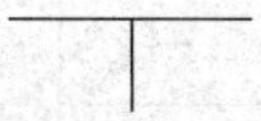 形式2 	导线 T 形分支连接
	形式1 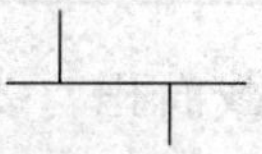 形式2 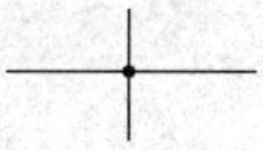	导线的交叉连接
导线跨越	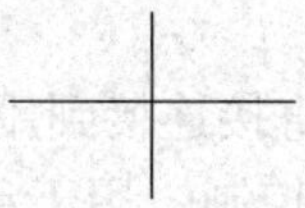	导线跨越不连接
配电箱		配电屏、柜、箱的一般符号
		电力或动力—照明混合配电箱
		照明配电箱
用电设备	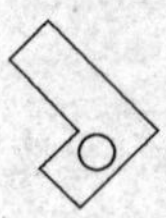	机床设备
		电风扇
		灯或信号灯的一般符号
		荧光灯

二、车间线路的组成

车间线路主要由总电力配电箱、分路配电箱、配电线路及用电设备组成。

车间配电线路，一般由380 V/220 V三相四线制系统供电，即三根相线（火线）和一根中性线（零线）组成。动力线路由三根相线构成，电压为380 V，照明线路由三根相线中任意一相与中性线构成，其电压为220 V，分别为动力负荷（如机床设备）和照明装置供电。

绝缘电线型号中的符号含义如下：B——布线用；V——塑料绝缘；X——橡皮绝缘；L——铝芯（铜芯不标注）；R——软导线。常用绝缘电线型号及含义见表3–2。

表3–2 常用绝缘电线型号及含义

型号	名称	主要用途
BX	铜芯橡皮线	固定敷设用
BLX	铝芯橡皮线	
BV	铜芯塑料线	
BLV	铝芯塑料线	
RVB	铜芯塑料平行软线	用于盘内配线及小功率用电设备中

在电力工程图中，电线电缆一般由型号、截面积、线路的额定电压、根数构成。如BLX–500–3×70+1×35，表示铝芯橡皮绝缘电线，额定电压为500 V，三根相线截面积均为70 mm^2，一根中性线的截面积为35 mm^2。

三、电力配电箱

电能通过室外配电线路进入车间后，通常不能直接连接到用电设备上，需要经过车间电力配电箱进行分接。配电箱主要用于电能的分配和控制。用于动力配电的称为动力配电箱，用于照明配电的称为照明配电箱。

车间电力配电箱一般分为两级，即总电力配电箱和分路配电箱，安装方式有明装、暗装（嵌入墙体内）及立式安装等。车间总电力配电箱一般采用明装式，它是一个放置在地面上的金属柜，总电力配电箱配出线路4～8个不等，用以连接入户电源线及分路配电箱，实现车间内线路的第一级控制（见图3–19a）。其主要结构有箱、面板、低压断路器、母线及台架等。

在车间每一台用电设备附近的墙面上，都装有一支分路配电箱，形成了线路的第二级控制（见图3–19b）。在配电箱内部，一般装有三相和单相两种电源开关（见图3–20）。

当需要启动用电设备时，先合上断路器手柄以接通电源，当操作结束后，先停止用电设备，然后再扳下断路器手柄切断电源。

a） b）

图 3–19 电力配电箱

a）总电力配电箱 b）分路配电箱

a） b）

图 3–20 常用电源开关

a）三相断路器 b）单相断路器

配电箱型号的表示方法及含义如下。

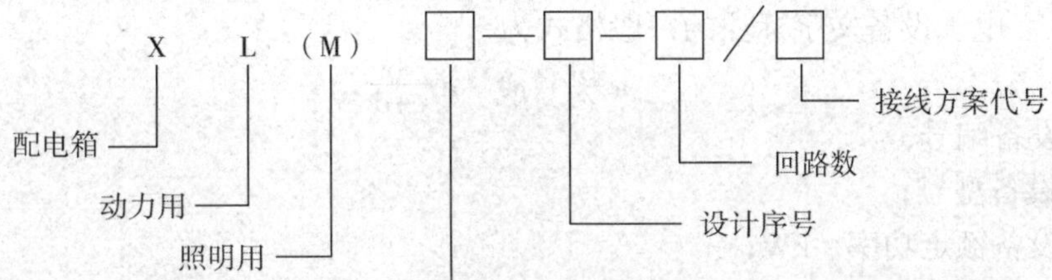

提示

操作电源开关常识如下。

（1）不得用带有油污或潮湿的手去操作电源开关。

（2）如发生设备或人身意外事故，要立即切断电源开关。

（3）当断路器故障跳闸后，未查明原因前，不得强行合闸。

四、车间线路敷设方式及敷设部位

车间配电线路大多采用绝缘导线敷设，少数采用电缆。

绝缘导线的敷设方式分明敷和暗敷两种。明敷是导线直接安装在绝缘子、线管、线槽或桥架等保护体内，敷设于墙壁、顶棚的表面。暗敷是导线在线管等保护体内，敷设于墙壁、顶棚及楼板的内部。电缆敷设一般采用直埋地敷设、电缆沟敷设和电缆桥架敷设三种方式。导线敷设方式的标注见表 3–3；导线敷设部位的标注见表 3–4。

表 3–3 导线敷设方式的标注

敷设方式	代号	敷设方式	代号
明敷	E	硬塑料管敷设	P
暗敷	C	钢管敷设	SC
绝缘子敷设	K	塑料线槽敷设	PR
电线管敷设	MT	电缆桥架敷设	CT

表 3–4 导线敷设部位的标注

敷设部位	代号	敷设部位	代号
暗敷设在梁内	BC	沿顶棚面敷设	CE
沿墙敷设	WE	沿钢索敷设	SR
暗敷设在墙内	WC	暗敷设在地面（板）内	FC

五、电气设备的标注

在电力平面图中，通常还要用文字标注电气设备的编号、型号、规格、数量、安装和敷设方式等信息。电气设备文字标注的一般格式为

$$a\frac{b}{c} \quad 或 \quad a\frac{b}{c+d}$$

式中 a——设备编号；

b——设备型号；

c——设备额定功率，kW；

d——安装标高，m。

任务实施

在该车间的电力平面图和配电系统概略图中，用符号、图线和文字相结合的方式，清楚地表述了配电线路的走向、型号、规格、根数、敷设方式、敷设部位，以及电气设备的安装位置等信息。

识读电力平面图的一般规律是：按电流入户方向依次阅读，即入户电源→配电箱→支路→支路上的用电设备。可从电源进线到配电箱配出的每一条回路逐一阅读，参照各种规范及标注含义，对该车间电力平面图进行识读。

一、分析进户电源

车间电力平面图如图 3–18a 所示，车间电源为三相四线 380 V/220 V，引自工厂变电所低压配电屏。采用铝芯塑料线 BLV–500–3 × 185+1 × 70 入户接至 0# 总电力配电箱，总电力配电箱采用 XL 型，明装于车间配电室内。总电力配电箱内配总开关 1 只，分路开关 5 只。

二、分析配电线路

由概略图（见图 3–18b）可知，总配电箱引出 5 路支线分别引至 1# ~ 5# 分路配电箱，各分路配电箱均引出 4 路支线至各个用电设备。由于车间内电气设备位置及容量不同，因此导线规格与敷设方式也有所差异。

1# ~ 2# 配电线路分别采用 BLX–3 × 70+1 × 35、BLX–3 × 16+1 × 10 铝芯橡皮线，穿直径 32 mm 钢管（G32）沿墙敷设（WE）。

3# ~ 5# 配电线路分别采用 BLX–3 × 120+1 × 60、BLX–3 × 35+1 × 16、BLX–3 × 35+1 × 16 铝芯橡皮线，以绝缘子敷设方式（K）沿墙敷设（WE）。

电力平面图 3–18a 中，1# ~ 5# 分路配电箱均采用 XL 型，配出的支线分别连接至各电气设备，除 10#、15# 电气设备采用 BLX–3 × 25 铝芯橡皮线穿直径 32 mm 钢管（G32）地面暗敷（FC）外，其他均采用 BLX–3 × 4 铝芯橡皮线穿直径 20 mm 钢管（G20）地面暗敷（FC）。

三、分析电气设备

该车间电力平面图中，电气设备主要是电动机，共有各种电动机 20 台，编号为 1 ~ 20。每台均给出用以表示电动机位置、规格、型号的标注，如：6# 电动机标注为 $6\frac{\text{Y}}{5.5+0.125}$，它表示电动机的编号为 6，型号为 Y 系列，容量为 5.5 kW，安装离地高度为 12.5 cm；20# 电动机标注为 $20\frac{\text{Y}}{5.5}$，它表示电动机的编号为 20，型号为 Y 系列，容量为 5.5 kW，安装于地面上。

知识链接

车间线路维护保养知识

对车间配电线路，一般要求每周进行一次安全检查，主要检查项目如下。

（1）检查导线的发热情况。

（2）检查线路的负荷情况。

（3）检查配电箱、分线盒、开关等的运行情况，着重检查导线接头有无过热变色、腐蚀现象，线头有无松脱情况。

（4）检查线路上及线路周围有无影响线路安全运行的异常情况，绝对禁止在绝缘导线上悬挂物体，禁止在线路旁堆放易燃易爆物品等。

课题二 电气安全防护知识

任务一 学习用电安全常识

学习目标

- ✲ 了解安全用电的意义
- ✲ 掌握安全用电的基本常识
- ✲ 会识读电力安全标志

任务引入

小张在家私接电线，使用大功率电热器，并在电热器上烘烤衣物；上班后，他在操作电动机的过程中听到电动机发出“嗡嗡”的异常声响，但没有将电动机停下来，导致电动机冒烟烧毁；之后小张将配电箱开关断开后未采取任何措施就去检查电动机，另一名操作工人在不明情况下误合了开关，因电动机外壳漏电，导致小张触电。试分析小张在用电过程中犯了哪些错误？怎样做才能保证用电的安全？

相关知识

一、安全用电常识

1. 不要私自乱接电线，盲目安装、修理电气线路或用电器具，以免造成电气事故隐患（见图 3–21a）。

2. 不要用金属丝（如铁丝、铝丝）绑扎电线，一旦绑扎处绝缘损坏，金属丝就会带电造成事故隐患。

3. 不要在一个插座上引接过多或功率过大的用电器具和设备。插座有其允许的负荷量，接入过多或功率过大的用电器具，会烧坏线路和插座，从而引发线路故障及火灾。

4. 不要用潮湿的手去接触开关、插座及具有金属外壳的电气设备（见图 3–22），更不要用湿布去揩抹带电的器具。

5．不要在电加热设备上覆盖和烘烤衣物，以免引燃衣物而导致火灾。

6．不要在电气设备上放置衣物，严禁将雨具等物品悬挂在电气设备上方，以防雨水浸入内部。

7．在搬迁电焊机、鼓风机、电钻等可移动设备时，不要拖拉电源线，要切断电源。

8．对电气设备金属外壳接地（见图 3–23），可防止设备因绝缘损坏而使外壳带电后引发触电事故，如图 3–21c 所示。

a）　　b）　　c）

图 3–21　错误用电图示

a）私接电线　b）烘烤衣物　c）触电

图 3–22　用潮湿的手接触用电设备外壳及开关

图 3–23　对电气设备金属外壳接地

9．设备运行过程中，不要开启电气箱，设备使用完毕，要随时断开设备电源。

10．电气设备运行中，若听到电动机发出“嗡嗡”的声音或闻到异常气味，说明电动机出现故障，切不可“带病”运行，要立即停止工作，断开电源，让电工进行检查。

11．经常接触和使用的配电箱、配电板、刀开关、按钮、插座、插头等，要保持完好、安全，不要接触有破损或裸露的带电部分，发现后要及时通知电工修理。

12．要认识设备电源总开关及其位置，学会在紧急情况下切断总电源，保证设备及人身安全。

13．在检修电气设备或线路的过程中，要断开电源开关，并悬挂“禁止合闸，有人工作”的标志牌，将电气箱关闭并上锁。

14．不要过于靠近带电物体或线路，要保持一定的安全距离。

15．在潮湿的环境使用可移动电气设备时，必须采用 36 V 及以下的低压电气设备。

16. 在雷雨天气，要远离高压电线杆、铁塔和避雷针的接地导线周围，以防雷电伤人。

二、常见的电力安全标志

在工矿企业、建筑工地等一些存在不安全因素的用电场合中，会经常见到表 3–5 中的一些标志，它由图形、颜色、边框和文字构成，提醒人们对周围环境引起注意，以避免发生危险，这些就是电力安全标志。

表 3–5　　常见安全标志牌

类型	图示实例	含义	式样
禁止标志	 	用来表示不准或者限制人们的某些行为	带斜杠的圆环，斜杠与圆环相连用红色，图形符号用黑色，背景用白色
警告标志	 	提醒人们对周围环境引起注意，以避免可能发生的危险	正三角形，边框、图形用黑色，背景用黄色
指令标志	 	强制人们必须做出某种动作，或采取某种防范措施	圆形边框，图形用白色，背景用蓝色

明确统一的标志是保证安全用电的一项重要措施，除了以上图形标志外，还有用颜色标志来区分不同功能的按钮、不同性质和用途的导线，称为安全色。一般安全色有以下几种。

1. 红色

传递禁止、停止危险或提示消防设备、设施的信息，如信号灯、信号旗、机器上的紧急停机按钮等都是用红色来表示“禁止”的信息。

2. 绿色

传递安全的提示性信息，如“在此工作”“已接地”等，如机器上的启动按钮。

3. 黄色

传递注意、警告的信息，如“当心触电”“注意安全”等。

4. 蓝色

传递必须遵守规定的指令性信息，如“必须戴安全帽”等。

5. 黑色

用于安全标志的文字、图形符号和警告标志的几何边框。

任务实施

小张在用电的过程中，由于缺乏安全用电常识，不但危及了自身安全，还引发了电气设备安全事故。

一、小张在用电过程中所犯的错误

1. 私自乱拉、乱接电线，在一条线路上使用过多、过大的用电设备，造成了线路故障隐患，导致线路烧坏或触电事故。

2. 在电加热器上烘烤衣物，容易导致触电甚至火灾事故。

3. 在操作电气设备时，听到电动机发出“嗡嗡”声响，没有及时停止使用，仍然“带病”运行，导致电动机烧坏。

4. 在关掉电源检查电动机时，未在开关上悬挂“禁止合闸，有人工作”的警示牌，其他工作人员不了解情况私自合闸，导致小张触电。

以上可以归纳为：由于缺乏用电安全常识，违反安全操作规程，电气设备使用不当造成的事故。

二、如何才能做到用电的安全

1. 加强安全用电常识的学习，做到“安全第一，预防为主”，从思想上高度重视。

2. 严格遵守电气安全操作规程及规定，做到安全生产、文明生产。

3. 对电气设备进行保护接地，以防漏电造成的触电事故。

4. 熟悉用电环境及电气设备的特点，加强检查和保养，不私自改动线路及设备电路，当出现电气故障时，不要擅自修理，要及时报请电工检查、修理。

任务二　触 电 急 救

学习目标

- ✲ 掌握触电急救的要点
- ✲ 掌握触电急救的方法及步骤
- ✲ 能运用口对口人工呼吸、胸外心脏按压急救技术

任务引入

在任务一中，小张操作设备时，电动机烧坏，在未采取安全措施的情况下对电动机进行检查，触及了漏电的电动机外壳，引发触电事故，且未能自行摆脱电源，处于昏迷状态，若此时你正在事故现场，在如此紧急的情况下，应该采取怎样的方法和步骤实施救护，使小张脱离危险?

相关知识

一、触电急救的要点

触电急救的要点是抢救迅速和救护得法，即在最短的时间内使触电者脱离电源，在现场采用口对口人工呼吸或胸外心脏按压法紧急实施救护，并根据伤情需要迅速联系医疗救护等部门救治。

在抢救过程中，要每隔数分钟判定一次触电者的呼吸和脉搏情况，每次判定时间不得超过 5 ~ 7 s。触电急救必须分秒必争，并坚持不断地进行，在医务人员未接替抢救前，现场人员不得放弃现场抢救。

急救成功的关键是动作快，操作正确，任何拖延和操作错误都会导致触电者伤情加重或死亡。

二、使触电者脱离电源的方法

使触电者迅速脱离电源是触电急救的第一步，应越快越好，因为电流作用在人体上的时间越长，伤害越重。表 3–6 中是几种低电压触电时脱离电源的方法。

表 3–6　　低电压触电时脱离电源的方法

处理方法	实施方法	图示	注意事项
拉	附近有电源开关或插座，应立即拉下电源开关或拔掉电源插头	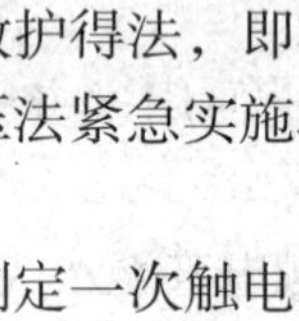 拉下电源开关 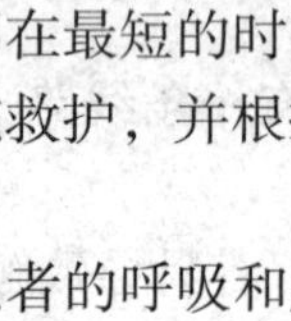 拔掉电源插头	应确定拉下的开关或拔掉的插头是触电事故电源

续表

处理方法	实施方法	图示	注意事项
切	若一时找不到断开电源的开关，可用绝缘良好的钢丝钳或断线钳剪断电线，以断开电源	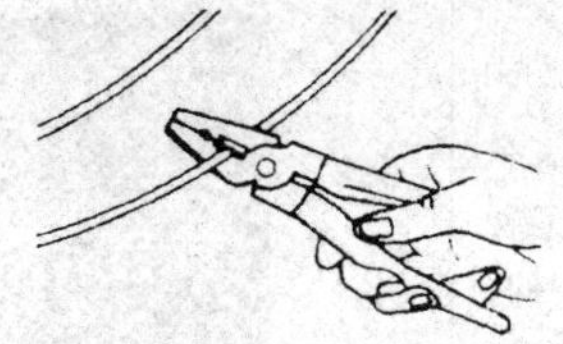 剪断连接的电线	电线应逐根剪断，防止同时剪断造成电线短路
拽	抢救者可戴上手套或在手上包缠干燥的衣服等绝缘物品拖拽触电者。也可站在干燥的物体上，用一只手将触电者拽开	 在采取绝缘保护的情况下单手拽开触电者	绝缘物体可采用干燥的木板、橡胶垫等，不要用两只手去拖拽触电人员
挑	对于导线绝缘损坏造成的触电，可用绝缘工具或干燥的木棒等将电线挑开	 用干燥的木棒挑开电线	挑开的破损导线要远离触电现场

三、重要生命体征的观察

脱离电源后，对触电者进行生命体征的观察，可以判断其伤害程度以及决定采取何种急救措施。

1. 脉搏

正常人在安静状态下脉搏约 60 ~ 100 次 /min，可用中指及无名指测颈动脉搏，判断是否有心跳，对心跳停止的触电者应进行胸外心脏按压。

2. 呼吸

当呼吸存在时，人胸、腹部会有起伏，在呼吸微弱时，用耳及面部侧贴于触电者口及鼻孔前可感知有无气体呼出。当触电者呼吸已停止或微弱时，需要进行人工呼吸。

3. 瞳孔

正常状态下人的两侧瞳孔等大、等圆，大小可随外界光线的强弱而变化，若瞳孔放大，是临床死亡的重要体征之一。

四、急救技术

1. 口对口人工呼吸法

对有心跳而呼吸停止的触电者，应采用“口对口人工呼吸法”进行急救，见表 3–7。

表 3–7　　口对口人工呼吸步骤

急救步骤	方法	图示
开放气道	开放气道主要采用仰头举颏（颌）法。即一手置于触电者前额，使其头部后仰，另一手的食指与中指置于颏骨下方，向上抬起下颏（颌）	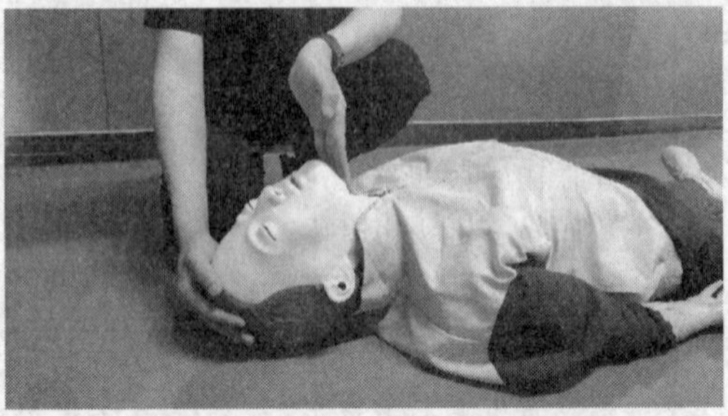
呼吸支持	当开放气道后，通过看胸廓起伏，听有无呼吸进行判断，若无自主呼吸，应立即进行人工呼吸	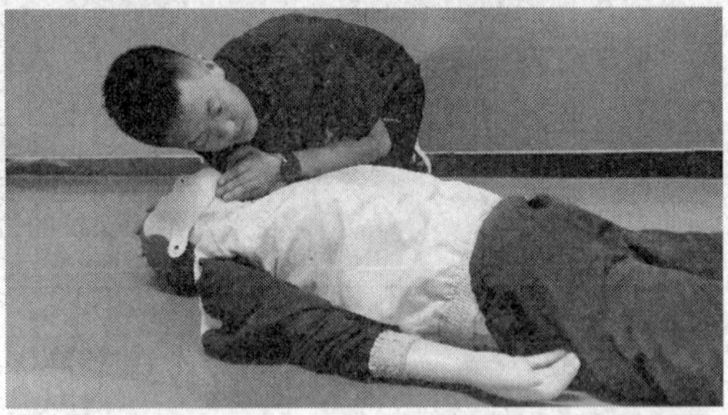
	用一手的拇指与食指捏住触电者鼻孔（或鼻翼）下端，深吸一口气屏住并用自己的嘴唇包住触电者口用力吹气	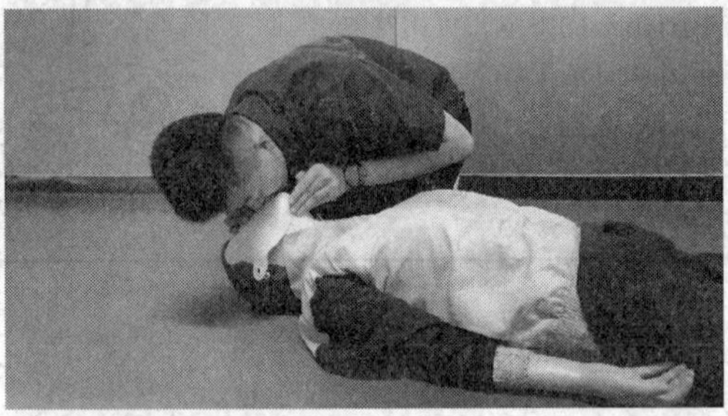
	吹气毕即刻与病人的口唇脱离，放开捏鼻孔的手，使伤者胸部自行恢复	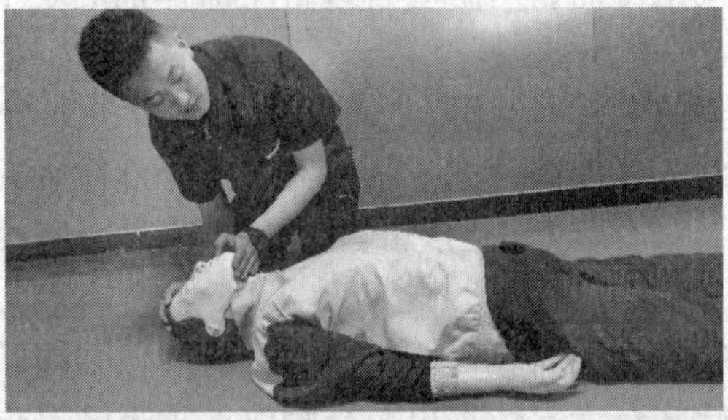
	重新吸入一口气，进行下一次人工呼吸。每 5 s 吹气一次，坚持连续进行，不间断直至触电者苏醒为止	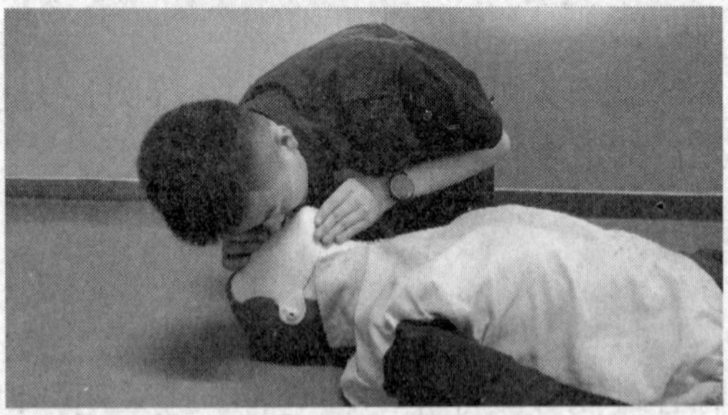

2．胸外心脏按压法

对有呼吸而心跳停止的触电者，应采用“胸外心脏按压法”进行急救，见表 3–8。

表 3–8 胸外心脏按压步骤

急救步骤	方法	图示
确定按压位置	按压位置在触电者胸骨下 1/3 交界处或双乳头连线中点，将掌根重叠放于另一手手背上，使手指翘起脱离胸壁	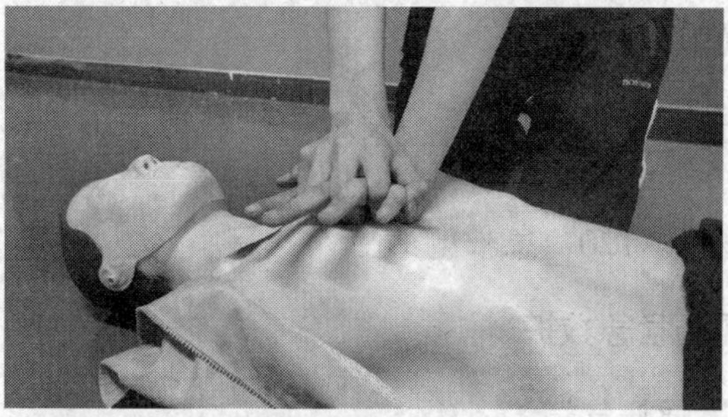
实施按压	抢救者双肘关节伸直，双肩在患者胸骨上方正中，肩、手保持垂直用力向下按压，下压深度为 5 ~ 6 cm，按压频率为 100 ~ 120 次 / min，按压与放松时间大致相等	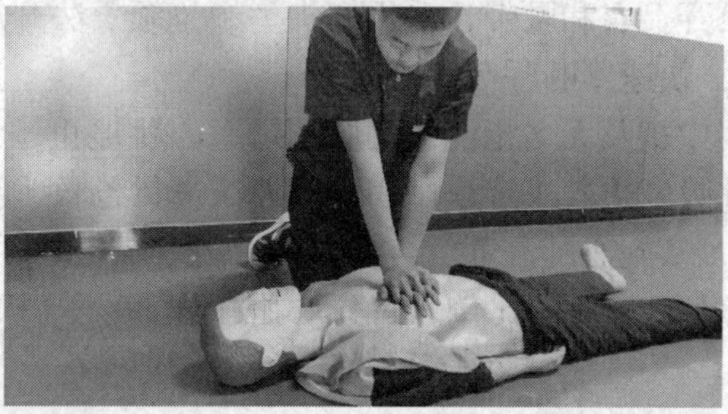

3．心肺复苏法

心搏骤停一旦发生，如得不到及时的抢救复苏，4 ~ 6 min 后会造成患者脑和其他人体重要器官组织的不可逆损害，心肺复苏必须在现场立即进行，为进一步抢救直至挽回心搏骤停伤病员的生命而赢得最宝贵的时间。

心肺复苏法（CPR）通常指联合运用人工呼吸和人工胸外按压两种方法，挽救心跳、呼吸骤停病人的急救方法。现场心肺复苏主要有三个操作步骤，称为心肺复苏 A、B、C 步骤，即：开放气道（Airway）、人工呼吸（Breathing）、心脏按压（Circulation）。

2010 年美国心脏学会和国际复苏联盟发布最新心肺复苏和心血管急救指南中，对施救程序进行了修改，由 A → B → C（开放气道、人工呼吸、心脏按压）更改为 C → A → B（心脏按压、开放气道、人工呼吸）。

对于单人或多人施救，成人心肺复苏法均采用 30 : 2 的比例进行，即首先心脏按压 30 次，开放气道后，再人工呼吸 2 次，如此反复进行。

任务实施

这是一例典型的因电气设备金属外壳漏电而导致的触电事故，若不能及时采取正确的救护措施，会在极短的时间内危及小张的生命安全。

当发现小张触电后，现场人员未惊慌失措，并且立即采取了以下步骤和措施展开救护：

一、迅速使其脱离电源

方法一　拉下电气箱内的开关。

方法二　用一只手抓住其干燥而不贴身的衣服，将其拉开（切记要避免碰到金属物体和裸露身躯）。

二、简单诊断并呼救

将小张脱离电源后，发现他已经神志不清，先将其就地放平，确保气道通畅，并用 5 s 时间，呼叫“快醒醒”或轻拍其肩部，判定已丧失意识。然后大声呼救，周围人快速赶来，同时拨打“120”急救电话。

三、现场紧急救护

1．通畅气道

松开上衣和腰带，采用仰头举颏（颌）法开放气道。

2．快速判断呼吸和心跳

用中指及无名指测颈动脉搏动，心跳停止；将耳及面部侧贴于口及鼻孔前感知无气体呼出，呼吸停止。决定采用心肺复苏法进行抢救。

3．实施心肺复苏

按照 30 : 2 的比例，首先心脏按压 30 次，开放气道后，再人工呼吸 2 次，如此反复进行。

四、伤情好转后的处理

由于坚持不懈地抢救一段时间后，小张心跳和呼吸已恢复，暂停心肺复苏操作，考虑其心跳呼吸恢复后的早期有可能再次骤停，应严密监护，随时准备再次抢救。随后，“120”急救人员赶到，将其转移到医院继续观察治疗。

急救人员本着现场救护的原则以及“抢救迅速，救护得法”的触电急救要点，采取脱离电源、运用口对口人工呼吸或胸外心脏按压等方法步骤，对触电者进行紧急救护，最终使触电者脱离危险。

知识链接

触电急救的成功案例分析

某轧钢中型车间钢工张某（男，34 岁），接班后去轧机二架后焊轧槽，施焊时触电倒在辊道上。轧钢工刘某发现后，立即跑到二架前拉闸断电。

工程师谢某刚好赶到，见张某休克，立即进行胸外心脏按压，几分钟后缓过气来，看看没啥问题，工友们用木板把张抬到车间门口，放在地面时，张又休克了，当时有人就喊：“有人触电了！”电工班长卢某听到后，马上跑过来，看到准备送张某去医院，立即制止说：“不能送！”简单检查后，卢某跪在地上，先进行胸外挤压 30 次，再实施口对口人工呼吸 2

次，当完成7个循环后，张某终于苏醒过来。这时救护车也到了，张某在医院观察一段时间后，逐渐恢复了正常。

案例评析：

1. 轧钢工未穿绝缘鞋，未戴手套从事焊接，违章作业导致触电。
2. 触电后，拉闸断电及时。
3. 技术员谢某懂基本的现场救护知识，电工班长卢某救护更得法。
4. 触电者就地展开救护是急救成功的保证。

任务三　了解防触电技术

学习目标

- ✲ 了解触电的形式及危害
- ✲ 了解电气设备接地和接零保护的方法及应用场合
- ✲ 掌握防触电的技术与方法

任务引入

在任务一的事故案例中，如果采取了相应的防触电安全措施，就能有效防止事故的发生。那么，防触电措施有哪些？针对电气设备金属外壳漏电又该如何进行安全保护？本任务将介绍触电与防护的基本知识。

相关知识

一、触电基本知识

所谓触电是指电流流过人体时对人体产生的生理及病理伤害，包括电击和电伤两种。电击是电流流过人体所造成的内伤，主要会造成心脏心室颤动，导致血液循环停止；电伤常常发生在人体的外部，在肌体表面留下伤痕，例如，电灼伤、电烙印和皮肤金属化。

1. 影响人体触电危害程度的因素

人触电时对人体伤害的严重程度，与通过人体电流的大小、电流通过的持续时间、电流通过的路径、电流的频率、人体的状况等因素有关。

通过人体的电流越大，通电时间越长，对人体的伤害程度越大。资料表明，25 ~ 300 Hz的交流电对人体的伤害最大，人体触电后能自主摆脱电源的电流一般为10 ~ 16 mA，当超过50 mA（通电1 s以上）时，对人有致命危险。

从左手到胸部以及从左手到右脚是最危险的触电途径，人体电阻的大小对触电后果也会产生一定的影响。

2．触电形式

人体触电的类型多种多样，但最常见的主要有以下两种形式。

（1）直接接触触电。直接接触触电又称直接接触电击，是人体直接接触或过分靠近带电导体而发生的触电，如图 3–24 所示。这时电流经过人体，会对触电者造成致命危险，图示中为单相电压触电（作用于人体的电压是 220 V）。另外，当人体过分靠近高压带电体时，发生弧光放电，会对人体造成电弧伤害。带负荷分断、闭合开关会产生弧光短路，对人体及设备都会造成伤害。

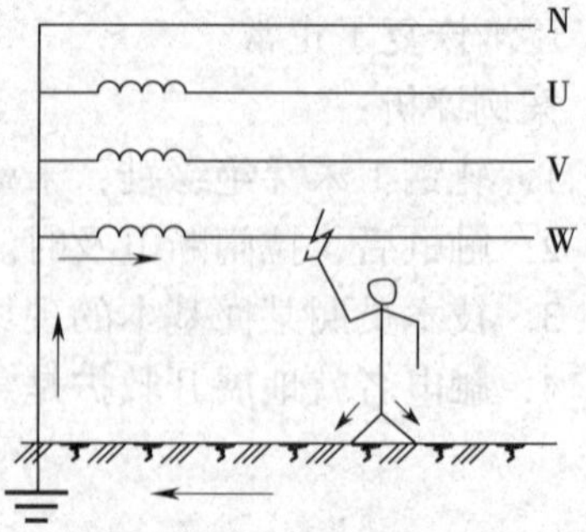

图 3–24　单相电压触电

（2）间接接触触电。间接接触触电又称间接接触电击，是人触及漏电设备的金属外壳或结构而发生的触电。

电气设备在正常运行时，其金属外壳或结构是不带电的，但当电气设备绝缘损坏后，内部带电体会碰触设备金属外壳，俗称“碰壳”“漏电”，其金属外壳就带有一定电压，此时人体触及就会发生触电。

二、触电防护措施

1．直接接触触电的防护技术

防止直接接触触电的技术措施主要有绝缘、屏护、设置安全距离和使用安全电压等。

绝缘是指用绝缘材料把带电体封闭起来，实现带电体相互之间、带电体与其他物体之间的电气隔离，使电流按指定路径通过，确保电气设备和线路正常工作，防止人身触电。

屏护是采用屏护装置控制不安全因素，即采用护罩、护盖、箱闸等把带电体同外界隔绝开来，如图 3–25 所示。

a）　　b）

图 3–25　常见屏护装置

a）配电站内隔离围栏　b）配电箱体

设置安全距离是为了防止人体触及或接近带电体造成触电事故，同时在带电体与地面之间、带电体与其他设施和设备之间、带电体与带电体之间均需保持一定的安全距离。

安全电压是指为了防止直接接触触电而由特定电源供电所采用的电压系列。我国安全电压额定值的等级为 42 V、36 V、24 V、12 V 和 6 V，应根据作业场所、使用方式、供电方式、线路状况等因素选用。例如特别危险环境中使用的手持电动工具应采用 42 V 安全电压；有电击危险环境中使用的手持照明灯和局部照明灯应采用 36 V 或 24 V 安全电压；金属容器内、特别潮湿处等特别危险环境中使用的手持照明灯就采用 12 V 特低电压；水下作业等场所应采用 6 V 特低电压。

2. 间接接触触电的防护技术

防止间接接触触电的技术措施有保护接地、保护接零、安装漏电保护装置等。

（1）接地与接地装置。在企业供电系统中，为了保证电气设备的正常工作或防止人身触电，而将电气设备的某一部位经接地装置与大地进行良好的电气连接，此连接称为接地。

接地装置就是用来连接电气设备和大地的装置，包括接地体和接地线两部分，其中与土壤直接接触的金属物体，称为接地体，连接接地体和设备接地点之间的金属导线，称为接地线。

接地体通常采用钢管或角钢，将端部削尖打入地下，也可采用金属管道，或与大地有可靠连接的金属构件等。电气设备金属外壳保护接地线应采用截面积不小于 1.5 mm^2 的导线。

提示

接地线颜色的规定：我国过去生产的电工产品，其接地线都是以黑色为标志，目前，这种标志已被淘汰。我国已执行国际标准，采用黄、绿双色绝缘线作为保护接地线。黄、绿双色是国际电工委员会规定的保护接地线专用色标，已为国际通用。

（2）保护接地。将电气设备上与带电部分绝缘的金属外壳同接地体相连接，称为保护接地，代号为 PE。

在农村公用低压配电系统中，这种配电系统引出三根相线（L1、L2、L3 线）和一条中性线（N 线，又称工作零线），将在故障情况下可能出现危险电压的设备金属部分通过接地线、接地体与大地直接连接，从而把故障电压限制在安全范围以内的做法称为保护接地，如图 3–26 所示。

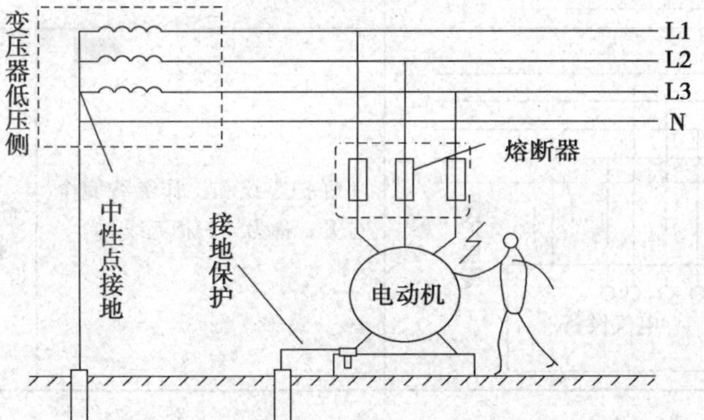

图 3–26 保护接地示意图

保护接地在发生单相对地短路后，能够使保护装置动作（熔体熔断或断路器跳闸），迅速切断电源。但如果只是因为绝缘不良而漏电，不足以使保护装置动作，漏电设备长期工作，还是有触电的危险。

（3）保护接零。保护接零是当前我国低压电力网中防止人身触电事故发生的重要安全措施之一，用于变压器中性点接地的场合。

在城镇公用低压电力系统和厂矿企业等电力客户的专用低压电力系统中，电气设备金属外壳通过保护导线与保护零线（PE 线）连接的方式称为保护接零。当线路某一相直接连接设备金属外壳时，即形成短路，促使线路保护装置迅速动作，断开电源，消除触电危险。

在配电网中，应区别工作零线和保护零线，根据其保护零线是否与工作零线分开而将保护接零划分为三种，见表 3–9。

表 3–9 保护接零的三种形式

<table>
<tr><th>图例</th><th>说明</th><th>应用场合</th></tr>
<tr><td>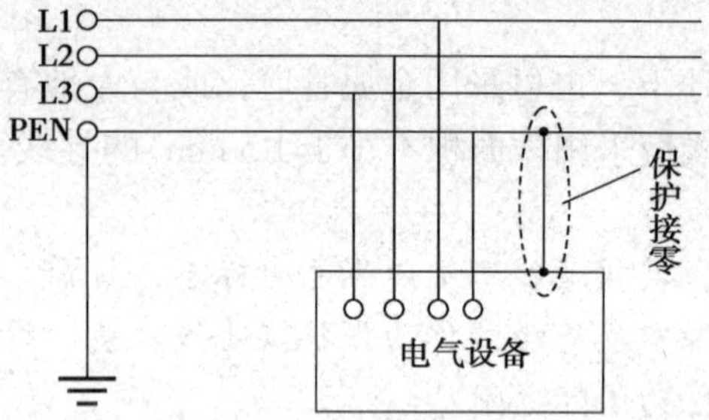
</td><td>保护零线和工作零线完全共用</td><td>无爆炸危险和安全条件较好的场所</td></tr>
<tr><td>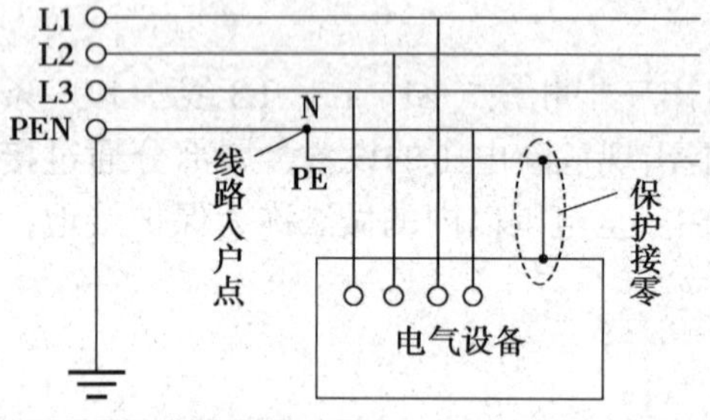
</td><td>在低压线路接入用户后，在原来的三相四线制配线的基础上，分别各增加一条保护线接入到每一个需要实施保护接零电气设备的接地线端子上，称为“局部三相五线制”</td><td>低压进线的用户以及民用楼房，应用最为广泛</td></tr>
<tr><td>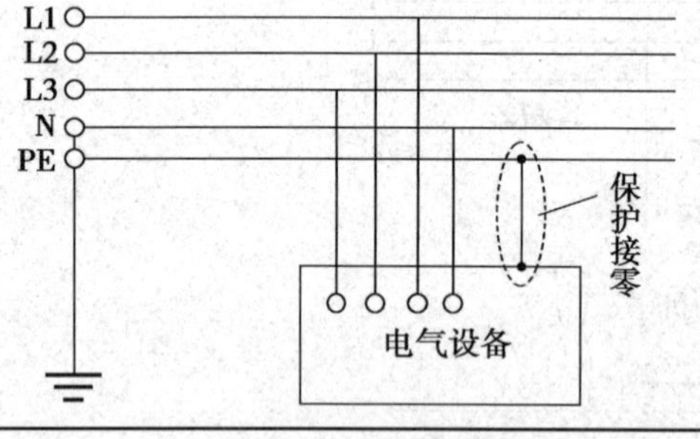
</td><td>保护零线和工作零线完全分开，称为“三相五线制”</td><td>危险性较大或安全要求较高的场所，如建筑施工等临时用电场合</td></tr>
</table>

由于保护接地和保护接零两种保护方式应用的供电环境不同，如果使用不当，不仅起不到应有的保护作用，还会影响电网的供电可靠性。另外，在同一配电系统中只能采用同一种保护方式，两种保护方式不得混用。

（4）漏电保护装置。为了防止和减轻人身触电时的伤害程度，采取了许多安全措施，例如，保护接地和保护接零。然而，这些措施无论如何完善，仍不能从根本上杜绝触电事故的发生，为此又研究出新的、更加完善的防止人身触电的保护技术——漏电保护。

漏电保护的作用：一是在电气设备（或线路）发生漏电或接地故障时，能在人体尚未触及之前就把电源切断；二是当人体触及带电体时，能在 0.1 s 内切断电源。此外，漏电保护还可以防止漏电引起的火灾事故。

常用的漏电保护装置如图 3–27 所示。

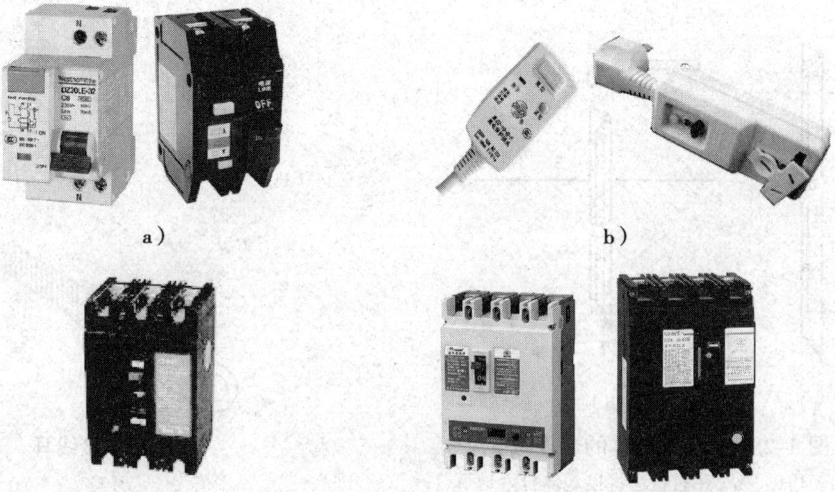

a） b） c） d）

图 3–27 常用的漏电保护装置

a）单相漏电保护器 b）单相漏电保护插头和插座 c）三极漏电保护器 d）四极漏电保护器

任务实施

该案例属于间接接触触电，根据技术要求，应对电动机进行保护接地或保护接零，并安装漏电保护装置。

一、对电动机进行保护接地或保护接零

保护接地与保护接零都是防止间接接触触电的有效技术措施，但电动机究竟应该采取何种保护方式，取决于其所在的供电系统采取的是何种配电系统，否则不能达到保护作用。

如果所处农村公用低压配电系统，应该采取保护接地；如果所处城镇公用低压电力系统和厂矿企业等电力客户的专用低压电力系统，则应采取保护接零。

明确了低压配电系统的类型，就可以根据技术要求，对电动机进行正确合理地选择和安装。

二、对电动机进行保护接地

1. 制作人工接地体

选择规格 4 mm × 50 mm，长度为 2.5 m 的角钢一块，底部倒角，顶部钻好螺钉孔，如图 3–28a 所示。

2．安装接地体

采用打桩法将接地体垂直打入地下 2.3 m，高出地面 0.2 m，不可歪斜，如图 3–28b 所示。

3．安装接地线

接地线选用规格 4 mm^2 的多股绝缘电线，两端制作接线耳（见图 3–29），分别连接接地体与电动机的接地螺钉，如图 3–30 所示。

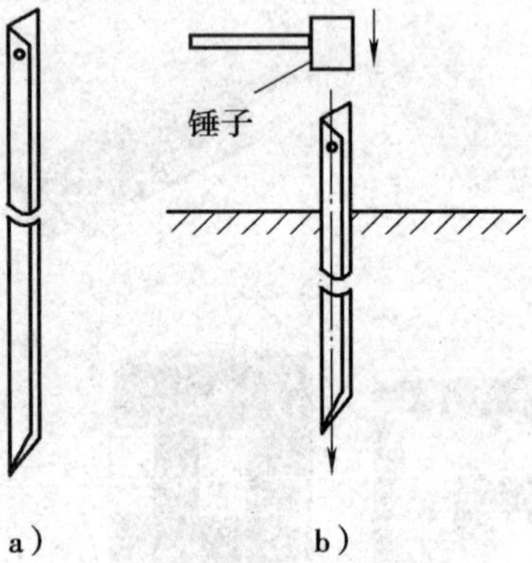

图 3–28　人工接地体的制作与安装

a）角钢　b）用打桩法将接地体打入地下

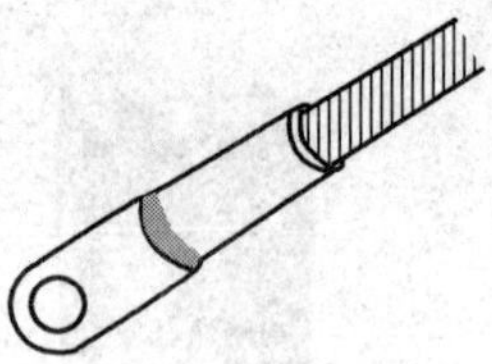

图 3–29　接线耳

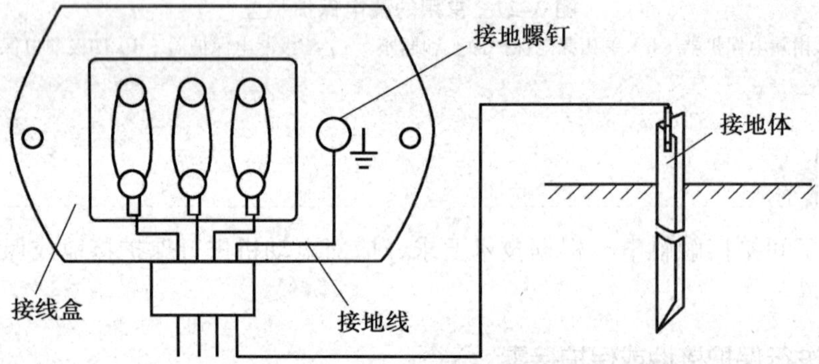

图 3–30　保护接地连接示意图

三、对电动机进行保护接零

1．选择保护零线（PE 线）

保护零线可选用黄绿双色绝缘导线，与相线穿线管安装，若电动机使用四芯护套电缆作为电源线，也可采用电缆中的专用接地线作为保护零线。保护零线不得小于相线截面积的 1/2，应与工作零线（N 线）相同。

2．安装保护零线

保护零线两端制作接线耳，一端连接在电动机接地螺钉上，另一端连接在配电箱接零端子上，如图 3–31 所示。

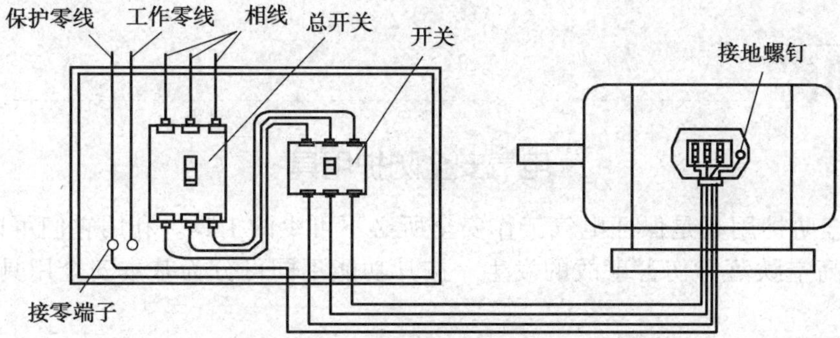

图 3–31 保护接零连接示意图

四、安装漏电保护器

漏电保护器是防止触电的有效手段，配合 TN–C–S 或者 TN–S 系统使用效果更好，根据现场情况，可以安装漏电保护器。

1. 选择漏电保护器

目前应用广泛的是电流型漏电保护器，按动作结构可分为直接动作式和间接动作式。在形式上，按保护器具有的功能可分为以下三类。

（1）漏电继电器。只具备检测、判断功能，不具备开闭主电路功能。

（2）漏电开关。同时具备检测、判断和执行功能。它是漏电继电器和开关的结合体。

（3）漏电保护插座。将漏电开关和插座组合在一起，使插座具备触电保护功能。适用于移动电器和家用电器。

对于三相笼型异步电动机的漏电保护，选择额定电压为 380 V 的三相（3P）漏电开关，其额定电流一般选用电动机额定电流的 1.2 ~ 1.5 倍。

2. 安装漏电保护器

漏电保护器的接线方式如图 3–32 所示。安装时必须严格区分中性线 N 和保护线 PE，保护器安装完成后，通电，按试验按钮试跳。

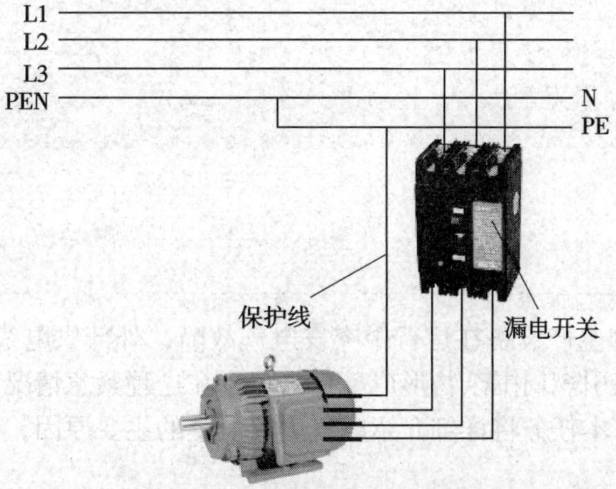

图 3–32 漏电保护器的接线方式

知识链接

电气安全防护用具

电气安全防护用具是保证电气工作安全所必不可少的工具。利用它们可以防止触电、弧光灼伤和高空跌落等伤害事故的发生。按其功能不同可分为基本安全用具和辅助安全用具。

一、基本安全用具

基本安全用具是指其绝缘强度足以承受电气设备的工作电压的安全用具。基本绝缘安全用具有绝缘操作杆、绝缘夹钳等。由于基本安全用具常用于带电作业，因此使用时必须注意以下几点。

1. 绝缘操作用具必须具备合格的绝缘性能和机械强度。
2. 只能用于和其绝缘强度相适应的电压等级的设备。
3. 按照有关规定，要定期进行试验。

二、辅助安全用具

辅助安全用具是作为加强基本安全用具绝缘的安全用具，在电气作业中主要起保护作用。辅助安全用具有绝缘手套、绝缘鞋、绝缘垫及绝缘台等。

任务四　电气消防知识

学习目标

- ✲ 了解电气火灾的特点及危害
- ✲ 了解电气火灾产生的原因
- ✲ 掌握常见消防器材的使用方法
- ✲ 掌握电气火灾的扑救方法

任务引入

某工厂车间内一台生产设备在运行中突发电气故障，外部供电线路短路形成高温电弧，导致导线自燃，并迅速引燃周围杂物形成蔓延之势，在这种紧急情况下，现场人员应该如何正确扑救电气火灾呢？本任务将详细介绍电气火灾发生的主要原因，电气火灾的特点、预防及扑救知识。

相关知识

一、电气火灾概述

电气火灾一般是指由于电气线路、用电设备、器具以及供配电设备出现故障性释放的热能，如高温、电弧、电火花，以及非故障性释放的能量，在具备燃烧条件下引燃本体或其他可燃物而造成的火灾，也包括由雷电和静电引起的火灾。

1. 电气防火的概念

为了抑制电气火源的产生和电气火灾的形成而采取的各种技术措施和安全管理，称为电气防火。电气防火是研究电气火灾形成原因和电气线路与设备等在应用过程中的火灾危险性及预防措施，是防止电气火灾事故发生的一门科学。

2. 电气火灾的特点

按电气火灾发生的规律，电气火灾有明显的季节性、时间性特点，自然灾害和电气设备的维修、管理不到位对电气设备火灾也有很大的影响。

（1）电气火灾的季节性特点

电气火灾多发生在夏、冬两季。一是因夏季风雨多，当风雨侵袭，架空线路发生断线、短路、倒杆等事故，引起火灾；露天安装的电气设备淋雨进水，使绝缘受损，在运行中发生短路起火；夏季气温较高，对电气设备散热有很大影响，一些电气设备，如变压器、电动机、电容器、导线及接头等在运行中发热，温度升高就会引起火灾。二是因冬季天气寒冷，如架空线路受风力影响，发生导线相碰放电起火，大雪、大风造成倒杆、断线等事故；使用电炉或大功率电器取暖，使用不当，烤燃可燃物引起火灾；冬季空气干燥，易产生静电而引起火灾。

（2）电气火灾的时间特点

许多火灾往往发生在节假日或夜间。由于有的电气操作人员思想不集中、疏忽大意，在节假日或下班之前，对电气设备及电源不进行妥善处理，便仓促离去；也有因临时停电不切断电源，待供电正常后引起失火。失火后，往往由于节假日或夜间现场无人值班，难以及时发现，而蔓延扩大成灾。

（3）自然灾害引起的电气火灾

山洪、地震等自然灾害具有极大的破坏力，可能使电气设备倒塌，淹没等造成短路和断线，从而酿成电气火灾。

3. 发生电气火灾的原因

（1）漏电

线路因绝缘能力下降，导致导线之间、导线与大地之间有一部分电流通过，这种现象就是漏电。当漏电发生后，漏泄的电流会在局部产生高温，致使附近的可燃物着火，从而引起火灾。此外，在漏电点产生的漏电火花，同样也会引起火灾。

（2）短路

由于绝缘体老化破损等，导致相线与零线或火线与地线在某一点碰在一起，引起电气线路中电流突然增大的现象就叫短路。短路后会造成电流急剧增大，在短路点易产生强烈的火花和电弧，不仅能使绝缘层迅速燃烧，还能使金属熔化，引起附近的可燃物燃烧，造成火灾。

（3）过负荷

过负荷是指线路中通过的电流值超过其安全载流量后，导线温度不断升高的现象。当线路过负荷后，加快了导线绝缘层的老化变质，当严重过负荷时，导线的温度会不断升高，甚至会引起导线的绝缘发生燃烧，并能引燃导线附近的可燃物，从而引发火灾。

（4）接触电阻过大

导线与导线、导线与开关、电气设备等连接的部位，在其接触面上形成的电阻称为接触电阻。如果接头中有杂质、连接不牢靠或其他原因使接头接触不良，造成接触部位的局部电阻过大，当电流通过接头时，就会在此处产生大量的热，形成高温，这种现象就是接触电阻过大。在有较大电流通过的电气线路上，如果在某处出现这种现象时，就会在接触电阻过大的局部范围内产生极大的热量，使金属变色甚至熔化，引起导线的绝缘层发生燃烧，并引燃附近的可燃物或导线上积落的粉尘、纤维等，从而造成火灾。

4．电气火灾的预防措施

（1）电气线路设计和设备的选型要科学、合理。

（2）电气线路施工和设备安装要规范，符合规定要求。

（3）要定期开展电气安全检查，及时更换老化的线路，对有故障的设备进行维护、修理。

（4）选择安全、合格的电气设备；不私自乱拉、乱接；家庭不宜使用大功率的灯具照明，日常用具要与可燃物保持一定距离；电气设备不用时，应断开电源。

二、电气火灾扑救的基本措施

按照燃烧原理，一切灭火方法的原理是将灭火剂直接喷射到燃烧的物体上或者将灭火剂喷洒在火源附近的物质上，使其不因火焰热辐射作用而形成新的火点，一般采取冷却灭火法、隔离灭火法、窒息灭火法等进行灭火。

1．常见的灭火设施和器材

（1）灭火器

灭火器的种类有很多，按其移动方式可分为手提式和推车式灭火器；按驱动灭火剂的动力来源可分为储气瓶式、储压式、化学反应式灭火器；按所充装的灭火剂又可分为泡沫、干粉、卤代烷、二氧化碳、清水等灭火器。如图 3–33 所示为常用的灭火器。

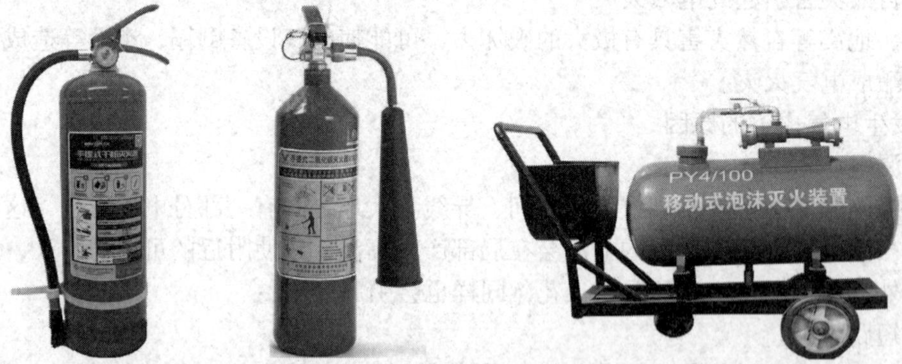

a）　　b）　　c）

图 3–33　常用的灭火器

a）手提式干粉灭火器　b）手提式二氧化碳灭火器　c）移动式泡沫灭火器

其中，干粉灭火器主要用于扑救石油、有机溶剂等易燃液体、可燃气体和电气设备的初期火灾；二氧化碳灭火器主要用于扑救贵重设备、档案资料、仪器仪表、600 V 以下电气设备及油类的初期火灾；泡沫灭火器主要用于扑救固体物质类火灾，不能扑救带电燃烧的设备。

（2）室内消火栓系统

室内消火栓系统包括室内消火栓、水带、水枪等，如图 3–34 所示，其主要作用是控制可燃物、隔绝助燃物、消除着火源等。

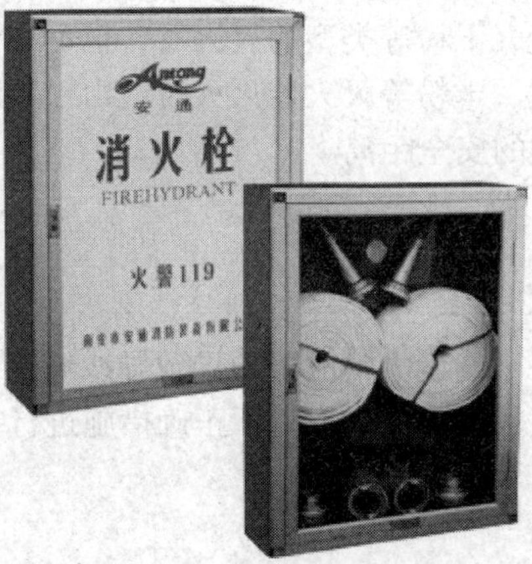

图 3–34 室内消火栓系统

根据火灾类型及其可燃性物质性质的不同，应正确选择不同的灭火方式进行灭火；如果选择不当，不仅可能灭不了火，还可能引起灭火剂对燃烧的逆化学反应，甚至还会发生爆炸及人身伤害事故。

2. 火警报警

发现火情及时报警是每个公民应履行的义务。一般情况下，火灾发生的前十几分钟内，火灾处于初期阶段，这时火焰不强，是火灾扑救的关键时期，尽早报警可有效降低财产损失，减少人员伤亡。

（1）拨打 119 火警电话

发现火灾时应沉着冷静，做到准确、迅速地拨打 119 火警电话进行报警，其基本要求有：一是正确拨打 119 火警电话，切勿惊慌；二是要说明起火时间、地点；三是说明火势情况，讲清什么物质起火及数量；四是报警后，本人立即或派人到单位门口、街道口或交通路口迎候消防车，带领消防队迅速赶到火场。

（2）向周围群众报警

发现火灾时，可通过喊话、鸣笛等方式告知周围的人，以便尽快撤离。若被困火场，设法让周围的人发现，并及时报警。当火势不大时，可动员大家采取有效措施进行现场灭火。

3. 火灾扑救措施

电气火灾发生前，都有一种前兆，要特别引起重视，例如电线因过热首先会烧焦绝缘外皮，散发出一种烧胶皮、烧塑料的难闻气味。如果在电气火灾发生前或发生的初期，能够采取恰当的处理措施，就能有效降低损失。

（1）断电灭火

电力线路或电气设备发生火灾时，如果没有及时切断电源，扑救人员身体或所持器械可能触及带电部分而造成触电事故。因此发生火灾后，应该沉着果断，设法切断电源，然后组织扑救。

（2）带电灭火

有时为了争取时间，防止火灾扩大蔓延，来不及切断电源或因生产需要及其他原因无法断电，则需要带电灭火。

带电灭火应注意做到：一是选用适当的灭火器，在确保安全的前提下，扑救带电设备火灾应选用卤代烷、二氧化碳、干粉等类型的灭火器，也可用干燥的沙土盖住火焰，使火熄灭；二是在使用小型二氧化碳、干粉等灭火器灭火时，由于其射程较近，故人体、灭火器的机体及喷嘴与带电体应有一定的安全距离。

任务实施

该案例中，车间生产设备因突发电气故障，导致导线绝缘自燃，引燃周围杂物形成电气火灾，在这种紧急情况下，现场人员应采取以下正确措施进行扑救。

一、断电灭火

1. 切断电源

电气线路带电燃烧，灭火的时候要格外注意。在火灾初期，首先应立即切断电源，然后才能进行灭火。此时应该注意切断电源的位置要选择适当，防止切断电源后影响扑救工作。可断开断路器或其他可以带负荷拉闸的负荷开关。

2. 使用干粉灭火器灭火

（1）手提干粉灭火器，在距离起火点 3 ~ 5 m 左右处，将灭火器放下，在室外使用时注意占据上风方向。

（2）使用前先将灭火器上下颠倒几次，使筒内干粉松动。

（3）拔下保险销，一只手握住喷嘴，使其对准火焰根部，另一只手用力按下压把，干粉便会从喷嘴喷射出来。

（4）左右喷射，不能上下喷射，灭火过程中应保持灭火器直立状态，不能横卧或颠倒使用。

二、带电灭火

1. 选择不导电的二氧化碳灭火器，在距离燃烧物 5 m 左右保持安全距离，拔出灭火器保险销。

2. 一手握住喇叭筒根部的手柄，另一只手紧握启闭阀的压把，对没有喷射软管的二氧化碳灭火器，应把喇叭筒往上扳 70° ~ 90°，对准火焰根部由近至远，左右扫射，向前快速推进，直至火焰全部扑灭。

使用二氧化碳灭火器时要戴手套，以免皮肤接触喷筒和喷射胶管，防止冻伤，如果电压超过 600 V，应先断电后灭火。

三、火灾报警

当起火较大，不能控制时，应尽快呼救并拨打 119 火警电话。

知识链接

据《中国消防年鉴》统计，2019 年，城乡居民住宅火灾占总数的 44.8%，共造成 1 045 人死亡，占总数的 78.3%。引起我国火灾事故的主要因素有电气、生产作业、用火不慎、吸烟、玩火、自燃、雷击、静电等，但电气火灾一直高居各类火灾首位，已查明原因的火灾中有 52% 是电气原因引起的，尤其是各类家用电器、电动车、电气线路等引发的火灾越来越突出。仅电动自行车引发的较大火灾就有 7 起。因此，加强火灾隐患排查和预防管理，严控电气的规范使用仍是消防安全管理中的重中之重。

模块四

室内电气线路

课题一　导线的选用与连接

任务一　导线的选用

学习目标

- 了解铜、铝两种常见导电材料的特点
- 了解常用电线、电缆的种类
- 熟悉导线类型及截面的选择方法

任务引入

某小型车间需照明功率约 5 kW，采用三相四线制供电，负载分布平衡，工作环境良好，要求采用明敷设，试选择合适的导线及其型号规格。

相关知识

普通导电材料是指专门用于传导电流的金属材料。铜和铝是最常见的导电材料，也是制造电线、电缆的主要材料。电线、电缆是用于传输电能、信息和实现电磁能转换的线材产品。

一、电线、电缆的分类

电气设备用电线、电缆的使用范围广、品种多，常用电气设备的电线、电缆品种分类见表 4–1。

表 4–1　常用电气设备的电线、电缆品种分类

类别	系列名称	型号字母和含义
通用电线、电缆	（1）橡皮、塑料绝缘导线 （2）橡皮、塑料绝缘软线 （3）通用橡套电缆	B——绝缘电线 R——软线 Y——移动电缆
电动机用电线、电缆	（1）电动机用引接线 （2）电焊机用电缆 （3）潜水电动机用防水橡套电缆	J——电动机用引接线 YH——电焊机用移动电缆 YHS——有防水橡套的移动电缆

二、常用电线电缆的特点和用途

电气设备用电线、电缆一般由线芯、绝缘层、保护层三部分组成。按其特点和用途可大致分为以下几类。

1. B 系列橡皮、塑料电线

这种系列的电线结构简单、质量轻、价格低，电气和力学性能有较大的裕度，广泛应用于各种动力、配电和照明线路，并用于中小型电气设备作安装线。其交流工作电压为 500 V，直流工作电压为 1 000 V。常用的 B 系列橡皮、塑料电线见表 4–2。

表 4–2　常用的 B 系列橡皮、塑料电线

产品名称	型号		长期最高工作温度 /℃	用　途
	铜芯	铝芯		
橡皮绝缘电线	BX	BLX	65	固定敷设于室内（明敷、暗敷或穿管），可用于室外或作为设备内部安装用线
氯丁橡皮绝缘电线	BXF	BLXF	65	同 BX 型。耐气候性好，适用于室外
橡皮绝缘软电线	BXR	—	65	同 BX 型。仅用于安装时要求柔软的场合
橡皮绝缘和护套电线	BXHF	BLXHF	65	同 BX 型。适用于较潮湿的场合和作为室外入户线，可代替老产品铅包电线
聚氯乙烯绝缘电线	BV	BLV	65	同 BX 型。且耐湿性和耐气候性较好
聚氯乙烯绝缘软电线	BVR	—	65	同 BV 型。仅用于安装时要求较柔软的场合
聚氯乙烯绝缘和护套电线	BVV	BLVV	65	同 BV 型。用于潮湿且机械防护要求较高的场合，可直接埋于土壤中
耐热聚氯乙烯绝缘电线	BV–105	BLV–105	105	同 BV 型。用于 45 ℃及其以上高温环境中
耐热聚氯乙烯绝缘软电线	BVR–105	—	105	同 BV 型。用于 45 ℃及其以上高温环境中

2．R 系列橡皮、塑料软线

这种系列软线的线芯是用多根细铜线绞合而成的，它除了具备 B 系列电线的特点外，还比较柔软，适用于家用电器、仪表及照明线路。常用的 R 系列橡皮、塑料电线见表 4–3。

表 4–3　常用的 R 系列橡皮、塑料电线

产品名称	型号	工作电压 /V	长期最高工作温度 /℃	用途及使用条件
聚氯乙烯绝缘软线	RV RVB RVS	交流 250 直流 500	65	供各种移动电气设备、仪表、电信设备、自动化装置接线用，也可作内部安装线。安装时环境温度不低于 –15 ℃
耐热聚氯乙烯绝缘软线	RV–105	交流 250 直流 500	105	同 BX 型。用于 45 ℃及其以上高温环境
聚氯乙烯绝缘和护套软线	RVV	交流 250 直流 500	65	同 BX 型。用于潮湿和机械防护要求高以及经常移动、弯曲的场合
丁腈聚氯乙烯复合物绝缘软线	RFB RFS	交流 250 直流 500	70	同 RVB、RVS 型。且低温时柔软性较好
棉纱编织橡皮绝缘双绞软线、棉纱纺织橡皮绝缘软线	RXS RX	交流 250 直流 500	65	室内家用电器、照明用电源线
棉纱纺织橡皮绝缘平型软线	RXB	交流 250 直流 500	65	室内家用电器、照明用电源线

注：“B”表示平型，“S”表示绞型，“F”表示复合物绝缘。

3．Y 系列通用橡套电缆

这种系列的电缆适用于一般场合，作为各种电气设备、电动工具、仪器和家用电器的移动电源线，所以称为移动电缆。按其承受的机械力大小可分为轻型、中型、重型三种形式。常用的 Y 系列通用橡套电缆见表 4–4。

表 4–4　常用的 Y 系列通用橡套电缆

产品名称	型号	交流工作电压 /V	特点和用途
轻型橡套电缆	YQ	250	轻型移动电气设备和家用电器电源线
	YQW		轻型移动电气设备和家用电器电源线，且具有耐气候性和一定的耐油性能
中型橡套电缆	YZ	500	各种移动电气设备和农业机械电源线
	YZW		各种移动电气设备和农用机械电源线，且具有耐气候性和一定的耐油性能
重型橡套电缆	YC	500	同 YZ 型。能承受一定的机械外力作用
	YCW		同 YZ 型。能承受一定的机械外力作用，且具有耐气候性和一定的耐油性能

任务实施

导线的选用主要包括线芯材料的选择、导线类型的选择和导线截面的选择。

一、线芯材料的选择

作为制作线芯的金属材料，必须具备的特点是：电阻率低；有足够的机械强度；有较好的耐腐蚀性；易进行各种形式的机械加工，价格便宜。基于以上条件，铜和铝常作为导线的线芯。其中铜导线的电阻率比铝导线小，焊接性能和力学性能比铝导线好，且不易氧化和腐蚀，常用于要求较高的场合。而铝导线密度小，价格相对低廉，应用比较普遍。

本任务中，考虑到电阻率和力学性能等方面的要求，则优先选择铜芯导线。

二、导线类型的选择

1. 根据用途

根据是专用线还是通用线，户内线还是户外线，固定线还是移动线，来选择电线、电缆的类型。

2. 根据环境

根据温度、湿度、散热条件选择线芯的长期允许工作温度；按外力情况选择外护层机械强度参数；根据有无腐蚀性气体、液体、油污的浸渍等选择耐化学性；根据振动大小、弯曲状况来选择柔软性；根据是否预防电磁干扰选择是否用屏蔽线。

3. 根据额定电压

根据工作电压选择导线的电压等级。

4. 根据经济指标

在满足要求的前提下尽量降低成本，节省资源。

本任务是进行室内配线，并且工作条件良好，对导线的其他性能没有特殊要求，另外从经济性等方面考虑，可以优先选择 B 系列的塑料导线，例如，BV 系列导线。

三、导线截面的选择

导线截面的选择常需考虑导线的发热情况、线路的机械强度、线路允许的电压损失等三个方面。

一般情况下，首先从其中一个方面进行考虑，来选择导线的截面；然后用另外两个方面进行校验，最终确定导线的截面。本任务中，首先根据发热条件进行导线截面的选择。具体方法如下。

1. 根据发热条件选择导线截面

电线、电缆的一个重要参数是允许载流量，也称为安全载流量，是指在不超过其最高工作温度的条件下，允许长期通过的最大电流值。

不同截面塑料绝缘导线的安全载流量见表 4–5。

表 4–5　　不同截面塑料绝缘导线的安全载流量　　A

截面面积 / mm²	电线线芯根数 / 单根直径 / mm	明线		塑料管配线					
				两根		三根		四根	
		铜	铝	铜	铝	铜	铝	铜	铝
1.0	1/1.13	17	—	10	—	10	—	9	—
1.5	1/1.37	21	16	14	11	13	10	11	9
2.5	1/1.76	28	22	21	16	18	14	17	12
4.0	1/2.24	37	28	27	21	24	19	22	17
6.0	1/2.73	48	37	36	27	31	23	28	22
10	7/1.33	65	51	49	36	42	33	38	29
16	7/1.70	91	69	62	48	56	42	49	38
25	7/2.12	120	91	82	63	74	56	65	50
35	7/2.50	147	113	104	78	91	60	81	61
50	19/1.83	187	143	130	88	114	88	102	78
70	19/2.14	230	178	160	136	145	113	128	100
95	19/2.50	282	216	199	151	178	137	160	121

2．根据公式 $P=UI$

功率为 5 kW，带入公式，$P=UI$，则 $I=P/U$ 计算出额定工作电流约为 23 A，查表 4–5，可以选用 BV 系列、截面积为 2.5 mm² 的导线。但考虑到今后车间的发展需要，要留出一定的发展裕量，可选择截面积为 4 mm² 的铜芯导线。

3．考虑线路的机械强度及电压损失

线路的机械强度及电压损失均符合要求，本任务最终选择 BV 系列 4 mm² 的导线。

提示

（1）按安全载流量选择导线截面面积时，若供电线路较长或线路上接有重载启动的电动机，必须校核线路的电压降是否超过下列允许值：在照明线路上，线路电压降不得超过干线电压的 4%（动力线路为 2%）。若超过允许的压降，应加大导线的截面面积。

（2）为保证导线有一定的机械强度，接到设备上的铜芯导线最小截面面积为 1.5 mm²，铝线为 2.5 mm²。

任务二　单股铜芯导线的连接

学习目标

- 熟练掌握导线剖削的方法
- 熟练掌握单股铜芯导线的直线连接和 T 形分支连接
- 能正确对连接后的导线进行绝缘恢复

任务引入

在线路敷设中，若遇到导线长度不够时，需要完成两段导线的直线连接；若遇到电路有分支时，需要完成两段导线的T形连接。

导线连接质量的好坏，将直接关系到线路和设备能否安全、可靠地运行。对导线连接工艺的基本要求包括电接触良好、有足够的机械强度、接头美观、绝缘恢复正常等。

本任务要求将两根BV 2.5 mm^2 塑料铜芯硬导线先进行直线连接，再进行T形连接，如图4–1所示。

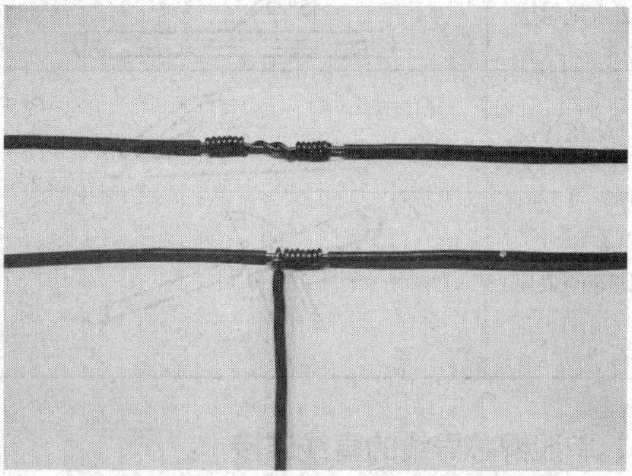

图4–1 导线的直线连接和T形连接

任务实施

一、导线绝缘层的剖削

在导线连接之前，导线线头的绝缘层必须剖削除去，以便线芯连接。因此，必须学会用电工工具来剖削导线绝缘层。

1．一般情况下，芯线截面面积≤ 4 mm^2 的塑料硬线，其绝缘层可用钢丝钳、剥线钳、尖嘴钳进行剖削，方法如图4–2所示。

2．芯线截面面积>4 mm^2 的塑料硬线，可用电工刀剖削绝缘层。操作步骤为：选择合适位置→用电工刀切入绝缘层→削去一层塑料绝缘层→切除塑料绝缘。具体方法和注意事项见表4–6。

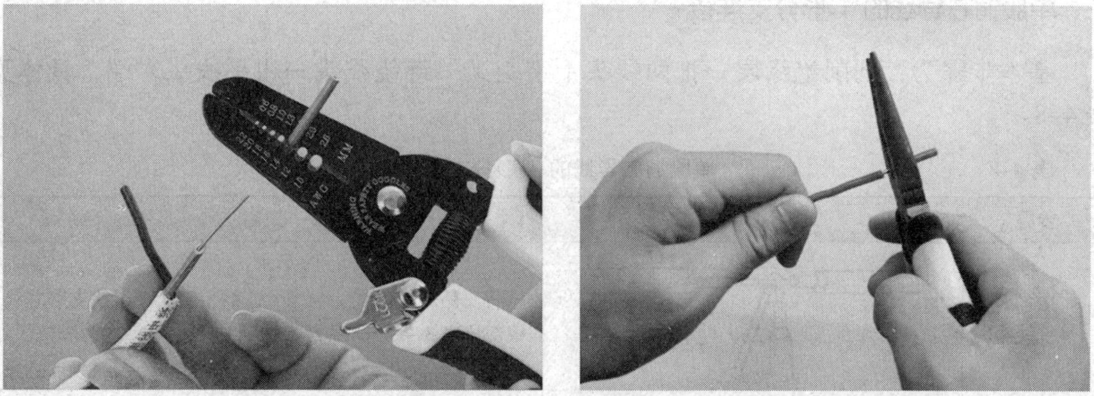

图4–2 用钢丝钳、剥线钳、尖嘴钳剖削塑料硬线绝缘层

表 4–6　　用电工刀剖削绝缘层

步骤	图示	说明
切入绝缘层		用电工刀以 45°角切入塑料绝缘层
削去绝缘层	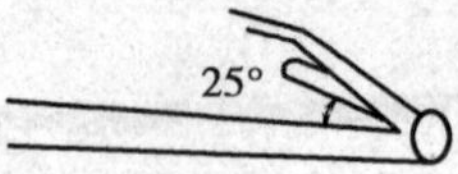	刀面与芯径保持 25°角，用力向前推削，但不可切入线芯，削去上面一层塑料绝缘层
切除绝缘层	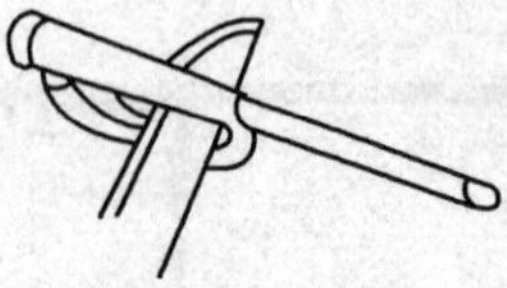	将下面塑料绝缘层向后扳翻，然后用电工刀齐根切去

二、单股铜芯导线的直线连接

基本步骤为：剖削绝缘层→把两线头的芯线进行 X 形交叉→扳直两线头→缠绕线头→钳平线头末端，具体见表 4–7。

表 4–7　　单股铜芯导线的直线连接

步骤	图示	说明
进行 X 形交叉		绝缘层剖削长度为芯线直径的 70 倍左右，并去掉氧化层，把两线头进行 X 形交叉，绞接 2 ~ 3 圈
扳直线头	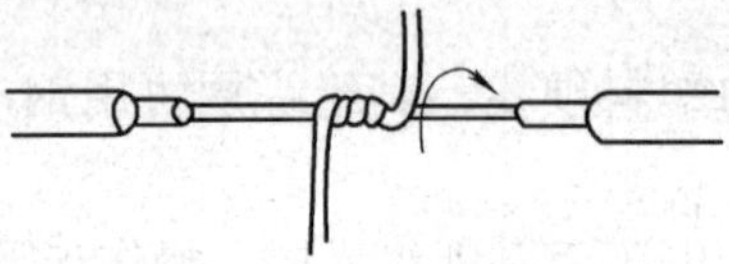	扳直两线头
缠绕线头，钳平末端		将支路芯线的线头与干路芯线十字交叉

三、单股铜芯导线的 T 形分支连接

基本步骤为：剖削绝缘层→把两线头十字交叉→缠绕线头→钳平线头末端，具体见表 4–8。

表 4–8　　单股铜芯导线的 T 形分支连接

步骤	图示	说明
十字交叉缠绕线头	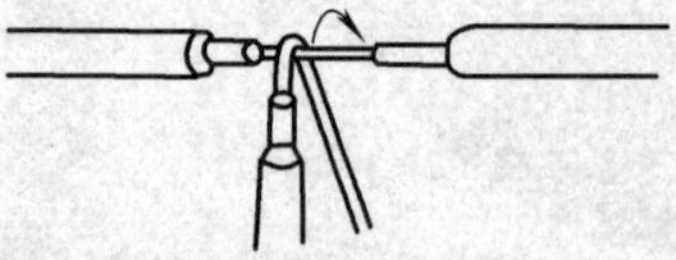	将支路芯线的线头与主干芯线十字交叉，使支路芯线根部留出 3 ~ 5 mm，然后按顺时针方向缠绕支路芯线
钳平末端	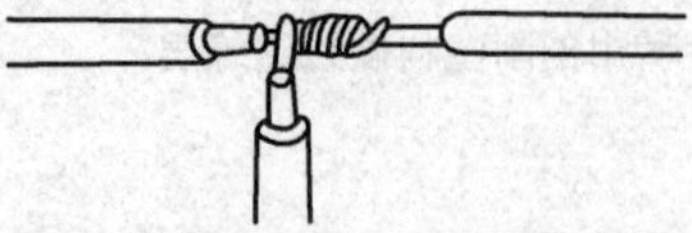	缠绕 6 ~ 8 圈后，用钢丝钳切去余下的芯线，并钳平芯线末端

四、铜芯导线接头处的锡焊

为了防止导线连接的表面产生氧化作用而造成接触不良，以及加强导线连接部分的机械强度，铜导线接头处必须锡焊。锡焊的方法有以下两种。

1．电烙铁锡焊

10 mm^2 及其以下的铜芯导线接头，可用 150 W 的电烙铁进行锡焊。锡焊前，接头上均须涂一层无酸焊锡膏，待电烙铁烧热后，即可锡焊。

2．浇焊

16 mm^2 及其以上的铜芯导线接头，应采用浇焊法浇焊。浇焊时，首先将焊锡放在化锡锅内，用喷灯或电炉熔化，使表面呈磷黄色，焊锡即达到高热，然后将导线接头放在锡锅上面，用勺盛上熔化的锡，从导线接头上面浇下，如图 4–3 所示。刚开始时，因为接头较冷，焊锡在接头上不会有很好的流动性，应继续浇下去，使接头处温度升高，直到全部焊牢为止。最后用抹布轻轻擦去焊渣，使接头表面光滑。

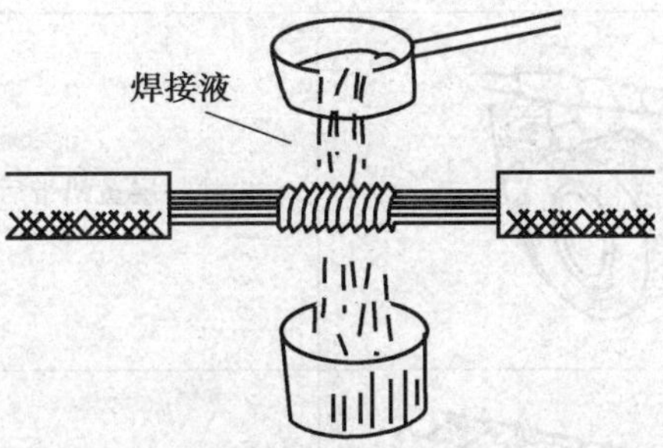

图 4–3 浇焊

五、绝缘恢复

导线连接后，必须进行绝缘恢复，并且要保证恢复后的绝缘强度不低于原来的绝缘层。通常用黄蜡带和黑胶布作为绝缘恢复的材料，如图 4–4 所示。黄蜡带和黑胶布宽度一般为 20 mm，包扎导线时使用比较方便。导线的绝缘恢复步骤见表 4–9。

a） b）

图 4–4 常用的绝缘恢复材料

a）黑胶布 b）黄蜡带

表 4–9　　导线的绝缘恢复步骤

步骤	图示	说明
1		将黄蜡带从导线左边完整的绝缘层上开始包扎，包扎两圈带宽后方可进入无绝缘层的芯线部分
2	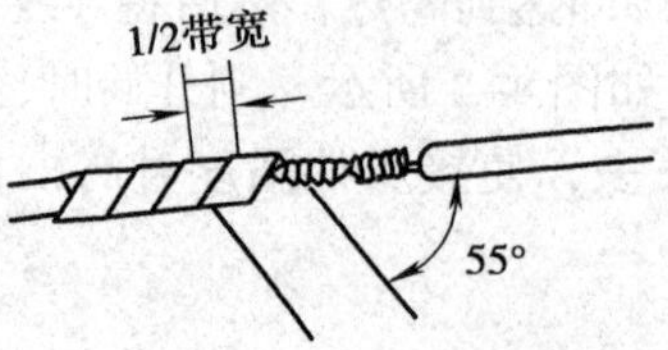	包扎时黄蜡带与导线保持约 55° 的倾斜角，每圈压叠带宽的 1/2，注意各层之间要紧密相接，不可漏出芯线
3		包扎一层黄蜡带后，将黑胶布接在黄蜡带的尾端
4	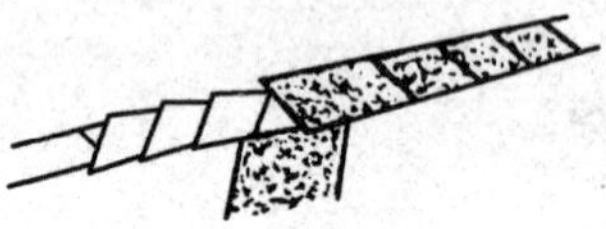	按另一斜叠方向包扎一层黑胶布，每圈也压叠带宽的 1/2

注：T 形连接的绝缘恢复与直线连接的绝缘恢复相同，要注意 T 形交叉处的绝缘恢复一定要紧密。

提示

（1）绝缘恢复材料不可存放于温度高的地方，也不可被油类浸染。

（2）用绝缘恢复材料包扎导线时，各层之间要紧密相接，不能稀疏，更不可漏出芯线。

（3）在 380 V 线路上恢复导线绝缘时，需包扎 1 ~ 2 层黄蜡带，然后再包 1 层黑胶布。

（4）在 220 V 线路上恢复导线绝缘时，需先包扎 1 ~ 2 层黄蜡带，然后再包 1 层黑胶布，或者只包 2 层黑胶布。

知识链接

一、塑料软线和塑料护套线绝缘层的剖削

1. 塑料软线的绝缘层只能用剥线钳或钢丝钳剖削，不可用电工刀，其剖削方法同塑料硬线绝缘层的剖削。

2. 塑料护套线绝缘层的剖削，必须使用电工刀，具体方法见表 4–10。

表 4–10 塑料护套线绝缘层的剖削

步骤	图示	说明
划开护套	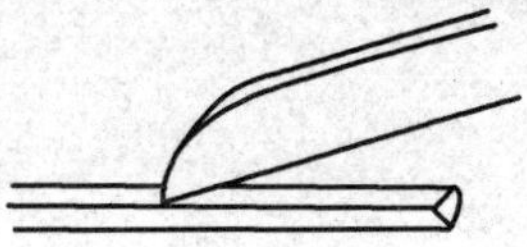	按所需长度用电工刀刀尖对准芯线缝隙划开护套层
扳翻并切去护套层	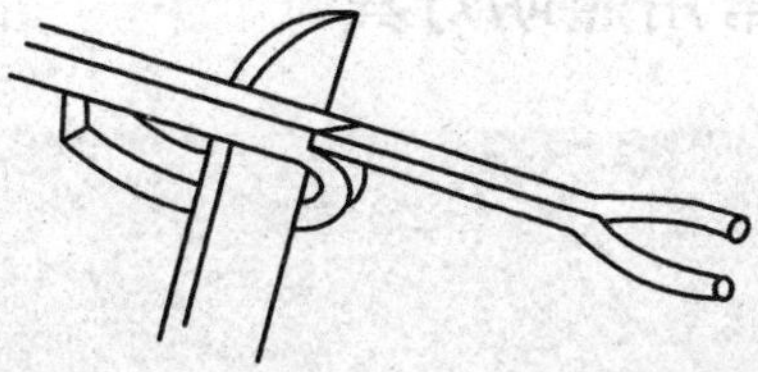	向后扳翻护套层，用电工刀齐根切去
绝缘层剖削	在距离护套层 5 ~ 10 mm 处，用电工刀以 45°倾斜角切入绝缘层。其他剖削方法同塑料硬线绝缘层的剖削	

二、铝芯导线的连接

1．由于铝极易被氧化，且铝氧化膜的电阻率很高，所以铝芯导线不宜采用铜芯导线的连接方法进行连接，铝芯导线常采用螺钉压接法和压接管压接法连接。

2．螺钉压接法适用于负荷较小的单根铝芯导线的连接，而压接管压接法适用于较大负荷的多根铝线的直接连接。压接管压接法的基本操作步骤：选择压接管→清除铝氧化层→将导线穿入压接管→压接。具体操作步骤见表 4–11。

表 4–11 用压接管压接铝芯导线的操作步骤

步骤	图示	说明
选择压接管		根据多股铝芯导线规格选择合适的压接管
清除铝氧化层		用钢丝刷清除铝芯导线表面和压接管内壁的铝氧化层，并在铝芯导线表面和压接管内壁涂一层中性凡士林
将导线穿入压接管	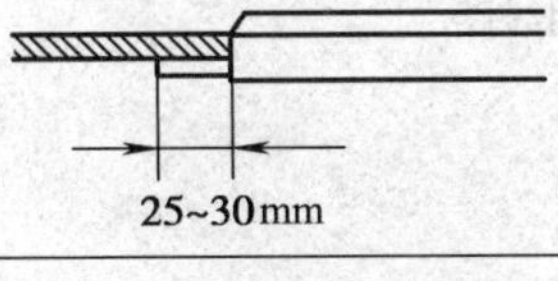	把两根铝芯导线线端相对穿入压接管，并将线端穿出压接管 25 ~ 30 mm
压接	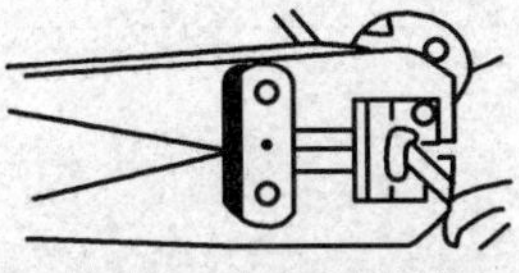	进行压接，压接时，第一道坑应在铝芯导线端一侧，不可压反
压接完毕		压接后的铝芯导线

课题二 室内线路的安装

任务一 认识常用照明灯具

学习目标

- 了解常用照明灯具的结构及工作原理
- 学会安装有开关、插座和灯具的简单照明线路
- 能对照明线路的简单故障进行检修

任务引入

如图 4–5 所示为简单照明线路。要求在规定时间内完成安装两地控制一盏灯，并有两个插座的线路，然后进行调试（注：在配线板上用塑料线槽，线槽已提前安装好，且各灯具、开关、插座的位置已确定，本任务主要完成电气元件的安装及电气线路的连接），并能对线路的常见故障进行维修。

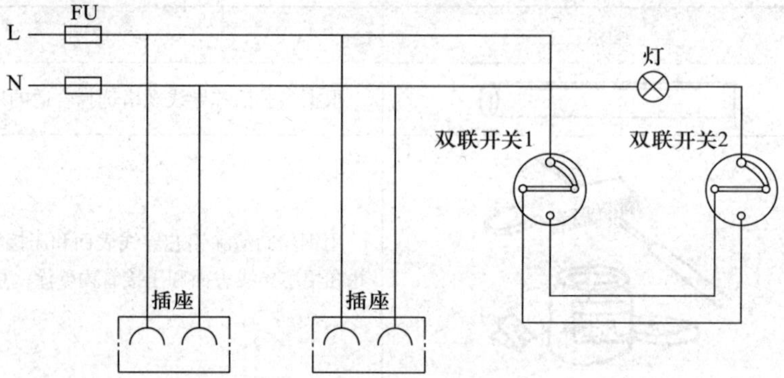

图 4–5 简单照明线路

相关知识

一、荧光灯

1. 荧光灯的基本结构

荧光灯主要由灯管、镇流器、启辉器、灯架和灯座等部分组成。

（1）灯管。灯管由一根直径为 15 ~ 40.5 mm 的玻璃管、灯丝和灯脚等组成。玻璃管内抽成真空后充入少量的汞（水银）和氩等惰性气体，管壁内涂有荧光粉，灯丝由钨丝制成，用以发射电子，荧光灯灯管的结构如图 4–6 所示。常用灯管的功率有 6 W、8 W、12 W、15 W、20 W、30 W、40 W 等。

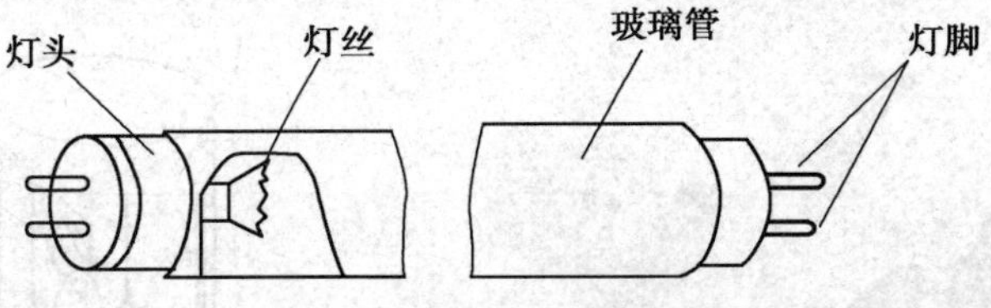

图 4–6　荧光灯灯管的结构

（2）镇流器。镇流器是具有铁芯的电感线圈，它有两个作用：一是在启动时与启辉器配合，产生瞬时高压并点燃荧光灯管；二是在工作时利用串联在电路中的电感来限制灯管电流，从而延长灯管的使用寿命。镇流器的选用必须与灯管功率配套（否则会烧坏荧光灯），常用的规格有 6 W、8 W、15 W、30 W、40 W 等（电压均为 220 V）。镇流器的外形及符号如图 4–7 所示。

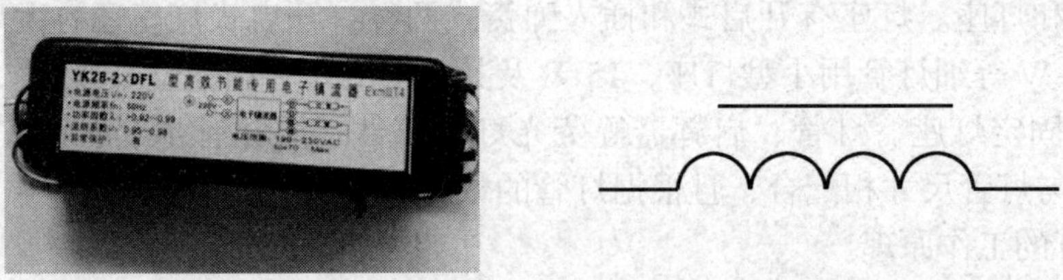

a）　　　　b）

图 4–7　镇流器

a）外形　b）符号

电子镇流器是应用电子开关电路启动和点亮荧光灯的电子元件。使用电子镇流器能够使灯管的使用寿命延长，并且耗电低。电子镇流器的荧光灯接线图如图 4–8 所示。

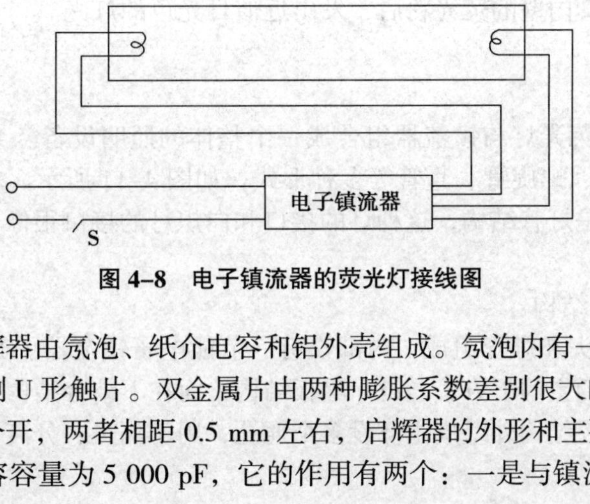

图 4–8　电子镇流器的荧光灯接线图

（3）启辉器。启辉器由氖泡、纸介电容和铝外壳组成。氖泡内有一个固定的静止触片和一个双金属片制成的倒 U 形触片。双金属片由两种膨胀系数差别很大的金属薄片焊制而成。动触片与静触片平时分开，两者相距 0.5 mm 左右，启辉器的外形和主要结构如图 4–9 所示。与氖泡并联的纸介电容容量为 5 000 pF，它的作用有两个：一是与镇流器线圈组成 LC 振荡回路，且能延长灯丝的预热时间和维持脉冲放电；二是能吸收电磁波，减轻对收音机、录音机、电视机等电子设备的电磁干扰。启辉器的规格有 4 ~ 8 W、15 ~ 20 W、30 ~ 40 W 以及通用型 4 ~ 40 W 等。

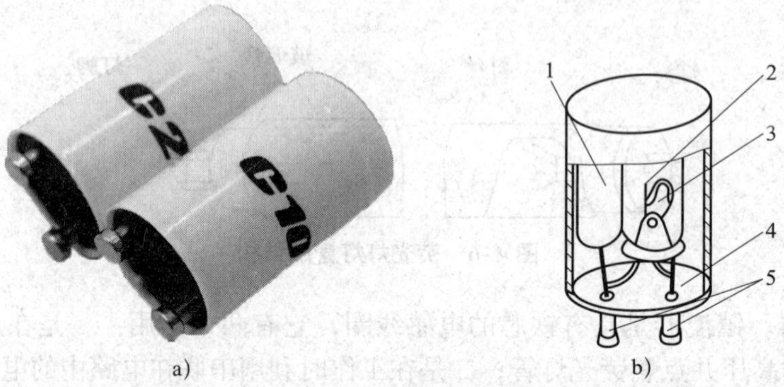

图 4–9　荧光灯启辉器

a）启辉器的外形　b）启辉器的主要结构

1—电容器　2—静触片　3—动触片　4—绝缘底座　5—插头

（4）灯架和灯座。灯座有开启式和插入弹簧式两种。开启式灯座还有大型和小型两种，6 W、8 W、12 W 等细灯管用小型灯座，15 W 及其以上的灯管用大型灯座。

灯架用来固定灯座、灯管、启辉器等荧光灯零部件。通常有木制、铁皮制、铝制等几种。其规格应与灯管尺寸相配合，且根据灯管的数量和光照方向而选用。

2. 荧光灯的工作原理

荧光灯照明电路图如图 4–10 所示。当荧光灯接通电源后，电源电压经过镇流器、灯丝，加到启辉器的 U 形动触片和静触片之间，引起辉光放电。放电时产生的热量使 U 形双金属片接触，接通电路，使灯丝预热并发射电子。与此同时，U 形动触片与静触片相接触后，使两片间电压为零，而停止辉光放电，U 形动触片冷却。在动触片与静触片断开瞬间，镇流器两端会产生很高的感应电动势，加在灯管两端，使灯管内惰性气体被电离而引起弧光放电。随着弧光放电，灯管内温度升高，液态汞汽化游离，引起汞蒸气弧光放电而产生不可见的紫外线，紫外线激发灯管内壁的荧光粉后，发出近似日光色的灯光。

二、节能灯

节能灯是一种将荧光灯与镇流器组合成一个整体的照明设备。节能灯因灯管外形的不同，主要分为 U 形管、螺旋管、直管等多种形式，如图 4–11 所示。从图中可以看出，节能灯上部是灯头，底部是灯管结构，这种灯的接口和白炽灯的接口很像，可以直接安装在白炽灯的灯座上。

1. 节能灯的基本结构

节能灯主要由灯头和灯管组成，内部设有一节能电子镇流器。其特征是在上结合结构部与节能电子镇流器的空间下方，增设一隔板结构；而在下结合结构部设一增长区段空腔结构，并在该段增长空腔结构外壁周围环设多个通孔，用于隔热、分流、散热，确保节能灯正常使用。

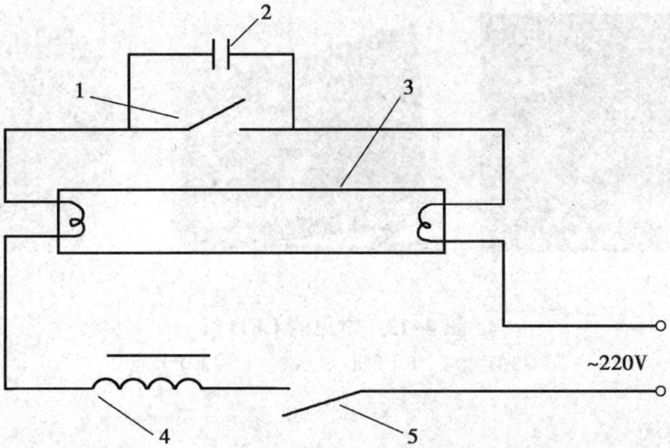

图 4-10 荧光灯照明电路图

1—U 形双金属片 2—启辉器电容 3—灯管 4—镇流器 5—开关

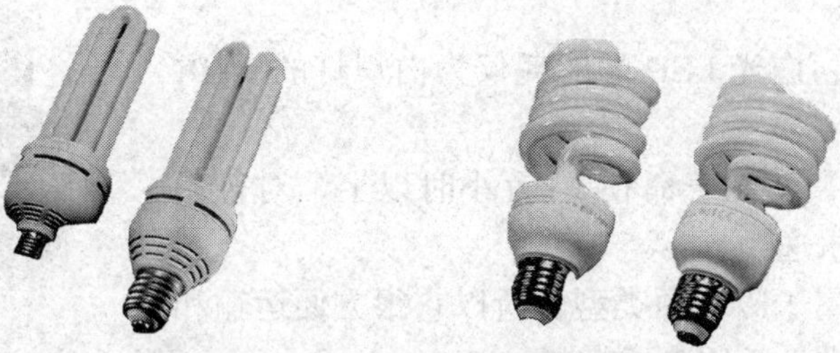

a） b）

图 4-11 节能灯

a）U 形节能灯 b）螺旋节能灯

2．节能灯的工作原理

节能灯其实就是一种紧凑型、自带镇流器的荧光灯。节能灯点亮时，首先经过电子镇流器给灯管灯丝加热，灯丝的开端发射电子，电子碰撞充装在灯管内的氩原子，氩原子碰撞后取得了能量又撞击内部的汞原子，汞原子在吸收能量后跃迁产生电离，使灯管内形成等离子态。

由于节能灯工作时灯丝的温度比白炽灯灯丝的温度低很多，所以它的使用寿命比较长，在 5 000 h 以上。另外，由于它运用了效率较高的电子镇流器，不存在电流热效应，能节约电能。

3．节能灯的特点

节能灯的优点是结构紧凑、体积小；发光效率高，节省电能；使用寿命较长，是白炽灯的 6 ~ 10 倍。节能灯的缺点是启动较慢，当打开它时，不能立刻就看到光，要等一段时间。另外，在节能灯下看东西，东西的颜色会产生变化。

三、LED 灯

LED 是发光二极管（light emitting diode）的缩写，是一种能够将电能转化为可见光的固态半导体器件，它可以直接把电能转化为光能。如图 4-12 所示为常见的 LED 灯。

a）

b）

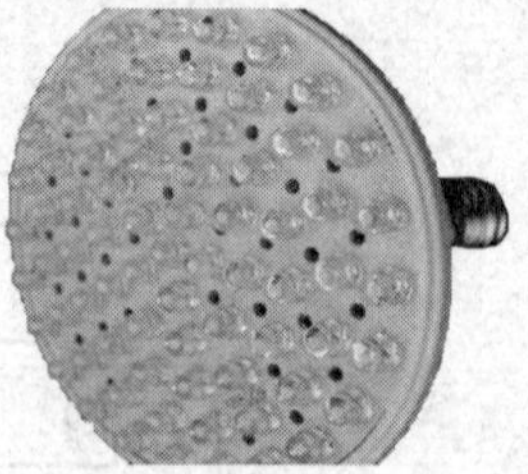

c）

图 4–12　常见的 LED 灯

a）LED 线灯　b）LED 显示屏　c）LED 节能灯

1. LED 灯的结构

LED 灯的核心就是一个半导体晶片，晶片附在一个支架上，一端是负极，另一端连接电源的正极，使整个晶片被环氧树脂封装起来，起到保护内部芯线的作用，如图 4–13 所示。

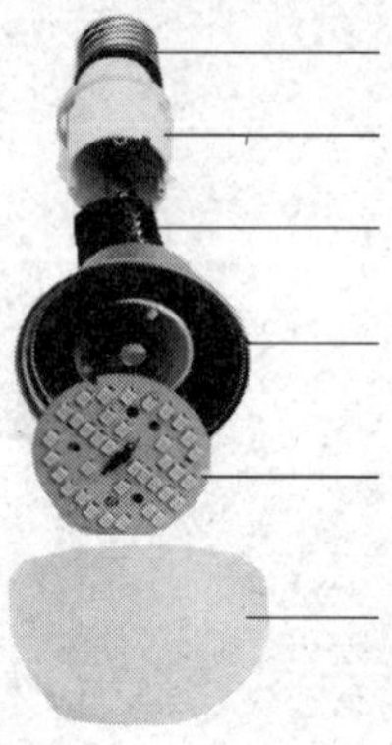

图 4–13　LED 灯的基本结构

2. LED 灯的特点

（1）节能效果好，白光 LED 的能耗仅为白炽灯的 1/10，为节能灯的 1/4。

（2）使用寿命长，使用寿命在 10 万小时以上，对普通家庭照明可谓“一劳永逸”。

（3）固态封装，属于冷光源类型。所以它很方便运输和安装，不怕振动，基本上不用考虑散热。

（4）绿色环保，不含铅、汞等有害物质。

（5）无频闪，消除了传统光源由于频闪引起的视觉疲劳。

（6）LED 灯泡的组装部件容易拆装，利于回收。

（7）耐冲击，抗振能力强，无紫外线和红外线辐射。无灯丝及玻璃外壳，无传统灯管碎裂问题，对人体无伤害。

随着 LED 技术的发展，LED 灯的发光效率不断提高，价格也在不断地降低，另外，由于人们越来越重视照明节能及环保问题，使得 LED 灯不断被大力推广使用。

四、安装简单照明线路

1. 安装照明线路的一般要求

电气照明在生产生活中占有重要地位。照明灯具按其配线方式、厂房结构、环境条件及对照明的要求不同，有不同的安装形式，如吸顶式、壁式、嵌入式和悬吊式，不论采用何种方式，都必须遵守以下各项基本规则：

（1）灯具的安装高度，室外一般不低于 3 m，室内一般不低于 2.4 m。如遇特殊情况难以达到上述要求时，可采取相应的保护措施或改用 36 V 安全电压供电。

（2）根据不同的安装场所和用途，照明灯具使用的导线最小芯线截面积应符合表 4–12。

表 4-12 照明灯具使用的导线最小芯线截面积 mm^2

安装场所及用途 \ 导线分类		铜芯软线	铜线	铝线
照明用灯头线	民用建筑室内	0.4	0.5	2.5
	建筑室内	0.5	0.8	2.5
	室外	1.0	1.0	2.5
移动用电设备	生活用	0.75	—	—
	生产用	1.0	—	—

（3）室内照明开关一般安装在门边便于操作的位置上，拉线开关一般离地 2 ~ 3 m，暗装开关一般离地 1.3 m，与门框的距离一般为 150 ~ 200 mm。

（4）明装插座的安装高度一般应离地 1.4 m，暗装插座的安装高度一般应离地 300 mm。同一场所安装插座的高度应一致，其高度相差一般不应大于 5 mm，几个插座成排安装对其高度差不应大于 2 mm。

（5）吊灯灯具质量超过 3 kg 时，应预埋吊钩或螺栓。软线吊灯的质量不超过 1 kg，超过 1 kg 应加装吊链。

2. 安装简单照明线路

安装简单照明线路的基本操作步骤包括确定安装方案→检查元器件→布线→安装灯座及灯具→安装开关→安装插座→通电试验。

（1）根据安装要求，确定安装方案，准备好所需材料。

（2）检查元器件。主要对灯具、开关及插座等进行检查。

（3）布线。根据实际安装位置，确定两地开关、插座及灯具的安装位置，并布好线槽。

（4）安装灯座及灯具。以节能灯平灯座的安装为例，平灯座上有两个接线柱，一个与电源的零线连接，另一个与来自开关的相线连接。接线柱本身制有螺纹，可压紧导线。卡口平灯座的两接线柱可任意连接，而螺口平灯座的两接线柱必须遵循以下原则：把零线连接在通螺纹圈的接线柱上，把来自开关的相线连接在通中心簧片的接线柱上。

（5）安装开关。开关有明装和暗装之分，如图 4-14a、b 所示。明装开关一般直接安装在墙壁上；暗装开关则需要先在墙壁内安装底盒。开关一定要安装在相线上，以保证开关断开时开关以下的电路不带电。

1）单联开关的安装。将电源的相线、负载线分别接到开关的 L 和 L1 接线端子上，如图 4-14c 所示。如果是暗装开关，接完线后将固定架装入墙上底盒内并用螺丝固定，然后将面板扣上。

单联开关控制一盏灯电路图如图 4-15 所示。当开关 S 闭合，灯具接通电源而发亮。

2）双联开关的安装。双联开关控制一盏灯电路图如图 4-16 所示：灯不亮的情况下，若将开关 A 扳向 3，白炽灯因接通电源而发亮；在前述灯亮的情况下，若将开关 B 扳向 4，则灯不亮。综上所述，此电路能够实现两地控制一盏灯的功能，常用在楼道、走廊或卧室的灯具控制电路中。注意两只双联开关中连铜片的柱头不能接错。双联开关实物接线图如图 4-17 所示。

a）

b）

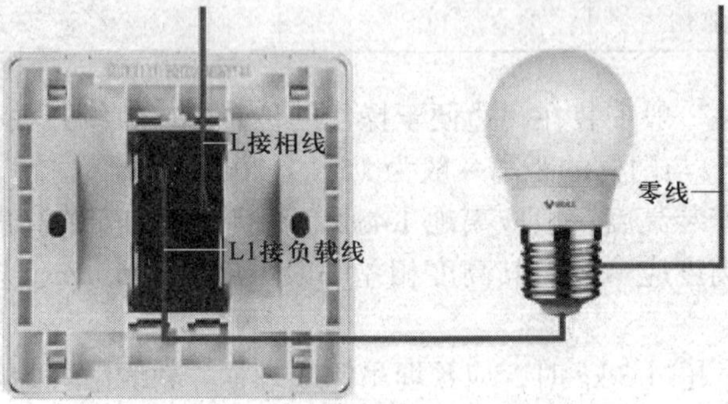

c）

图 4–14　单联开关的安装

a）明装开关　b）暗装开关　c）单联开关的接线

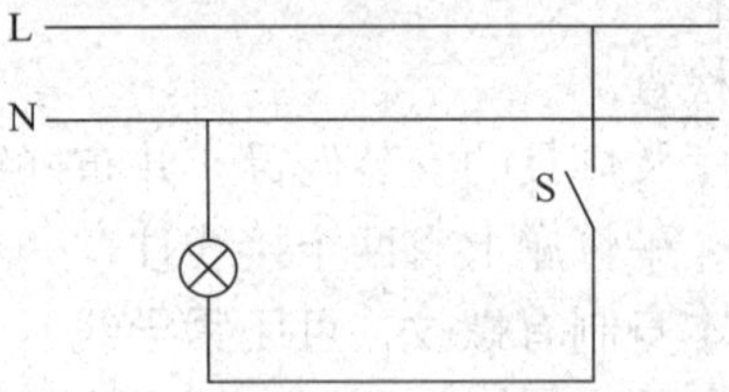

图 4–15　单联开关控制一盏灯电路图

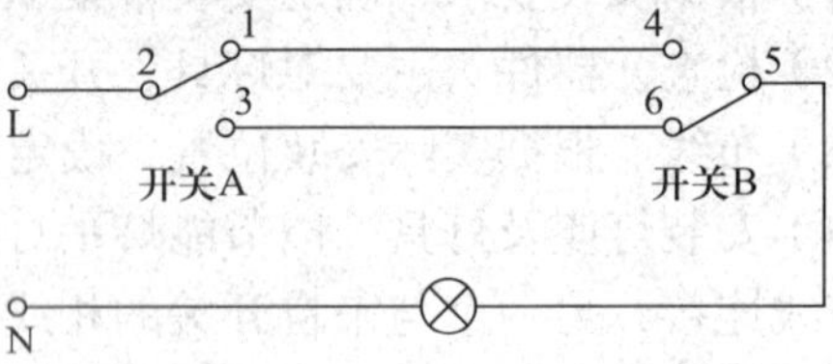

图 4–16　双联开关控制一盏灯电路图

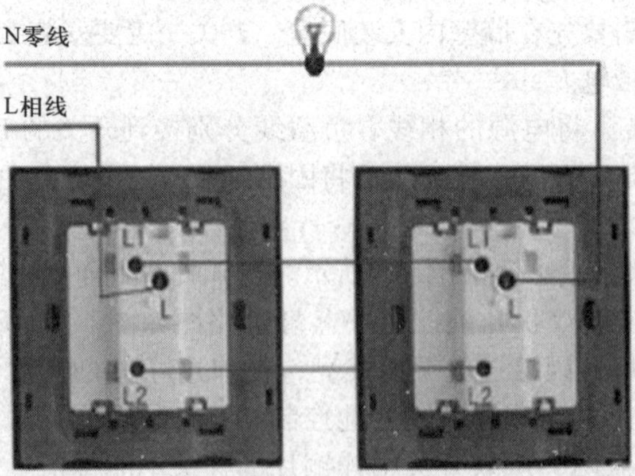

图 4–17　双联开关实物接线图

（6）安装插座。根据电源电压的不同，可分为三相插座和单相插座；根据安装形式的不同，可分为明装和暗装两种。

单相三孔插座安装的方法：根据单相插座的接线原则，即“左零右火上接地”，将导线分别接入插座的接线柱内。应注意接地线的颜色，根据标准规定接地线应是黄绿双色线。单相三孔插座接线如图 4–18 所示。

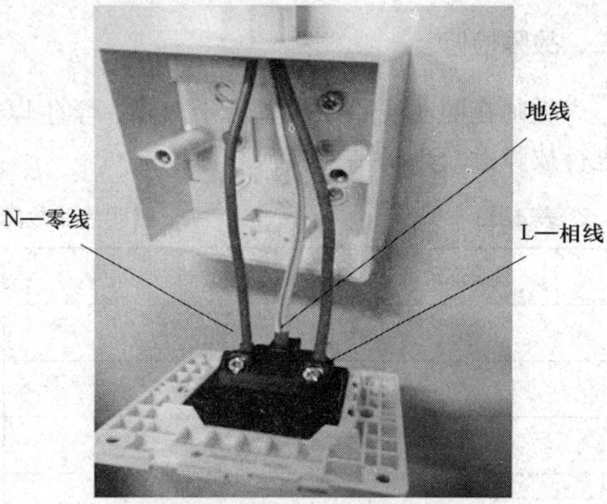

图 4–18 单相三孔插座接线

（7）通电试验

1）检查电路是否正常。方法如下：用万用表电阻 R×1 挡，将两表笔分别置于两个熔断器的出线端（下柱头）进行检测。

2）在线路正常情况下接通电源，扳动开关，检查灯泡控制情况。接通电源后，合上开关灯亮，断开开关灯灭。

3）三孔插座的检查。将万用表置于交流 250 V 挡，将两表笔分别插入相线与零线两孔内，万用表应显示 220 V，再将零线一端的表笔插入接地孔内，同样显示 220 V。

3. 白炽灯照明电路的维修

照明线路在运行中，会因为各种原因而出现故障，如线路老化、电气元件故障（如开关、灯座、灯泡、插座故障）等。

维修的基本操作步骤为：了解故障现象→故障现象分析→检修。

（1）了解故障现象。在维修前可通过询问当事人、观察故障现象等手段来了解故障。

（2）故障现象分析。根据故障现象，利用电路图及布置图进行分析，确定可能造成故障的大致范围，为检修提供方案。

（3）检修。通过检测手段，如用验电器、万用表等工具检测确定故障点，针对故障元件或线路进行维修或更换。

任务实施

一、线路安装

1. 根据任务描述中的安装要求，分析并画出实际电气接线图。

2. 准备好所需材料。需要准备的材料包括配线板［500 mm×（600 ~ 2 000 mm）×25 mm］1 块（塑料线槽、塑料线槽配套分接盒已安装好），绝缘电线（根据灯的功率自定）15 m，安装开关（两地控制用）2 只，灯具 1 套，单相三极插座（~ 250 V，15 A）1 套，单相两极插座（~ 250 V，15 A）1 套，万用表 1 只，电工工具 1 套。

3. 按照前述检查元器件→布线→安装灯座及灯具→安装开关→安装插座的步骤进行安装操作。

二、故障检修

教师在照明线路中设置若干故障，学生以小组为单位，观察故障现象、查找故障原因并进行故障检修，将结果填入表 4–13。

表 4–13 照明线路故障检修记录表

故障现象	故障原因	检修方法和步骤	检修结果

知识链接

荧光灯照明电路的维修

荧光灯照明电路的常见故障及检修方法见表 4–14。

表 4–14 荧光灯照明电路的常见故障及检修方法

故障现象	原因分析	检修方法
不能发光或发光困难，灯管两头发亮或灯光闪烁	（1）电源电压太低 （2）接线错误或灯座与灯脚接触不良 （3）灯管老化 （4）镇流器配用不当或内部接线松脱 （5）气温过低 （6）启辉器配用不当、接线断开、电容器短路或触点熔焊	（1）检查电源 （2）检查线路和接触点 （3）更换新灯管 （4）修理或调换镇流器 （5）加热或加罩 （6）检查后更换
灯管两头发黑或生黑斑	（1）灯管陈旧 （2）电源电压太高 （3）镇流器配用不当 （4）若是新灯管，可能因启辉器损坏而使灯丝发光物质加速挥发 （5）灯管内水银凝结	（1）更换新灯管 （2）测量电压并进行适当调整 （3）更换适当的镇流器 （4）更换启辉器 （5）属正常现象，将灯管旋转 180° 安装
灯管使用寿命短	（1）镇流器配用不当或质量差，使电压失常 （2）受到剧振，致使灯丝振断 （3）接线错误导致灯管烧坏 （4）电源电压太高 （5）开关次数太多或各种原因引起的灯光长时间闪烁	（1）选用适当的镇流器 （2）更换新灯管，改善安装条件 （3）检修线路后使用新管 （4）调整电源电压 （5）减少开关次数，及时检修闪烁故障

续表

故障现象	原因分析	检修方法
镇流器有噪声或电磁声	（1）镇流器质量差，铁芯未夹紧或沥青未封紧 （2）镇流器过载或其内部短路 （3）启辉器不良，启动时有噪声 （4）镇流器有微弱声响 （5）电压过高	（1）更换镇流器 （2）检查过载原因，更换镇流器，配用适当的灯管 （3）更换启辉器 （4）属于正常现象 （5）设法调整电压
镇流器过热	（1）灯架内温度太高 （2）电压太高 （3）线圈匝间短路 （4）过载，与灯管配合不当 （5）灯光长时间闪烁	（1）改进装接方式 （2）适当调整 （3）修理或更换 （4）检查后更换 （5）检查闪烁原因并修复

下面以荧光灯的一个典型故障为例，介绍故障现象和检修的全过程。

（1）观察故障现象，分析故障原因。开灯后灯管两端发光，中间不亮，这是荧光灯常见的故障，其原因可能是电压太低、启辉器损坏或灯管老化。

（2）故障维修。一种常用的维修方法是替代法。即用一个好的启辉器或一个好的灯管，替代原电路中的启辉器或灯管。如果替代后荧光灯正常发光，那么被替代的部件就是故障部件。

如果不用替代法，可观察电路中其他荧光灯是否正常工作，或用万用表测量电路电压是否正常。在排除电压太低的可能后，仔细观察故障现象，若灯管两端发光、中间不亮，没有闪烁现象，可进一步观察启辉器。如果启辉器的氖泡不亮，则可断定启辉器的电容器被击穿；如果启辉器的氖泡亮，则可断定启辉器的双金属片失效。此外，判断启辉器是否故障的最简单的方法是：在开灯后发现灯管两端发光，中间不亮的情况下，快速旋下启辉器，这时如果灯管发光正常，再旋上启辉器后故障又出现，则可断定启辉器有故障。若灯管两端发光、中间不亮，有闪烁现象，说明启辉器有动作；但灯管无法发亮，基本上可以断定是灯管老化所致，更换灯管后故障即可排除。

任务二 认识室内照明线路的敷设方式

学习目标

- 掌握线槽配线、塑料护套线配线及线管配线的方法和步骤
- 能正确进行线槽配线、塑料护套线配线

任务引入

如图 4–19 所示为某工作间的电气安装施工图，请根据图纸要求，在实训室模拟进行线路敷设施工。

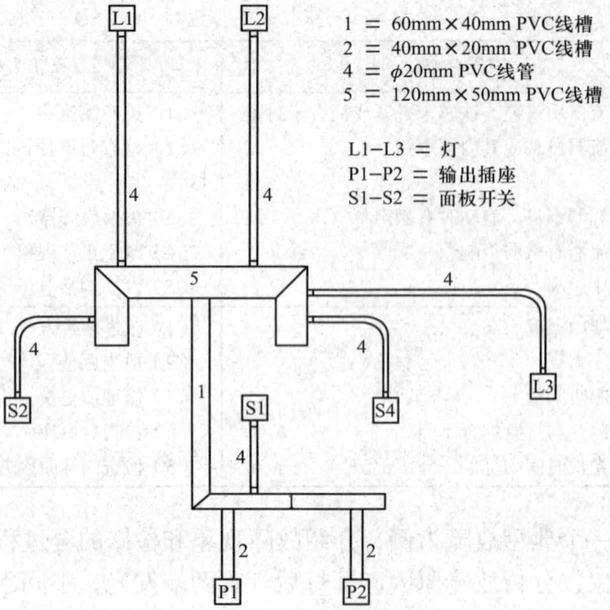

图 4–19　某工作间的电气安装施工图

相关知识

室内照明线路通常采用明敷设和暗敷设两种方式。明敷设就是将绝缘导线直接穿于线管、线槽等保护体内，敷设于墙壁、顶棚的表面及桁架、支架等处。常见的明敷设配电线路有线槽配线、塑料护套线配线、穿塑料管和钢管明敷配线、绝缘子配线等。暗敷设即穿管暗配线，是将穿线管预埋在墙体、楼板和地板内，再将导线穿入管中。这种配线方式看不见导线，不影响墙面的整洁美观，但费用较高，一般用于有特殊要求的场所，或标准较高的建筑物中。

下面介绍几种明敷设的配线方式。

一、塑料线槽配线

塑料线槽配线就是把绝缘导线敷设在塑料线槽内，再用上面的盖板将导线盖住。此布线方法主要用于干燥房间内的照明线路，也常用于工程改造更换线路或弱电线路吊顶内暗敷设等场合。室内敷设时一般使用 PVC 线槽，如图 4–20 所示为几种常见的塑料线槽。

塑料线槽配线的基本操作步骤为：选择线槽→划线定位→线槽钻孔→固定线槽→敷设导线→固定盖板。

1．选择线槽

选择线槽规格的依据为：敷设导线的直径和线槽中导线的数量。线槽的规格通常是以矩形截面的长、宽来表示的，弧形一般以宽来表示。另外要考虑根据电源、开关、灯座的位置，经线槽进行量取，并用钢锯进行截取。需要注意以下问题。

（1）在直角转弯处线槽应采用 45° 角拼接，所以需要把两块线槽的端部均锯成 45° 的斜角。

a） b） c）

图 4–20 几种常见的塑料线槽

a）行线槽 b）PVC 槽 c）半圆形槽

（2）锯槽底和线槽时要保持拐角方向相同。

（3）使用钢锯时要注意操作方法，避免锯条折断伤人。

2．划线定位

塑料线槽配线应尽量沿着房屋的横梁、墙角等处进行敷设，并保证与用电设备的进线口保持对正，与建筑物的线条保持平行或垂直，以保证敷设的美观。

选好敷设路径后，接着再确定线槽两端的固定点，以间距不超过 500 mm 的距离均匀确定中间的各个固定点。

3．线槽钻孔

用电钻在线槽内钻孔，以进行线槽的固定。一般相邻固定孔之间的间距应根据线槽的长度确定，要求距离线槽两端 5 ~ 10 mm，中间 300 ~ 500 mm。

4．固定线槽

固定线槽有以下两种方法。

（1）用自攻螺钉或木螺钉固定。

（2）如果是固定在砖墙上，应先在固定位置做好标记，用冲击钻在相应的位置钻孔，孔的直径一般为 8 mm，深度要略大于塑料胀管或木榫的长度，然后用塑料胀管或木螺钉来固定线槽。

5．敷设导线

敷设导线时 PVC 线槽内不允许有导线接头，以减少隐患。如敷设到灯具、开关、插座等接头处，则需要加装接线盒，这时要在接线盒前留出 100 mm 左右的导线，用作接线。若在配电箱集中控制的开关板处，需要按实际的要求留出长度，做好统一的标记，以便接线。

6．固定盖板

在敷设导线的同时，随时将盖板固定在线槽上即可。

二、线管配线

常用的电线管主要有金属电线管和塑料电线管（PVC 线管）。金属管中的镀锌管是一种对钢管外表进行了镀锌处理后用来维护线路的一种钢管，应用比较广泛。

线管明敷的基本步骤包括划线定位→制作线管吊杆→线管安装→穿线→线路测试。

1．划线定位

根据线路图，结合场地实际情况及灯具、开关插座和配电箱等的位置，确定出线管的走向和分支汇点。

2．制作线管吊杆

若线管沿墙体或楼底表面敷设，可采用成品吊件直接固定在墙体或楼底表面。如果线管是悬挂式敷设，需要用吊杆来固定。

3．线管安装

在线管敷设路径上，每隔 1.5 ~ 2.5 m 的距离装上吊件或吊杆，将线管口套上胶护嘴，管中穿上牵引细铁丝，装上接头或接线盒，用管码将线管固定在吊件或吊杆上，用接头或接线盒连接隔断线管，使其成为一整体管路。将各分支回路管路引至配电箱上方集中，沿墙面将线管排列整齐引至配电箱内固定。所有线管的连接点，用直径不小于 2.5 mm 的镀锌钢丝跨接导线与管路焊接牢固，使管路焊接成电气整体并接地。

4．穿线

一根线管里面穿的线，不超过线管空间的 40%，确保电线在使用过程中能够正常的散热。敷设线路时，必须选用不同颜色的电线，以便于识别。并将各回路的相线、零线、控制线等分别做好记号，分段用预留在线管内的铁丝将电线穿进管内。穿好线后，接线时注意线路接头在接线盒内连接。灯具线由灯头接线盒内引出，其方法是：按所接灯头数量，在灯头接线盒中装上软管接头，在每个接头上装上金属软管，灯头引线由灯头接线盒经金属软管引至灯具上即可。

5．线路测试

对线路进行测试，测试合格后，将所有引出线临时固定起来。

三、塑料护套线

塑料护套线是一种塑料保护层的双芯或多芯绝缘导线，如图 4–21 所示。采用塑料护套线是进行明线安装的一种方式，它具有防潮、耐腐蚀、造价低、安装方便等优点。可以

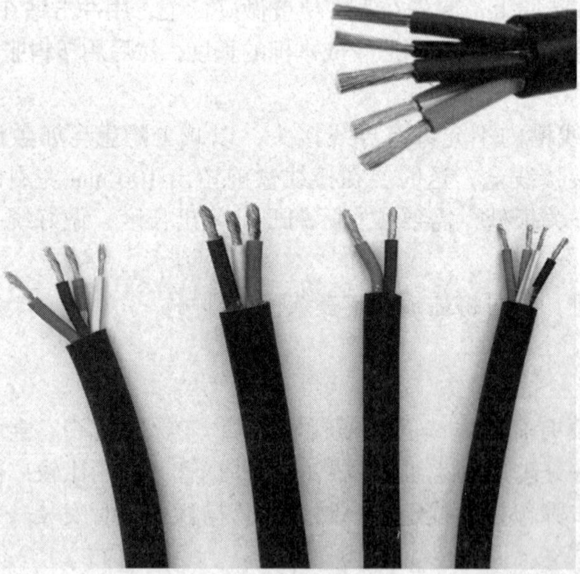

图 4–21　塑料护套线

直接敷设在空芯板墙壁以及其他建筑物表面，用塑料钢钉线卡作为导线的固定支持物。

护套线敷设的施工方法简单，线路整齐、美观，造价低廉，广泛用于室内电气照明及其他配电线路。但护套线不宜直接埋入抹灰层内暗配敷设，也不宜在室外露天场所长期敷设，大容量电路也不能采用。

护套线配线的基本操作步骤为：定位划线→凿眼→固定线卡→放线→敷线。

1．定位划线

先根据各种电器的安装位置，确定好线路的走向和各个电器的安装位置，并做好标记。然后根据确定的位置和线路的走向用弹线袋划线，方法如下：在需要走线的路径上，将线袋的线拉紧绷直，弹出线条，要做到横平竖直。垂直位置吊铅垂线，水平位置通过目测划线。

按护套线的安装要求，线卡与线卡之间的距离，通常直线部分取 150 ~ 200 mm，弯角处线卡离弯角顶点的距离为 50 ~ 100 mm，离开关、灯座的距离为 50 mm，据此标记出钢精轧片线卡的位置。表 4–15 为塑料护套线的固定与间距。

表 4–15　　塑料护套线的固定与间距　　mm

安装部位	安装图示与技术要求
直线部分	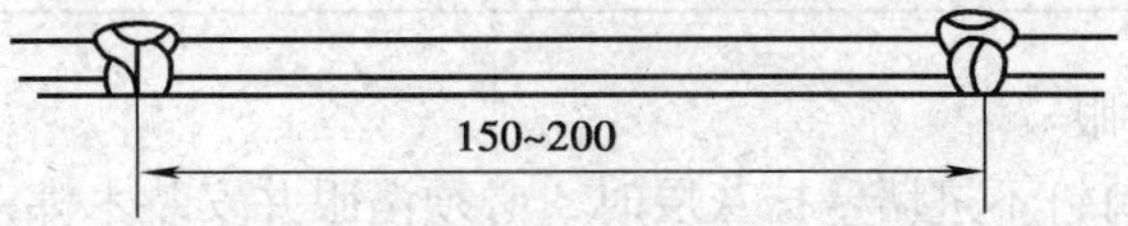
转角部分	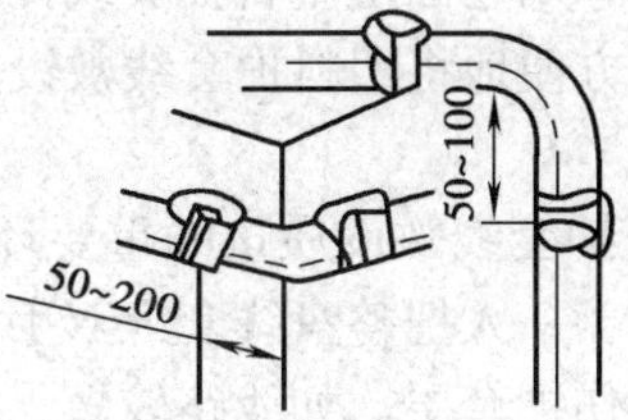
十字交叉部分	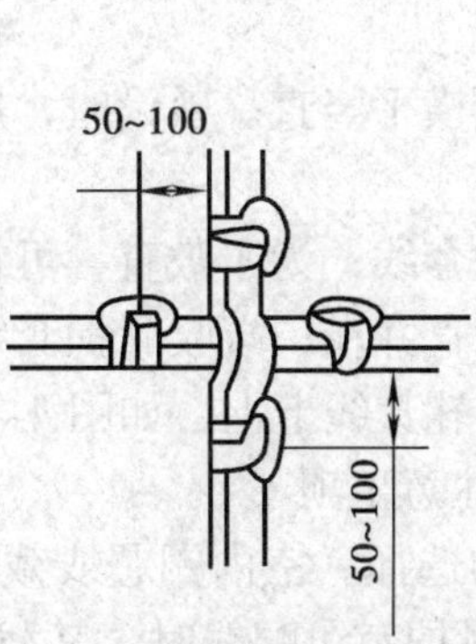

续表

安装部位	安装图示与技术要求
进入木台	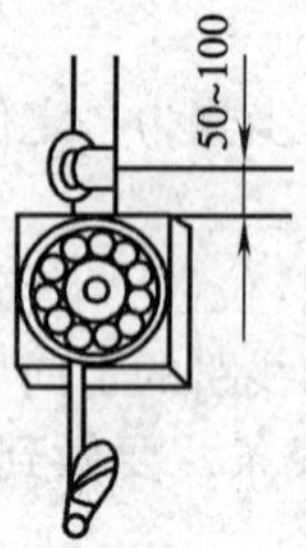
进入管子	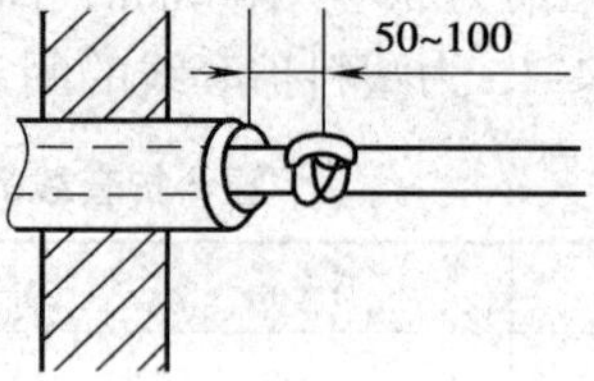

2．凿眼

当钢钉钉不进墙壁抹灰层时，必须凿眼并安装木榫，以确保线路不松动。

3．固定线卡

目前电工普遍采用塑料钢钉线卡进行敷设操作，如图 4–22 所示。它的大小可根据所敷设的电线线径来选择，用它固定塑料护套线比较方便。这种线卡由塑料卡和水泥钉组成，用锤子砸水泥钉，就能方便地将塑料护套线敷设在水泥墙面上。

4．放线

放线工作是保证护套线敷设质量的重要环节。因此，导线不能拉乱，不可使导线扭曲。在放线时需两人合作，一人把整盘线套入双手中，另一人将线头向前直拉。放出的导线不得在地上拖拉，以免损伤护套层。如线路较短，为便于施工，可按实际长度并留有一定的余量后将导线剪断。

5．敷线

护套线敷设时必须横平竖直。敷设时，用一只手拉紧导线，另一只手将导线固定在线卡上，如图 4–23a 所示。

对于截面较大的护套线，为了敷直，可在直线部分两端各上一副瓷夹。先把护套线一段固定在瓷夹中，然后勒直并在一端收紧护套线，再固定到另一副瓷夹中，两副瓷夹之间的护套线按挡距固定在钢精轧片线卡上，如图 4–23b 所示。

6．护套线敷设的注意事项

（1）护套线截面的选择。室内铜芯线截面积不得小于 0.5 mm^2，铝芯线截面积不得小于 2.5 mm^2。室外使用塑料护套线配线时，其截面规定，铜芯不得小于 1.0 mm^2，铝芯不得小于 2.5 mm^2。

图 4-22 塑料钢钉线卡

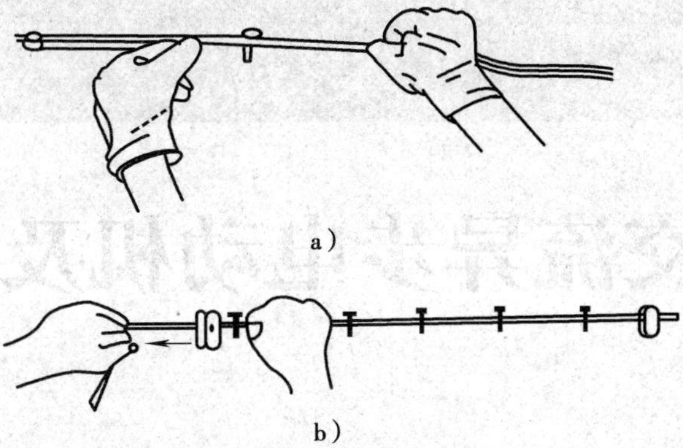

图 4-23 护套线的收紧方法

（2）护套线与接线盒或电气设备的连接。护套线不可在线路上直接连接，应通过瓷接头、接线盒或借用其他电气设备的接线柱来连接。护套线进入接线盒或电气设备时，护套层必须随之进入。

（3）护套线的保护。当敷设护套线与接地体、发热管道接近或交叉时，应加强绝缘保护。对于容易产生机械损伤的部位，应穿钢管保护。护套线在空芯楼板内敷设时，可不用其他保护措施，但楼板孔内不应有积水和损伤导线的杂物。

（4）线路高度的要求。护套线敷设处离地面最小高度应不小于 500 mm，穿越楼板及离地低于 150 mm 的，应加电线管保护。

任务实施

一、准备材料和工具

准备好线路敷设的材料和工具：PVC 线槽（三种型号）、PVC 线管、固定塑料线槽用铁钉、接线盒、导线、开关、插座、灯具等；万用表、手电钻、钢锯、电工工具等。

二、敷设线槽和线管

线槽敷设按照“选择线槽→划线定位→线槽钻孔→固定线槽”的步骤进行。线管敷设按照“划线定位→制作线管吊杆→线管安装”的步骤进行。

三、进行线路设计并接线

小组讨论完成线路设计，经老师审核通过后开始进行线路接线。

四、线路检测

全部完成后，进行线路检测。检测合格后进行通电试验，检查线路、开关、插座及灯具的功能是否正常。

交流异步电动机及其基本控制线路

课题一 三相笼型异步电动机

任务一 认识三相笼型异步电动机的结构和工作原理

学习目标

- 熟悉三相笼型异步电动机的基本结构，了解各部分的作用
- 熟悉三相笼型异步电动机铭牌参数的含义
- 理解三相笼型异步电动机的工作原理

任务引入

在工农业生产和日常生活中，经常需要将电能转换为机械能来驱动各种设备正常运行，如 CA6140 型车床主轴的转动，M7130 型磨床砂轮的转动等，如图 5–1 所示为某车床中驱动主轴运转的一台型号为 Y112M–4 的三相笼型异步电动机，它是如何工作的？它的内部结构都包括哪些？如果该电动机损坏，急需更换一台新的电动机替代工作，该如何选择一台合适的新电动机呢？

图 5-1 三相笼型异步电动机

相关知识

要根据三相笼型异步电动机的铭牌数据等参数正确选择电动机，首先应当了解电动机的基本结构，理解铭牌主要数据的含义。

一、三相笼型异步电动机的基本结构

三相笼型异步电动机的结构如图 5-2 所示，它主要由固定不动的定子和旋转的转子两部分组成。在定子和转子之间有一很小的气隙，其长度一般为 0.25 ~ 2 mm。此外还有端盖、轴承、风扇和接线盒等。

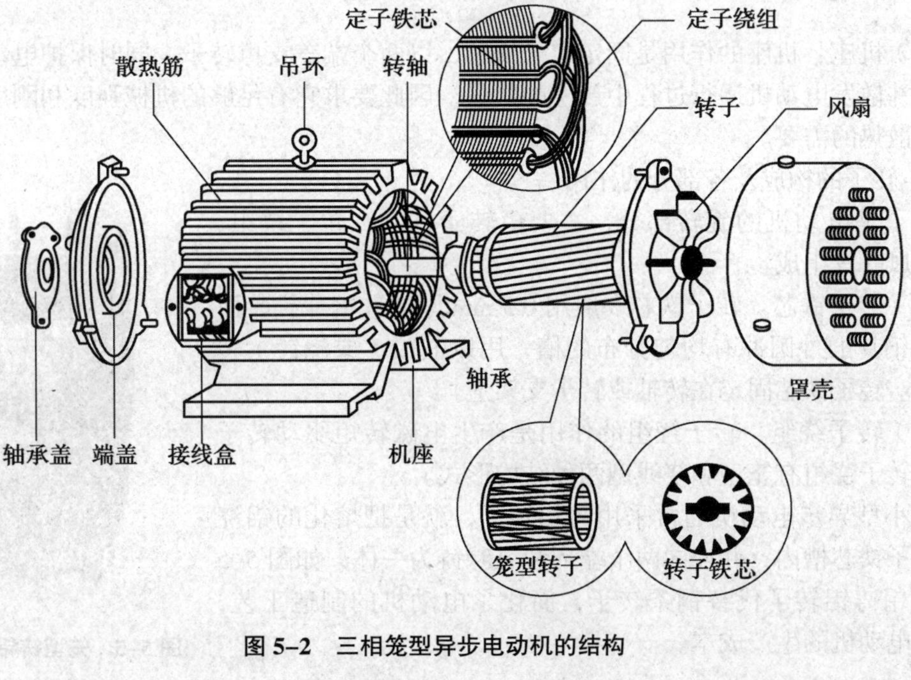

图 5-2 三相笼型异步电动机的结构

1．定子的构成及各部分的作用

定子是电动机的静止部分，主要由定子铁芯、定子绕组和机座等组成。

（1）定子铁芯。定子铁芯主要用于嵌放定子绕组，一般用厚 0.35 ~ 0.5 mm、表面涂有绝缘漆的硅钢片叠装而成。在铁芯硅钢片的内圆上冲有均匀分布的槽，用以嵌放定子绕组。

（2）定子绕组。定子绕组是电动机的电路部分，由嵌放在定子铁芯槽内的 3 个独立的对称绕组构成，3 个绕组的首端分别用 U1、V1、W1 表示，对应的 3 个尾端分别用 U2、V2、W2 表示，6 个出线端分别接到机座外侧接线盒的 6 个接线端子上，可按需要将三相绕组接成Y形或△形，如图 5–3、图 5–4 所示。

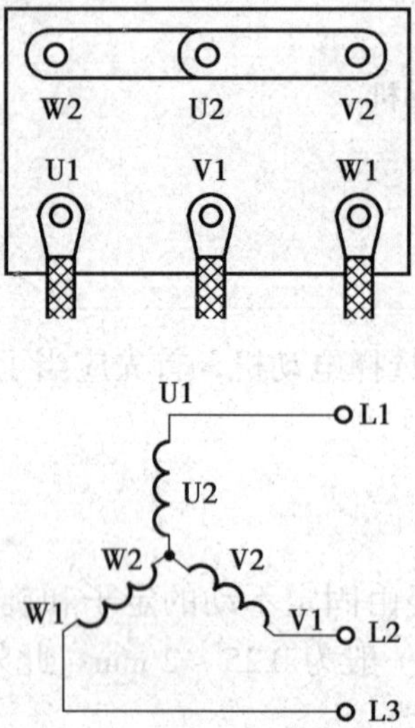

图 5–3　定子绕组的Y形接法

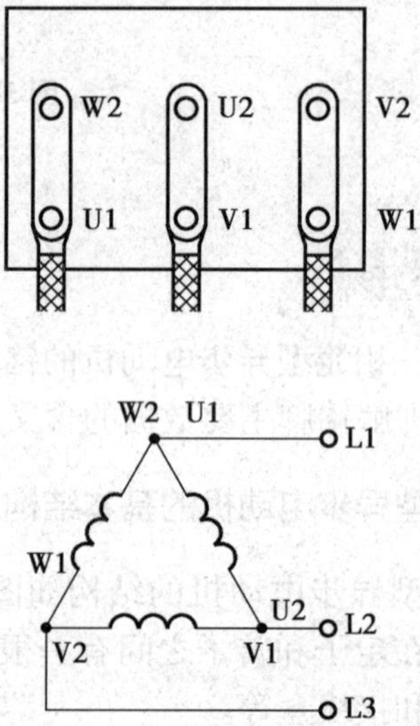

图 5–4　定子绕组的△形接法

（3）机座。机座的作用是固定定子铁芯，以两个端盖支撑转子，同时保护电动机的电磁部分，并散发电动机运行过程中产生的热量，因此要求它有足够的机械强度和刚度，并能满足通风散热的需要。

2．转子的构成及各部分的作用

转子是电动机的旋转部分，主要由转子铁芯、转子绕组、转轴和风叶等组成。

（1）转子铁芯。转子铁芯一般用 0.5 mm 厚的硅钢片叠装而成，硅钢片的外圆冲有均匀分布的槽，用以嵌放（或浇铸）转子绕组。转子铁芯固定在转轴或转子支架上。

（2）转子绕组。转子绕组的作用是产生电磁转矩驱动转子转动。转子绕组有笼型和绕线型两种结构形式。

中小型异步电动机通常采用铸铝转子，就是把熔化的铝浇铸在转子铁芯槽内，并连同两个端环和风叶铸为一体，如图 5–5 所示。用铸铝转子代替铜条转子，简化了电动机的制造工艺，降低了电动机的生产成本。

图 5–5　笼型铸铝转子的结构

三相笼型异步电动机定子与转子之间气隙的大小对电动机的性能影响很大。为了减小空载电流，提高功率因数，应尽量减小气隙，但气隙也不能过小，否则会造成装配困难和运行不安全。

二、三相笼型异步电动机的工作原理

1. 基本工作原理

三相笼型异步电动机的基本工作原理可用如图 5–6 所示的实验来说明。在装有手柄的蹄形磁铁的两极间放置一个笼型转子，当转动手柄带动蹄形磁铁旋转时，发现笼型转子也跟着旋转；若改变磁铁的转向，则笼型转子的转向也随之改变。

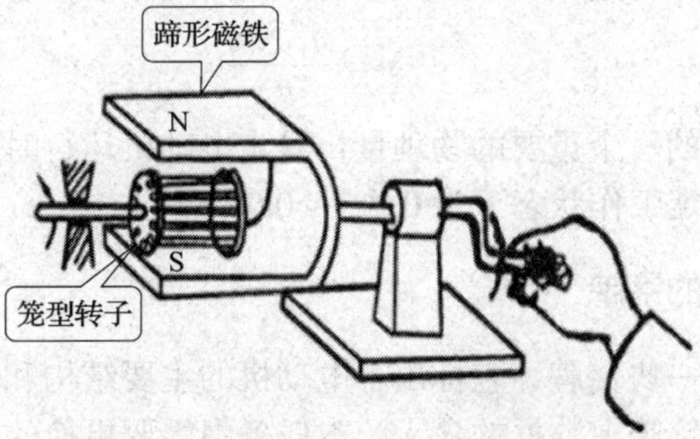

图 5–6 笼型转子随旋转磁场转动的实验

笼型转子为什么会跟随磁铁旋转呢？这是因为当磁铁旋转时，磁铁与闭合的导体发生相对运动，笼型转子上的导体切割磁力线而在其内部产生感应电动势和感应电流。感应电流又使导体受到一个电磁力的作用，驱动笼型转子沿磁铁的旋转方向转动起来，这就是异步电动机的基本工作原理。

可见，要使异步电动机的笼型转子旋转，必须有旋转的磁场。而在三相笼型异步电动机的定子上布置有结构完全相同、空间位置相差 120° 电角度的三相绕组，当分别通入三相对称的交流电流时，在定子与转子的空气隙间便产生一个旋转磁场。

2. 旋转磁场的转速和旋转方向

三相笼型异步电动机旋转磁场的转速与电动机的磁极数有关，而电动机的磁极数由三相绕组的结构决定。

三相笼型异步电动机旋转磁场的转速 n_1 与电动机磁极对数 p 的关系为

$$n_1 = \frac{60f}{p}$$

可见，旋转磁场的转速 n_1 取决于电流频率 f 和磁极对数 p。对一台给定的三相笼型异步电动机而言，f 和 p 通常是一定的，所以磁场转速 n_1 是常数，称为同步转速。

在我国工频 f=50 Hz，因此对应于不同磁极对数 p 的旋转磁场转速 n_1，见表 5–1。

表 5–1 **旋转磁场的转速**

p	1	2	3	4	5	6
n_1	3 000	1 500	1 000	750	600	500

旋转磁场的旋转方向是由三相绕组中电流的相序决定的，若想改变旋转磁场的旋转方向，只要改变通入定子绕组的电流相序，即将三根电源线中的任意两根对调即可，这时转子的旋转方向也随之改变。

3．转差率 s

三相笼型异步电动机转子转动的方向与磁场旋转的方向相同，但转子的转速 n 不可能达到与同步转速 n_1 相等，否则转子与旋转磁场之间就没有相对运动，因而磁力线就不切割转子导体，转子电动势、转子电流以及转矩也就都不存在。也就是说旋转磁场与转子之间存在转速差，通常把这种存在转速差的电动机称为异步电动机，又因为这种电动机的转动原理是建立在电磁感应的基础上，故又称为感应电动机。

转子实际转速 n 与磁场转速 n_1 相差的程度用转差率 s 来表示，即

$$s = \frac{n_1 - n}{n_1}$$

转差率是异步电动机的一个重要的物理量，异步电动机运行时，转速与同步转速一般很接近，转差率很小，在额定工作状态下为 0.015 ~ 0.06。

三、三相笼型异步电动机的铭牌

电动机的机座上装有一块铭牌，它标出了电动机的主要结构和性能参数。要正确选择和使用电动机，必须了解其铭牌上数据的含义。本任务中需要更换的三相笼型异步电动机的铭牌见表 5–2，下面来了解其主要参数的含义。

表 5–2　　三相笼型异步电动机的铭牌

<table>
<tr><th colspan="5">三相笼型异步电动机</th></tr>
<tr><td colspan="3">型号 Y112M–4</td><td colspan="2">编号</td></tr>
<tr><td colspan="2">4.0 kW</td><td colspan="3">8.8 A</td></tr>
<tr><td>380 V</td><td>1 440 r/min</td><td colspan="3">LW82 dB</td></tr>
<tr><td>接法△</td><td>防护等级 IP44</td><td colspan="2">50 Hz</td><td>45 kg</td></tr>
<tr><td>标准编号</td><td>定额　连续</td><td colspan="2">B 级绝缘</td><td>× × × × 年 × × 月</td></tr>
<tr><td colspan="5">× × 电机厂</td></tr>
</table>

1．型号

目前广泛应用的国产 Y 系列三相笼型异步电动机的型号及含义如下。

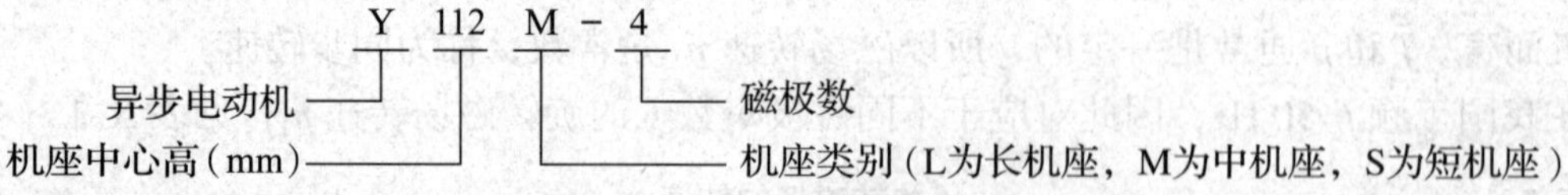

2．额定功率

电动机在额定工作状态下，即在额定电压、额定电流和规定冷却条件下运行时，转轴上输出的机械功率，即为额定功率，单位为 kW 或 W。

3. 额定电压

电动机在额定工作状态下运行时，定子绕组规定使用的电源线电压，即为额定电压，单位为 V 或 kV。

4. 额定电流

电动机在额定工作状态下运行时，定子电路输入的线电流，即为额定电流，单位为 A。

5. 额定转速

电动机在额定工作状态下运行时的转速，单位为 r/min。

6. 接法

电动机定子绕组的连接方式，一般有Y形和△形两种，容量较小的电动机（3 kW 以下）多采用Y形接法，容量较大的电动机（4 kW 以上）采用△形接法，本任务中的电动机为△形接法。

7. 功率因数

功率因数是指电动机在额定状态下运行时，输入的有功功率与视在功率的比值。电动机空载运行时，功率因数较低，约为 0.2；满载运行时，功率因数较高，一般为 0.75 ~ 0.92。

8. 绝缘等级

绝缘等级是指电动机所用绝缘材料的耐热等级，通常分为 Y、A、E、B、F、H、C 七个等级，目前广泛使用的 Y 系列三相笼型异步电动机采用 B 级绝缘。

9. 工作方式（定额）

电动机的工作方式分为连续、短时和断续三种。连续运行方式是指电动机在规定工作状况下可以连续不断地运行；短时运行方式是指电动机只能在限定的时间内短时运行，达到规定时间必须停机，待电动机冷却后才能再运行；断续运行是指电动机只能间歇地工作。常用的电动机多为连续运行方式。

在了解了三相笼型异步电动机的结构，理解铭牌上主要参数的含义后，即可根据铭牌数据，按照要求选购合适的电动机。在对电动机进行更换时，必须要注意型号、参数的一致性。

任务实施

一、识别三相笼型异步电动机的主要组成部分，并说明它们的主要作用。

将一台三相笼型异步电动机拆开，对照图 5-2 现场观察三相笼型异步电动机的结构，写出各部分的名称及主要作用。

______

______

______

______

______

二、结合三相笼型异步电动机的结构，说明其工作原理

当电动机的三相定子绕组（各相差 120°电角度），通入三相对称交流电后，将产生一个旋转磁场，该旋转磁场切割转子绕组，从而在转子绕组中产生感应电流，载流的转子导体在定子旋转磁场作用下将产生电磁力，从而在电动机转轴上形成电磁转矩，驱动电动机旋转。

三、选择需要更换的电动机的型号和参数

根据表 5-2 可知，本任务中需要更换的三相笼型异步电动机铭牌上各参数的含义如下。

1．型号为 Y112M-4，三相笼型异步电动机，机座中心高 112 mm，机座类别为中机座，有 4 个磁极。

2．额定功率为 4 kW，额定电压为 380 V，额定电流为 8.8 A，频率为 50 Hz，额定转速为 1 440 r/min。

3．采用△形接法，B 级绝缘，工作方式为连续运行。

若该电动机损坏，应选择铭牌参数与原电动机一致的新电动机进行替换。

知识链接

三相笼型异步电动机的接线盒内有 6 个接线端子，分别是三个定子绕组首端 U1、V1、W1 和尾端 U2、V2、W2，如果标志不清，安装使用时需要对这 6 个端子进行首尾端的判别，常用的判别方法有以下几种。

一、低压交流电源法

1．使用万用表的欧姆挡，对 6 个接线端进行两两相测，确定三相绕组各相的两个线头。

2．给三相绕组假设编号，分别编为 U1、U2、V1、V2、W1、W2，然后按如图 5-7 所示的线路图将 V1、U2 连接起来，构成两相串联。

3．在 U1、V2 两端接上交流电压表（或灯泡）。

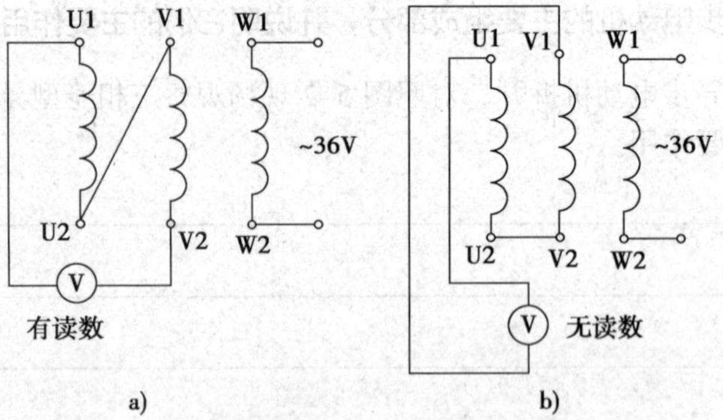

图 5-7 用低压交流电源法判别定子绕组的首尾端

a）电压表有读数 b）电压表无读数

4．在另一相绕组 W1、W2 上接 36 V 低压交流电源，接通电路，若电压表有读数（或灯泡亮），说明线头 U1、U2、V1、V2 的编号正确（见图 5-7a）；若电压表无读数（或灯泡不亮），说明编号错误，将 U1、U2 或 V1、V2 中的任意两个线头的编号对调一下即可（见图 5-7b）。

5．用同样的方法可判别 W1、W2 的假设编号是否正确。

二、剩磁感应法

1．使用万用表的欧姆挡，对 6 个接线端进行两两相测，确定三相绕组各相的两个线头。

2．给三相绕组假设编号，可分别编为 U1、U2、V1、V2、W1、W2。

3．按如图 5-8 所示线路图接线，使用万用表的微安挡（或用微安表），用手转动电动机的转子，若万用表的指针不动，则说明假设的编号是正确的（见图 5-8a）；若指针有摆动，说明其中一相的首尾端假设编号错误（见图 5-8b），应逐相对调重测，直至指针不动为止。

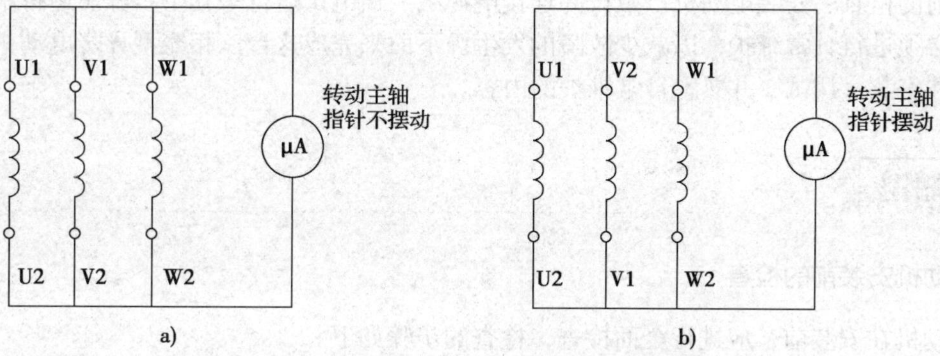

图 5-8　用剩磁感应法判别定子绕组的首尾端

a）转动主轴指针不摆动　b）转动主轴指针摆动

三、低压直流电源法

1．分清各相绕组的线头并进行假设编号。

2．按如图 5-9 所示线路图接线，合上电源开关的瞬间，若微安表（或用万用表的微安挡）指针偏向大于零的一边，则接电池正极的线头与微安表负极所接的线头同为首端（或尾端）；若微安表指针偏向小于零的一边，则接电池正极的线头与微安表正极所接的线头同为首端（或尾端）。

3．再将微安表接到另一相的两个线头，用同样的方法判别其首尾端。

判别后，首端用 U1、V1、W1 标注，尾端用 U2、V2、W2 标注。

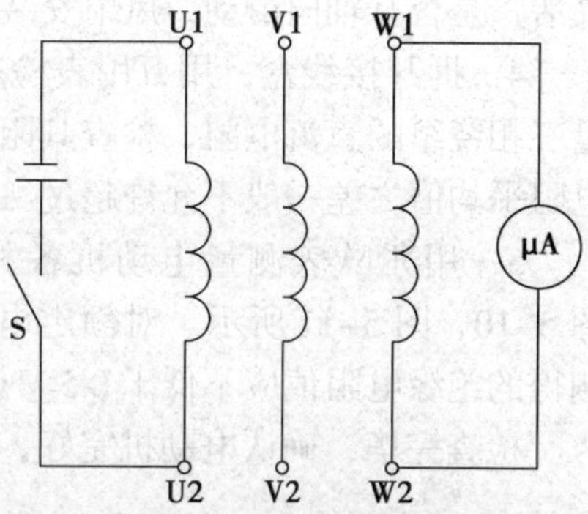

图 5-9　用低压直流电源法判别定子绕组的首尾端

任务二 安装和维护三相笼型异步电动机

学习目标

- 熟悉三相笼型异步电动机安装前的检查步骤
- 了解三相笼型异步电动机的安装步骤和要求
- 了解三相笼型异步电动机的日常维护内容，能检修简单的故障

任务引入

对于新电动机，为尽快投入使用，需要对电动机进行安装、调试。而安装前必须对电动机做全面检查，以确保电动机安装后能正常运行。根据实际工作情况，电动机的安装一般分为安装前的检查、安装电动机、敷设并连接电源线、通电试运行等几个步骤。运行中的电动机，也必须进行日常维护，以减少故障的发生。下面来完成这台三相笼型异步电动机的安装前检查和安装、调试，并熟悉日常维护的内容。

相关知识

一、电动机安装前的检查

电动机在安装前，应进行全面检查，检查的步骤如下。

1. 认真核对电动机铭牌上给出的各项数据（如型号规格、额定功率、额定电压、防护等级等）与图样规定或现场实际要求是否相符。

2. 检查电动机的外壳、风罩、风叶有无损伤；外壳上是否有旋转方向的标志和编号。

3. 检查电动机装配是否良好，端盖螺钉是否紧固；用手转动转轴，观察转轴转动是否灵活，是否有轴向窜动，风扇安装是否牢固，仔细倾听内部是否有摩擦等声音。

4. 拆开接线盒，用万用表检查三相绕组是否断路，连接是否牢固。必要时可用电桥测量三相绕组的直流电阻，检查其阻值偏差是否在允许的范围内（各相绕组的直流电阻与三相电阻平均值之差一般不允许超过 ±2%）。

5. 用兆欧表测量电动机各相绕组之间，以及各相绕组与机壳之间的绝缘电阻。如图 5-10、图 5-11 所示。对额定电压 500 V 及以下的电动机，应使用 500 V 的兆欧表测量，测得的绝缘电阻值应不低于 0.5 MΩ。

检查完毕，确认电动机完好，即可进行安装。

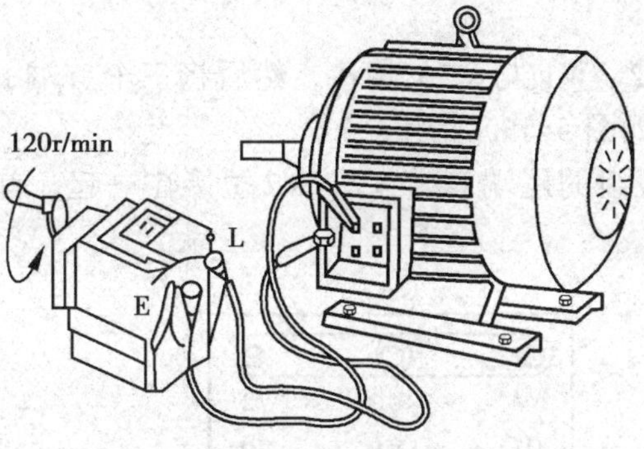

图 5-10 测量电动机绕组间的绝缘性能

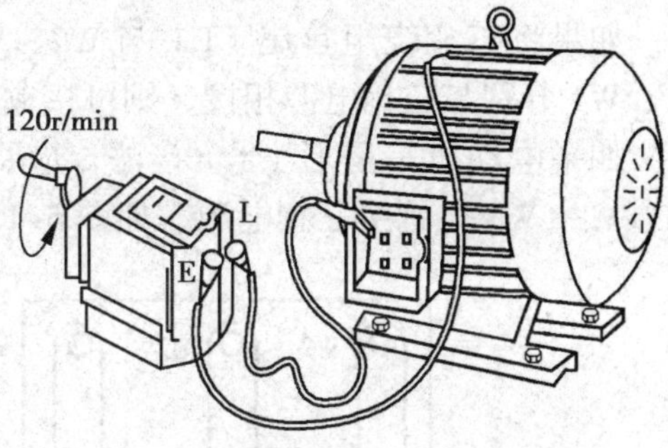

图 5-11 测量电动机对地绝缘性能

二、安装电动机的步骤

为了保证电动机能平稳安全地运转，必须把电动机牢固地安装在底座上。无固定底座时，一般中小型电动机可用螺栓固定在角钢架上，也可紧固在埋入混凝土基础内的地脚螺栓上。

1．安装电动机

为防止振动，在电动机与机座之间垫衬一层质地坚韧的木板或硬橡胶等防振物；四个角的地脚螺栓上均要套一个弹簧垫圈。

电动机安装就位后，应使用水平仪对电动机的安装位置进行水平校正，如果不平，可在机座下面垫上 0.5 ~ 5 mm 厚的钢片进行校正，然后按对角交错顺序逐个将紧固螺母拧紧。

2．敷设连接导线

电动机的引线应选择符合要求的绝缘导线，且应穿钢管或硬塑料管加以保护。管口应套上护口圈，以免割伤导线。线管应在浇混凝土前埋好，连接电动机一端的管口离地不得低于 100 mm，且尽量接近电动机的接线盒，并将金属软管伸入接线盒内，如图 5-12 所示。

为保证安全，必须将电动机的外壳和穿线的钢管接地。

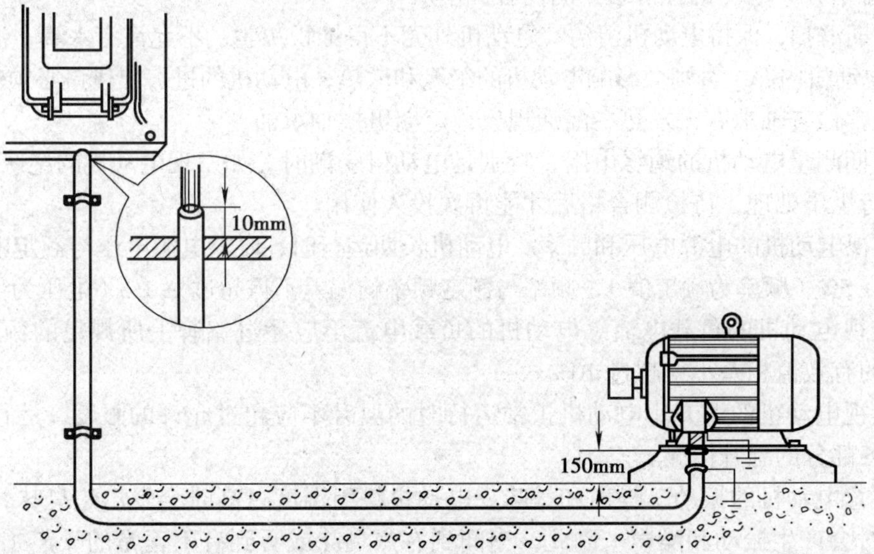

图 5-12 电动机连接导线的敷设

3．连接电动机接线盒内的出线

如果将三相绕组首尾（U1 与 W2、V1 与 U2、W1 与 V2）相接，然后将三个首端 U1、V1、W1 分别与三相电源相接，则可接成△形，如图 5-13a 所示。

如果电动机是星形（Y）接法，应将三相绕组的尾端 U2、V2、W2 短接在一起，首端 U1、V1、W1 分别接三相电源，如图 5-13b 所示。

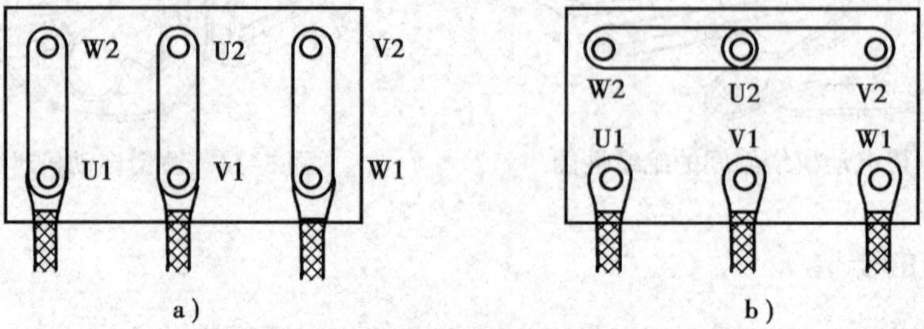

图 5-13　三相定子绕组的△形和Y形连接

a）△形接法　b）Y形接法

4．通电试运行

接通电动机电源，让电动机空载运行，观察电动机的运行是否平稳，转向是否符合要求。如果电动机反转，切断电源，将三相电源中的任意两相换接即可。

三、三相笼型异步电动机的日常维护

三相笼型异步电动机在运行过程中，不可避免地会出现各种故障，从而影响设备的正常工作。对运行中的电动机进行日常维护，能有效地减少故障的发生，是保证电动机稳定、可靠、经济运行的重要措施。而正确地判断和处理常见的简单故障，能最大限度地减少损失，提高设备运行的可靠性。

三相笼型异步电动机日常维护的内容如下。

1．定期清扫，保持电动机清洁。电动机外壳不得堆积灰尘，不允许有水滴、油污以及杂物等落入电动机内部，否则会影响电动机的绝缘和散热；电动机的进、出风口必须保持畅通。

2．经常检查轴承有无发热、漏油现象，定期更换轴承油。

3．定期测量电动机的绝缘电阻，特别是电动机受潮时，如发现电动机的绝缘电阻过小，要及时进行烘干处理，待检测合格后才能再次投入使用。

4．监视电动机的电源电压和频率。电动机长期运行时，要求电源电压与额定电压的偏差不得超过 ±5%（频率为额定值），频率与额定频率的偏差不得超过 ±1%（电压为额定值）。

5．监视电动机的负载电流。电动机的负载电流不应超过铭牌上所规定的额定电流值。三相电流的有效值相差不得超过 10%。

6．监视电动机的温升。电动机正常运行时的温升不应超过允许的限度，运行时应经常注意监视各部分的温升情况。

7．注意电动机的振动、噪声和气味。电动机绕组温度过高时会发出焦臭味，机械方面发生故障时会产生振动和噪声。因此，当闻到有焦臭味或听到有不正常的噪声（如碰撞声、摩擦声等）时，应立即停机检查。

四、三相笼型异步电动机常见故障的处理

当电动机发生故障时，应立即停机进行检查。设备运行人员应能进行初步检查，大体判断故障的类型和严重程度，并能处理简单故障。

三相笼型异步电动机的常见故障一般可分为机械故障和电气故障两大类。机械故障主要有轴承过热、有异常噪声或振动、定子铁芯与转子铁芯相互摩擦等。电气故障主要有定子绕组和转子绕组断路、短路及接地等故障。

检查电动机的故障时，一般应按先外后里、先机后电、先听后检的顺序进行。先检查电动机的外部是否有故障，再检查电动机的内部；先检查机械部分，再检查电气部分；先听使用者介绍故障和使用情况，再动手进行检查。根据故障现象判断故障原因，采取适当的对策排除故障。三相笼型异步电动机的常见故障及处理方法见表 5–3。

表 5–3　三相笼型异步电动机的常见故障及处理方法

故障现象	可能原因	处理方法
电动机不能启动	（1）熔丝熔断 （2）电源线断线或控制设备接线错误 （3）定子、转子相互摩擦 （4）负载过重或负载机械卡死 （5）电源电压过低 （6）定子绕组短路或断路 （7）轴承损坏或有异物卡住	（1）检查并更换熔丝 （2）检查并校正接线 （3）检查摩擦原因，校正转轴 （4）检查负载机械和传动装置 （5）调整电源电压 （6）检查并修理定子绕组 （7）检查或更换轴承
电动机的转速低，转矩小	（1）电源电压低 （2）笼型转子端环、笼条断裂或脱焊 （3）将△形误接成Y形 （4）定子绕组局部断路或短路	（1）检查电动机的电源电压 （2）修补断裂处或更换转子 （3）重新接线 （4）检修定子绕组
电动机过热或冒烟	（1）电源电压过低或三相电压相差过大 （2）负载过重 （3）电动机缺相运行 （4）定子铁芯硅钢片间绝缘损坏使铁芯涡流增大 （5）转子、定子相互摩擦 （6）定子绕组有接地或短路故障 （7）绕组受潮 （8）电动机通风不畅	（1）检查电源电压，查出原因 （2）减轻负载或更换较大功率的电动机 （3）检查电源电压，找出缺相原因并修复 （4）对铁芯进行绝缘处理或适当增加每槽内导线的匝数 （5）校正转轴，检查、更换轴承 （6）修理或更换有故障的绕组 （7）对绕组进行烘干处理 （8）清除通风道的污垢、灰尘，使通风道畅通
电动机轴承过热	（1）装配不当使轴承受外力 （2）轴承内有异物或缺油 （3）转轴弯曲，使轴承受外应力 （4）轴承损坏 （5）传动带过紧或联轴器装配不良 （6）轴承标准不合适	（1）重新装配 （2）清洗轴承并加入洁净的润滑脂 （3）校正转轴 （4）更换轴承 （5）调整传动带的张力或校正联轴器 （6）选配标准合适的新轴承
电动机外壳带电	（1）接地不良 （2）绕组受潮 （3）绕组绝缘损坏 （4）引出线绝缘损坏	（1）检查接地装置，找出原因并进行纠正 （2）烘干绕组 （3）检查并修理绕组 （4）找出损坏处并恢复绝缘

任务实施

一、故障分析

根据任务引入中的故障现象，结合表 5–3 中所列举的故障现象进行分析："嗡嗡"的声音可能是电动机缺相运行造成的，而电动机的缺相运行会导致定子绕组电流过大，从而使电动机外壳温度明显偏高。

二、故障处理

1. 检查电源电压是否正常，方法为：切断电源，拆开电动机的接线盒，拆除电动机的三相电源接线并做好绝缘处理，用万用表对三相电源电压进行两两测量，若电源电压缺相，需进一步测量，找出故障原因并修复。

2. 若电源电压正常，则需要进一步检测三相定子绕组是否正常、定子绕组与电源的接线是否正常。三相定子绕组的检测可借助于万用表的欧姆挡，测出三相绕组的电阻应大致相等，若不相等或无阻值，则说明绕组有问题，可对绕组进行检查、修复。

若定子绕组也正常，则需检查定子绕组与电源的接线，看有无断线、松脱的现象，并进行修复。

课题二 单相异步电动机

单相异步电动机是用单相交流电源供电的小容量电动机，具有结构简单、运行可靠、可直接使用 220 V 单相交流电源供电等优点，在小功率或者只有单相电源的应用场合，如洗衣机、电风扇、电冰箱等家用电器以及许多小型生产机械中，得到广泛应用。

任务一 认识单相异步电动机

学习目标

- 熟悉单相异步电动机的基本结构
- 熟悉常见单相异步电动机的特点和应用范围
- 了解单相异步电动机的工作原理

任务引入

日常生活中使用的台扇，大部分是由单相异步电动机驱动的，如图 5-14 所示。那么，单相异步电动机是如何工作的呢？它是由哪几部分组成的呢？本任务将学习单相异步电动机的相关知识。

图 5-14　台扇及其电动机

相关知识

一、单相异步电动机的结构

单相异步电动机主要由定子和转子两部分组成，如图 5-15 所示。但因电动机使用场合不同，结构形式也有所不同，常见的结构形式有内转子结构和外转子结构两种。

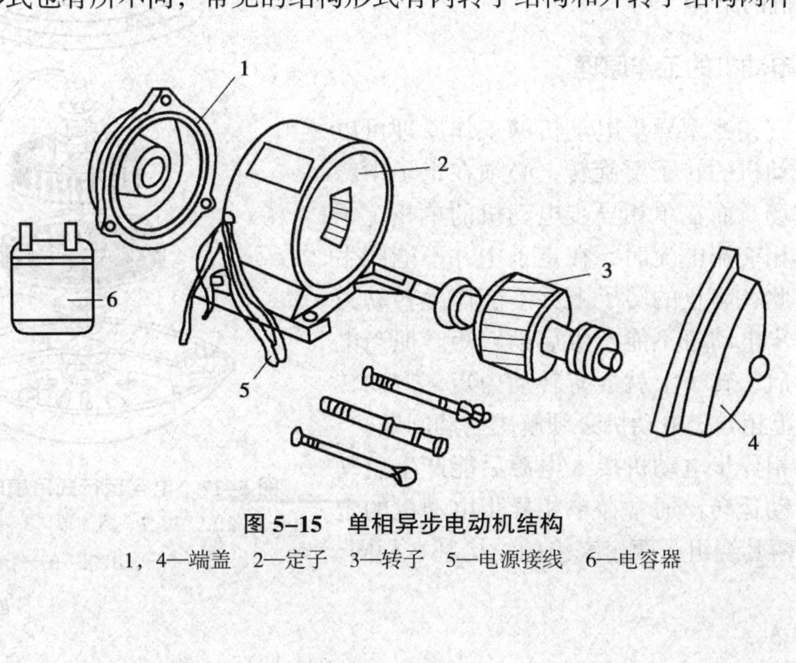

图 5-15　单相异步电动机结构

1，4—端盖　2—定子　3—转子　5—电源接线　6—电容器

1. 内转子结构

内转子结构形式的单相异步电动机，转子位于电动机内部，主要由转子铁芯、转子绕组和转轴组成。定子位于电动机外部，主要由定子铁芯、定子绕组、机座、前端盖、后端盖和轴承等组成。电容运行式台扇电动机为内转子结构的单相异步电动机，其结构如图 5–16 所示。

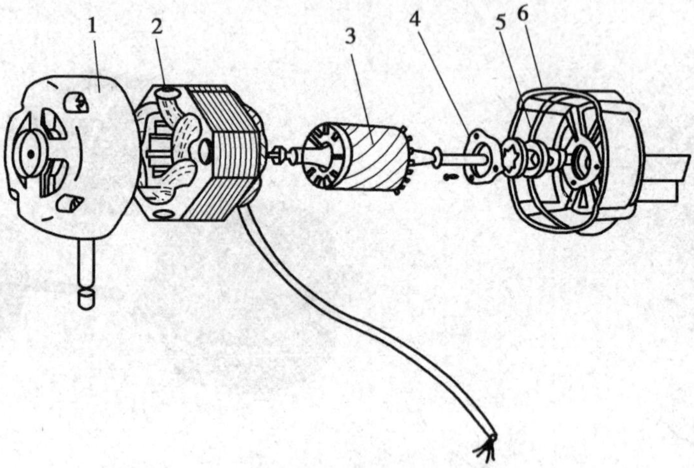

图 5–16　电容运行式台扇电动机的结构

1—前端盖　2—定子　3—转子　4—轴承盖　5—油毡圈　6—后端盖

2. 外转子结构

外转子结构电动机的定子铁芯及定子绕组置于电动机内部，转子铁芯、转子绕组压装在下端盖内，上下端盖用螺钉连接，并借助于滚动轴承与定子铁芯及定子绕组一起组合成一台完整的电动机。电动机工作时，上下端盖、转子铁芯及转子绕组一起转动，如图 5–17 所示为电容运行式吊扇电动机的结构。

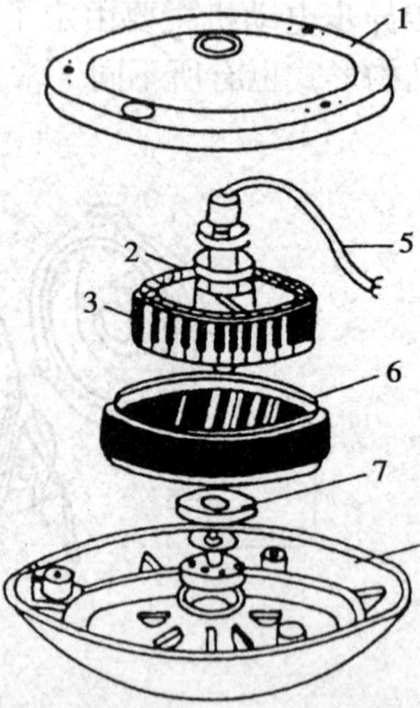

图 5–17　电容运行式吊扇电动机的结构

1—上端盖　2，7—挡油罩　3—定子　4—下端盖　5—引出线　6—外转子

二、单相异步电动机的工作原理

通过学习三相笼型异步电动机的工作原理可以知道，异步电动机的转子要旋转，必须在定子中产生一个旋转磁场。而在单相异步电动机的单相定子绕组中通入单相交流电流时，在定子中并不能产生旋转磁场，因此在静止的转子上并不能产生转动力矩，即单相异步电动机不能产生启动转矩。但当电动机转子转动后，转子上就会有转动力矩，带动转子旋转。因此单相异步电动机必须解决启动问题。

为了使单相异步电动机接入电源后能产生启动转矩而自行启动运转，通常在单相异步电动机的定子铁芯上嵌放两套绕组，两套绕组的结构基本相同，空间位置相差 90°电角度，一套为工作绕组（主绕组），另一套为启动绕组（副绕组），在两套绕组中分别通入相位差为 90°电角度的电流，单相异步电动机即可产生旋转磁场，从而在转子上产生启动转矩而自行启动运转。

三、单相异步电动机的应用

单相异步电动机本身没有启动转矩，转子也不能自行启动，为了解决启动问题，在实际应用时采取了很多措施。根据单相异步电动机启动方法和运行方法的不同，可以将单相异步电动机分为以下几种，其结构特点和应用场合见表 5–4。

表 5–4　单相异步电动机的结构特点和应用场合

单相异步电动机种类	结构特点	原理电路	工作特点及应用范围
单相电阻启动异步电动机	（1）工作绕组匝数多，导线粗，近似纯电感负载；启动绕组导线细，近似纯电阻负载 （2）启动时两个绕组共同工作，启动结束后，启动开关 S 将启动绕组自动切除	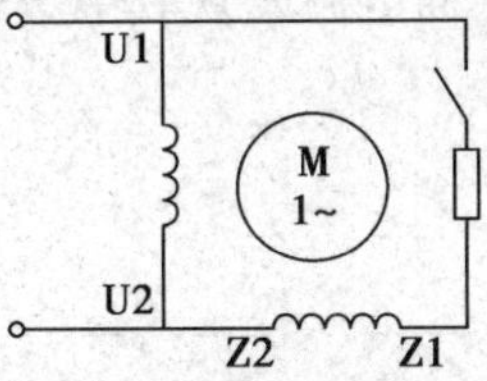	具有中等启动转矩，但启动电流较大，广泛用于小型鼓风机、电冰箱等
单相电容启动异步电动机	（1）启动绕组中串入启动电容器 C （2）启动结束后，启动开关 S 将启动电容器自动切除	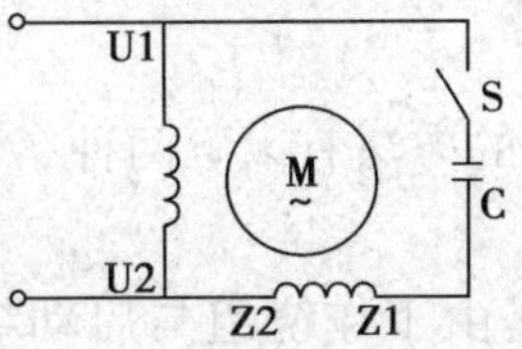	具有较大启动转矩，但启动电流较大，适用于小型压缩机、木工机械等重载启动的场合
单相电容运行异步电动机	（1）启动绕组中串入启动电容器 C （2）无启动开关，启动绕组参与运行	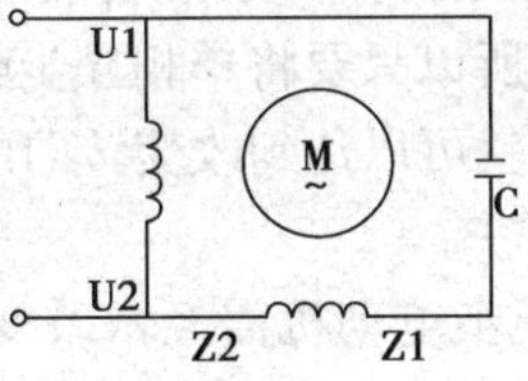	效率和功率因数较高，但启动转矩较小，多用于电风扇、洗衣机等
双值电容单相异步电动机	（1）启动电容器 C1 和工作电容器 C2 并联后与启动绕组串联 （2）启动时两只电容器都工作，启动结束后，启动开关 S 将启动电容器 C1 切除，工作电容器 C2 参与运行	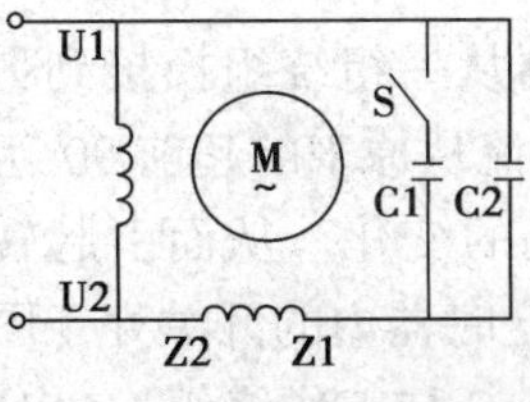	具有较大的启动转矩、较高的效率和功率因数，广泛用于小型机床、空调等
罩极电动机	定子由一组绕组构成，定子铁芯的一部分套有铜制的短路环	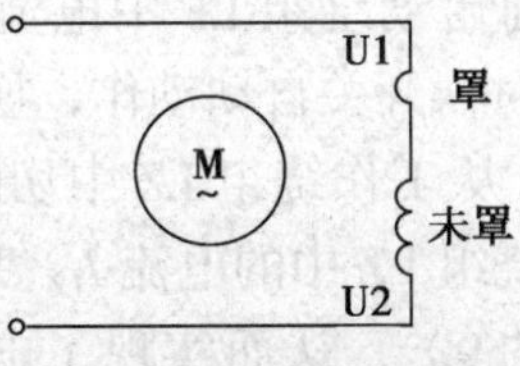	效率和功率因数较低，运行方向不能改变，用于仪表风扇、鼓风机等小功率轻载启动场合

任务二 单相异步电动机的反转、调速和检修

学习目标

- 掌握单相异步电动机反转和调速的方法
- 了解单相异步电动机常见故障的处理方法

任务引入

教室中新安装了一批吊扇，通电后发现其中一台不运转，还有一台旋转方向反了，应该如何处理?

相关知识

一、单相异步电动机的反转

改变单相异步电动机转向的方法有以下两种。

1．改变接线

单相异步电动机的转向是由工作绕组与启动绕组中产生的磁场在时间上有近似于90°电角度的相位差决定的，若把其中一个绕组反接，等于把这个绕组的磁场相位改变了180°，旋转磁场的转向也随之改变。所以只要将单相异步电动机工作绕组或启动绕组中的一组的首端、末端与电源的接线对调，就可以达到改变转向的目的。

2．改变电容器的连接方式

有些电容器运行的单相异步电动机需经常改变转向，如洗衣机的电动机，可通过改变电容器的接法来改变电动机的转向。

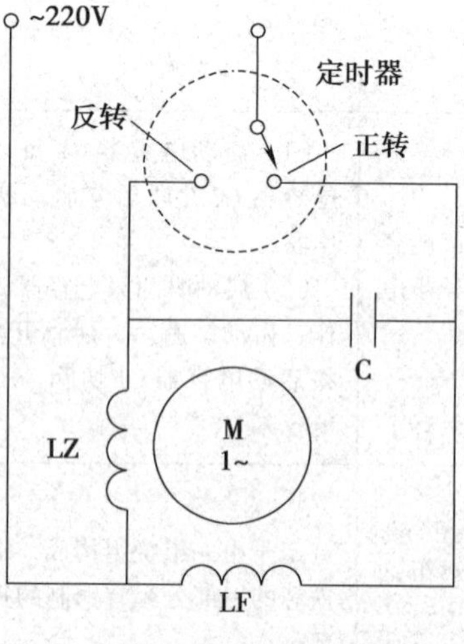

图 5–18 改变电容器接法改变电动机转向

其工作原理为：把电容器从一组绕组换接到另一组绕组，则流过该绕组中的电流从原来的超前90°近似变为滞后90°，引起旋转磁场的变化，从而引起转向的变化。如图5–18所示，当定时器内的开关处于图中所示“正转”位置时，电容器C与工作绕组LZ串联，工作绕组LZ中的电流I_{LZ}超前启动绕组LF中电流I_{LF}约90°。经过一段时间后，定时器开关自动动作，换接到“反转”位置，把电容器C从工作绕组LZ中切除，串入启动绕组LF中，则工作绕组LZ中的电流I_{LZ}变为滞后启动绕组LF中电流I_{LF}约90°，从而实现了电动

机的反转。

这种电动机的工作绕组和启动绕组可以互换，所以两个绕组的匝数、粗细、占槽数都应相等。

二、调节单相异步电动机的转速

台扇电动机一般采用改变绕组内部抽头的方法调节转速，通过调速开关改变绕组的接线方法，从而改变电动机内部气隙磁场的大小，达到调节电动机转速的目的。

在风机型负载情况下，单相异步电动机也可以采用串电抗器调速、绕组内部抽头调速和晶闸管调速，见表 5–5。

表 5–5　　单相异步电动机的调速方法及特点

调速方法	串电抗器调速	绕组内部抽头调速	晶闸管调速
调速电路	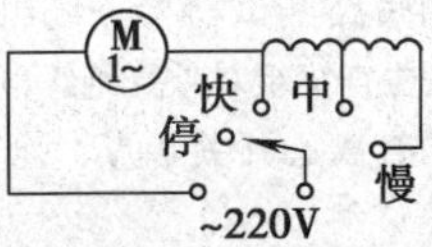 罩极电动机 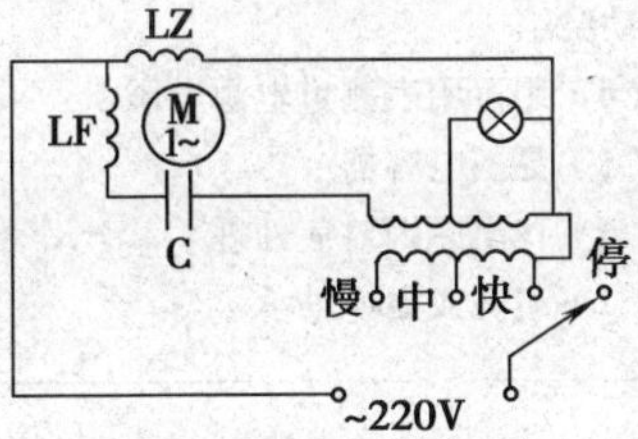 电容运行电动机（带指示灯）	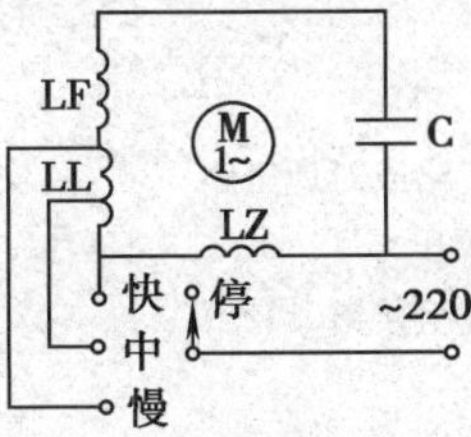 L 形接线法 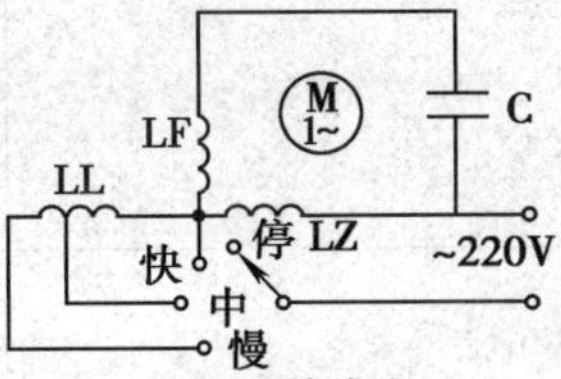 T 形接线法	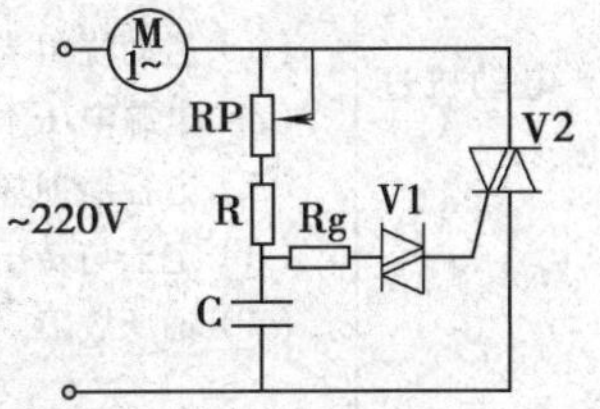
调速原理	将电抗器与电动机定子绕组串联，利用电抗器上产生的电压降，使加到电动机定子绕组上的电压降低，从而将电动机的转速下调	电动机定子铁芯嵌放有工作绕组 LZ、启动绕组 LF 和中间绕组 LL，通过开关改变中间绕组与工作绕组及启动绕组的连接方法，调节电动机的转速	利用改变双向晶闸管的导通角来改变加在单相异步电动机上的交流电压，从而调节电动机的转速
调速特点	方法简单，操作方便，但只能有级调速，且电抗器上消耗电能	不需电抗器，节省材料，减少能耗，但绕组嵌线和接线复杂，电动机和调速开关接线较多，且是有级调速	可以实现无级调速，节能效果好，但会产生电磁干扰，广泛用于风扇调速

三、检修单相异步电动机的故障

单相异步电动机的常见故障及处理方法见表 5–6。

表 5-6　　单相异步电动机的常见故障及处理方法

故障现象	故障原因	处理方法
电源电压正常，但通电后电动机不转	（1）定子绕组开路 （2）离心开关触点未闭合 （3）电容器开路或短路 （4）转轴卡住	（1）检查定子绕组 （2）检查离心开关触点、弹簧等，加以调整或修理 （3）更换电容器 （4）清洗或更换轴承
电动机接通电源后熔断器熔断	（1）定子绕组内部接线错误 （2）定子绕组有匝间短路或对地短路 （3）电源电压过高 （4）熔丝规格选择不当	（1）检查定子绕组接线 （2）用短路测试器检查绕组是否有匝间短路，用兆欧表检查绕组对外壳绝缘电阻 （3）检查电源电压 （4）更换合适的熔丝
电动机过热	（1）定子绕组有匝间短路或对地短路 （2）离心开关触点不断开 （3）启动绕组与工作绕组接错 （4）电源电压不正常 （5）电容器损坏 （6）定子与转子相摩擦 （7）轴承故障	（1）用短路测试器检查绕组是否有匝间短路，用兆欧表检查绕组对外壳绝缘电阻 （2）检查离心开关触点、弹簧等，加以调整或修理 （3）测量两组绕组的直流电阻，电阻较大的为启动绕组 （4）用万用表测量电源电压 （5）更换电容器 （6）找出原因对症处理 （7）清洗或更换轴承
电动机运行时振动或噪声过大	（1）定子与转子轻度相碰 （2）轴承变形或转子不平衡 （3）轴承故障 （4）电动机内部有杂物 （5）电动机装配不良	（1）找出原因对症处理 （2）如无法调整，则需更换转子 （3）清洗或更换轴承 （4）拆开电动机，清洗杂物 （5）重新装配
电动机外壳带电	定子绕组绝缘损坏，与铁芯、端盖或外壳相碰	找出绝缘损坏处，用绝缘材料和绝缘漆恢复绝缘。如果定子绕组在铁芯槽内绝缘损坏，则需重新嵌线
电动机绝缘电阻变小	（1）电动机受潮或灰尘较多 （2）电动机绝缘老化	（1）拆开后清扫并进行烘干处理 （2）重新浸漆处理

任务实施

在使用过程中出现通电后电动机不转、因接线错误而发生转向不对甚至烧毁电动机的现象，可参考表 5-6 中所列出的单相异步电动机的常见故障及处理方法进行检修。

课题三 三相笼型异步电动机基本控制线路

任务一 分析手动正转控制线路

学习目标

- ✲ 了解电路图的有关知识
- ✲ 了解低压断路器和低压熔断器的结构，理解其工作原理
- ✲ 掌握手动正转控制线路的组成和工作原理
- ✲ 能安装和检修手动正转控制线路

任务引入

如图 5–19 所示为车工磨车刀用的砂轮机。需用砂轮机时，向上扳动低压断路器的手柄，砂轮开始转动进行磨刀；用完砂轮机时，向下扳动低压断路器的手柄，砂轮停转，停止磨刀。是什么样的线路控制砂轮电动机运转的？本任务将认识该线路的构成和工作原理，并学习安装和检修该线路。

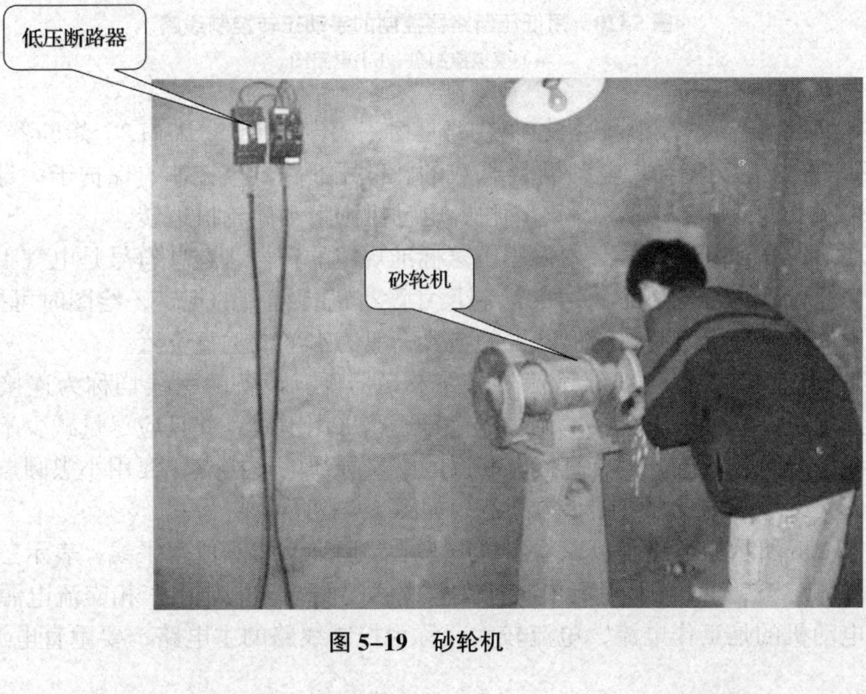

图 5–19 砂轮机

相关知识

生产机械的控制线路是由一些电动机基本控制线路组成的，而电动机的基本控制线路是由导线将低压电器通过一定的方式连接组成的。要完成本任务，首先必须熟悉任务中用到的低压断路器和低压熔断器这两种低压电器的功能和特点，同时还必须掌握电路图的一些基本知识。

一、电路图的画法

砂轮机电动机的控制线路非常简单，其控制和保护都是由低压断路器来实现的，所用电气元件少。尽管如此，若把砂轮机电动机控制线路中使用的电气装置和器件的实际图形都画出来，也将是非常麻烦的。因此就把这些电气装置和器件，用电气图形符号表示出来，并在它们的旁边标上对应的文字代号，画出电路图来分析线路的构成和工作原理等。

图 5-20 为图 5-19 所示砂轮机控制线路的模拟控制盘和电路图。

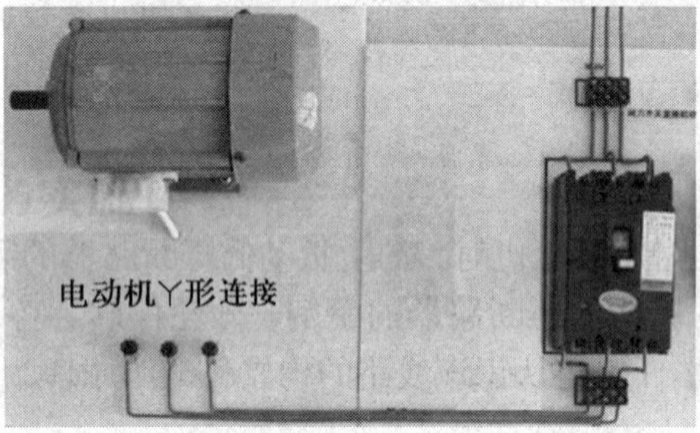

a）

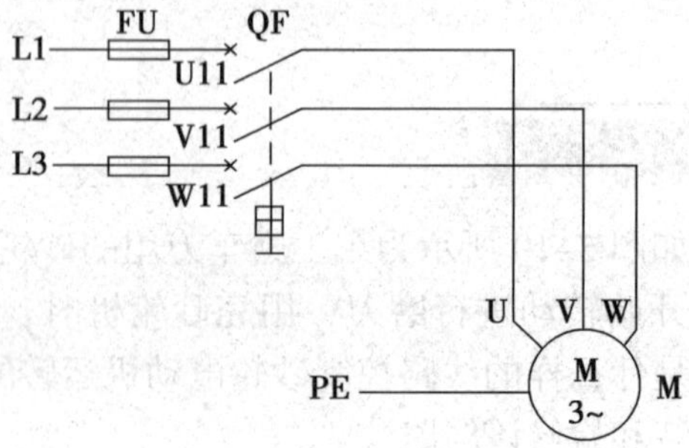

b）

图 5-20　用低压断路器控制的手动正转控制线路

a）模拟控制盘　b）电路图

由图 5-20b 很容易看出砂轮机控制线路是由三相电源 L1、L2、L3、熔断器 FU、低压断路器 QF 和三相笼型交流异步电动机 M 构成的。低压断路器集控制、保护于一身，电流从三相电源经熔断器、低压断路器流入电动机，电动机则带动砂轮机运转。

电气图形符号和文字代号必须采用国家标准规定的符号，这些符号是电气工程技术的通用技术语言。国家标准对图形符号的绘制尺寸没有进行统一的规定，绘图时可按实际情况，以便于理解的尺寸进行绘制，图形符号的布置一般为水平或垂直位置。

在电气图中，导线、电缆线、信号通路及元器件、设备的引线均称为连接线。绘制电气图时，连接线一般应采用实线，无线电信号通路采用虚线，并且应尽量减少不必要的连接线，避免线条交叉和弯折。对有直接电联系的交叉导线的连接点，要用小黑圆点表示；无直接电联系的交叉跨越导线则不画小黑圆点，如图 5-21 所示。

由图 5-20b 所示的电路图可以看出，电源电路用细实线画成水平线，表示三相交流电源的相序符号 L1、L2、L3 自上而下依次标在电源线的左端。电能由三相交流电源引入控制线路。流过电动机的是工作电流，电流较大，称为控制线路的主电路，要垂直电源电路画出。

电路图中的各个接点用字母或数字编号，主电路从电源开始，经电源开关或熔断器的出线端按相序依次编号为 U11、V11、W11。单台三相交流电动机（或设备）的三根引出线，按相序依次编号为 U、V、W。

a） b）

图 5-21 连接线的交叉连接与交叉跨越

a）交叉连接 b）交叉跨越

二、低压断路器

1．低压断路器的功能

低压断路器又叫自动空气开关，简称断路器。它集控制和多种保护功能于一体，当电路中发生短路、过载和失压等故障时，能自动跳闸切断故障电路。如图 5-22 所示为几种常用的低压断路器。

a） b）

图 5-22 几种常用的低压断路器

a）DZ47 系列小型低压断路器 b）DZ5 系列塑壳式断路器

低压断路器主要由触头系统、灭弧装置、操作机构、脱扣器及绝缘外壳等部分组成。图 5-22 所示的 DZ5 系列低压断路器的触头系统有三对主触头，使用时串联在被控制的三相电路中，按下“合”按钮时电路接通，按下“分”按钮时电路切断。

脱扣器有热脱扣器、电磁脱扣器和欠压脱扣器三种。

热脱扣器用于过载保护。电磁脱扣器用于短路保护。欠压脱扣器用于失压和欠压保护。具有欠压脱扣器的断路器，在欠压脱扣器两端无电压或电压过低时，不能接通电路。

2．低压断路器的分类与符号

低压断路器按结构形式可分为塑壳式、万能式、限流式、直流快速式、灭磁式、漏电保护式；按操作方式可分为人力操作式、动力操作式、储能操作式；按极数可分为单极、二极、三极、四极等；按安装方式又可分为固定式、插入式、抽屉式；按断路器在电路中的用途可分为配电用断路器、电动机保护用断路器和其他负载用断路器。

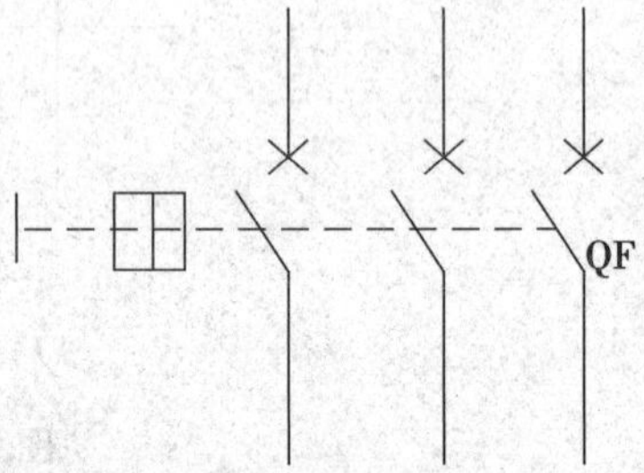

图 5–23　低压断路器的符号

低压断路器的符号如图 5–23 所示。

三、低压熔断器

1．熔断器的功能

熔断器是在低压配电网络和电力拖动系统中主要用作短路保护的电器。使用时，熔断器应串联在被保护的电路中。正常情况下，熔断器的熔体相当于一段导线；而当电路发生短路故障时，熔体能迅速熔断，分断电路，起到保护线路和电气设备的作用。

2．熔断器的结构

熔断器主要由熔体、安装熔体的熔管和熔座三部分组成。

3．熔断器的主要技术参数

（1）额定电压。熔断器长期工作所能承受的电压。

（2）额定电流。保证熔断器能长期正常工作的电流。

（3）时间—电流特性。熔断器的熔断时间随通过熔断器电流的增大而缩短，在规定的条件下，表征流过熔体的电流与熔体熔断时间的关系曲线，称为时间—电流特性，一般熔断器的熔断电流与熔断时间的关系见表 5–7。其中 I_N 为熔断器额定电流。

表 5–7　熔断器的熔断电流与熔断时间的关系

熔断电流 I_S/A	$1.25I_N$	$1.6I_N$	$2.0I_N$	$2.5I_N$	$3.0I_N$	$4.0I_N$	$8.0I_N$	$10.0I_N$
熔断时间 t/s	∞	3 600	40	8	4.5	2.5	1	0.4

4．几种常用的低压熔断器

表 5–8 中列出了几种常用的低压熔断器的名称、外形结构、特点和应用。

5．熔断器的选用

（1）熔断器类型的选用。根据使用环境、负载性质和短路电流的大小选用适当类型的熔断器。如机床控制线路中，多选用 RL1 系列螺旋式熔断器；对于容量较小的照明电路，可选用 RT 系列圆筒帽形。

表 5-8　　常用的低压熔断器

名称	外形结构	特点	应用
RL1 系列螺旋式熔断器	 	熔断管内装有石英砂、熔体和带小红点的熔断指示器，石英砂用于增强灭弧性能。熔体熔断后有明显指示	在交流额定电压 500 V、额定电流 200 A 及以下的电路中，作为短路保护器件
RT18 系列有填料封闭管式熔断器		由熔断器底座和圆筒形帽熔断器组成。采用国际通用的 35 mm 卡轨安装，具有体积小、分断电流大、更换熔体方便等优点	适用于交流 50 Hz、额定电压 380 V、额定电流 63 A 及以下的各种机床、机械设备及配电网络中作为短路保护器件

（2）熔断器额定电压和额定电流的选用。熔断器的额定电压必须大于或等于线路的额定电压。熔断器的额定电流必须大于或等于所装熔体的额定电流。

（3）熔体额定电流的选用

1）对照明和电热等的短路保护，熔体的额定电流应稍大于或等于负载的额定电流。

2）对一台不经常启动且启动时间不长的电动机的短路保护，熔体的额定电流应稍大于或等于 1.5 ~ 2.5 倍电动机额定电流 I_N，即

$$I_{RN} \geqslant (1.5 \sim 2.5) I_N$$

任务实施

一、认识手动正转控制线路的工作原理

砂轮机电动机的控制属于手动正转控制，通过低压断路器来控制电动机的单向启动和停止。线路的工作原理如下。

启动：合上断路器 QF →电动机 M 接通电源，启动运转。

停止：断开断路器 QF →电动机 M 脱离电源，停止运转。

在分析各种控制线路的工作原理时，常用电气文字符号和箭头，再配以少量的文字说明，来表达线路的工作原理，使叙述较为简洁。

二、安装和检修低压断路器控制手动正转控制线路

1．准备工作

根据电动机的规格选配工具、仪表和器材，并进行质量检验，见表 5–9。

表 5–9　　工具、仪表及器材

<table>
<tr><th colspan="6">项目内容</th><th>质检要求</th></tr>
<tr><td rowspan="2">工具</td><td colspan="5">测电笔、螺钉旋具、尖嘴钳、斜口钳、剥线钳、电工刀等电工常用工具</td><td rowspan="14">1．根据电动机规格检验选配的工具、仪表、器材等是否满足要求
2．电气元件外观应完整无损，附件、备件齐全
3．用万用表、兆欧表检测电气元件及电动机的技术数据是否符合要求</td></tr>
<tr><td colspan="5">冲击钻、弯管器、套螺纹扳手等线路安装工具</td></tr>
<tr><td>仪表</td><td colspan="5">ZC25–3 型兆欧表（500 V、0 ~ 500 MΩ）、MG3–1 型钳形电流表、MF47 型万用表</td></tr>
<tr><td rowspan="11">器材</td><td>代号</td><td>名称</td><td>型号</td><td>规格</td><td>数量</td></tr>
<tr><td>M</td><td>三相笼型异步电动机</td><td>Y100L2–4</td><td>3 kW、380 V、6.8 A、Y接法、1 420 r/min</td><td>1</td></tr>
<tr><td>QS</td><td>低压断路器</td><td>DZ5–20/330</td><td>三极复式脱扣器、380 V、20 A、整定 10 A</td><td>1</td></tr>
<tr><td>FU</td><td>螺旋式熔断器</td><td>RL1–60/20</td><td>500 V、60 A、配熔体 20 A</td><td>3</td></tr>
<tr><td></td><td>控制板 1 块</td><td></td><td>500 mm × 400 mm × 20 mm</td><td>1</td></tr>
<tr><td></td><td>动力电路塑铜线</td><td></td><td>BVR1.5 mm^2（黑色）</td><td></td></tr>
<tr><td></td><td>接地塑铜线</td><td></td><td>BVR1.5 mm^2（黄绿双色）</td><td></td></tr>
<tr><td></td><td>电线管、管夹</td><td></td><td>ϕ16</td><td></td></tr>
<tr><td></td><td>木螺钉</td><td></td><td>ϕ5 mm × 60 mm</td><td></td></tr>
<tr><td></td><td>膨胀螺栓</td><td></td><td></td><td></td></tr>
<tr><td></td><td>紧固体</td><td></td><td></td><td></td></tr>
</table>

2．安装步骤及工艺要求

具体的安装步骤及工艺要求见表 5-10。

表 5-10 安装步骤及工艺要求

序号	安装步骤	工艺要求
1	在控制板上按如图 5-20 所示电路图安装电气元件	电气元件安装应牢固，并符合工艺要求
2	根据电动机位置标画线路走向、电线管和控制板支持点的位置，做好敷设和支持准备	—
3	敷设电线管并穿线	（1）电线管的施工应按工艺要求进行，整个管路应连成一体并进行可靠接地 （2）管内导线不得有接头，导线穿管时不能损伤绝缘层，导线穿好后管口应套上护圈
4	安装电动机和控制板	（1）控制开关必须安装在操作时能看到电动机的位置，以保证操作安全 （2）电动机在座墩或底座上的固定必须牢固。在紧固地脚螺栓时，必须按对角线均匀受力，依次交错逐步拧紧
5	连接控制开关至电动机的导线	—
6	连接好接地线	电动机和控制开关的金属外壳以及连成一体的线管，按规定要求必须接到保护接地专用端子上
7	检查安装质量，并进行绝缘电阻测量	—
8	将三相电源接入控制开关	—
9	经教师检查合格后进行通电试运行	—

3．安装注意事项

（1）导线的数量应由敷设方式和管路长度来决定，线管的管径应根据导线的总截面面积来决定，导线的总截面不应大于线管有效截面的 40%，其最小标称直径为 12 mm。

（2）当控制开关远离电动机而看不到电动机的运转情况时，必须另设开车信号装置。

（3）电动机使用的电源电压和绕组的接法，必须与铭牌上规定的相一致。

（4）接线时，必须先接负载端，后接电源端；先接接地线，后接三相电源相线。

（5）通电试车时，必须先空载点动后再连续运行。当运行正常时再接上负载运行。若发现异常情况应立即断电检查。

4．常见故障及维修方法

手动正转控制线路常见故障及维修方法见表 5-11。

表 5-11 手动正转控制线路常见故障及维修方法

常见故障	故障原因	维修方法
（1）电动机不能启动 （2）电动机缺相	（1）熔断器熔体熔断 （2）组合开关或断路器操作失控 （3）负荷开关或组合开关动、静触头接触不良	（1）查明原因排除后更换熔体 （2）拆装组合开关或断路器并修复 （3）对触头进行修整

知识链接

电动机的手动正转控制线路也可通过开启式负荷开关、组合开关等低压开关来实现。开启式负荷开关和组合开关的外形及符号分别如图 5-24、图 5-25 所示。

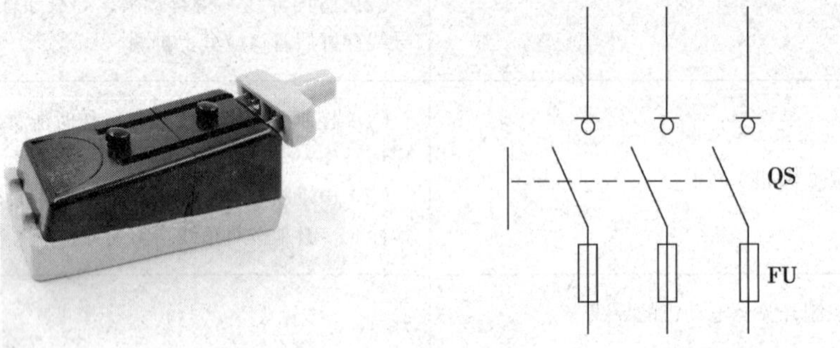

a）　　b）

图 5-24　HK 系列开启式负荷开关

a）外形　b）符号

a）　　b）

图 5-25　HZ10-10/3 型组合开关

a）外形　b）符号

使用负荷开关和组合开关控制的手动正转控制线路如图 5-26 所示。在线路中，负荷开关或组合开关起接通、断开电源的作用，熔断器起短路保护的作用。线路的工作原理可自行分析。

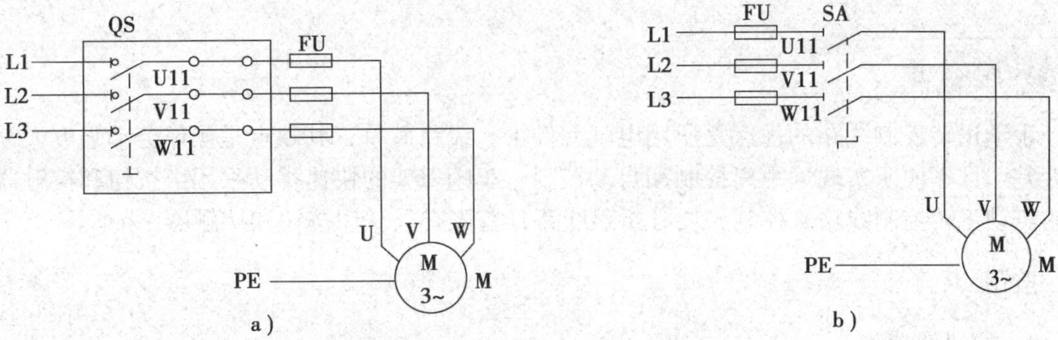

图 5-26　负荷开关和组合开关控制的手动正转控制线路

a）用开启式负荷开关控制　b）用组合开关控制

任务二　分析点动正转控制线路

学习目标

- 了解按钮、接触器的结构，理解其工作原理
- 理解点动正转控制线路的工作原理
- 熟悉绘制和识读电路图的基本原则

任务引入

如图 5-27 所示为 CA6140 型车床，操作人员在快速移动车床刀架过程中，按下按钮时刀架就快速移动，松开按钮时刀架立即停止移动，这是通过什么线路来控制的呢？本任务将学习点动正转控制线路的工作原理，以及绘制和识读电路图的相关知识。

图 5-27　CA6140 型车床

相关知识

手动正转控制线路的优点是所用电气元件少、线路简单，其缺点是操作劳动强度大、安全性差，且不便于实现远距离控制和自动控制。车床刀架的快速移动采用由按钮和接触器组成的点动正转控制线路来控制，要分析该线路，首先必须认识按钮和接触器。

一、按钮

1．按钮的功能

按钮是一种用手指或手掌施加力操作，且具有弹簧储能复位的控制开关。按钮的触头允许通过的电流较小，一般不超过 5 A。如图 5–28 所示为常见按钮的外形。

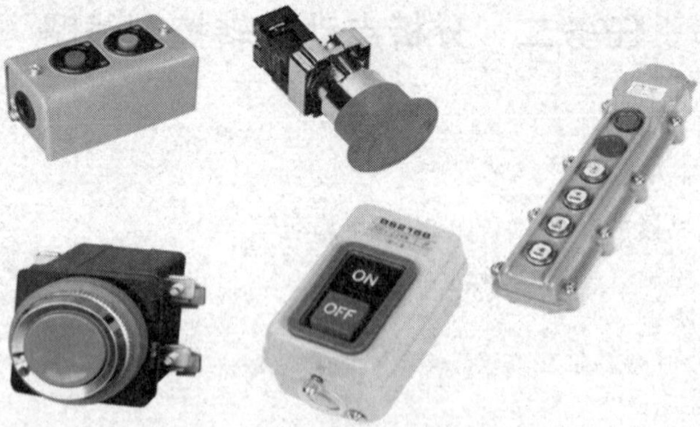

图 5–28　常见按钮的外形

为了便于识别各种按钮的作用，避免误操作，通常用不同的颜色和符号标志来区分按钮的功能。国家标准规定按钮颜色的含义见表 5–12。

表 5–12　按钮颜色的含义

颜色	含义	说明	应用举例
红	紧急	危险或紧急时操作	急停
黄	异常	异常情况时操作	干预、制止异常情况 干预、重新启动中断了的自动循环
绿	安全	安全情况或为正常情况下的操作	启动 / 接通
蓝	强制性的	要求强制动作情况下的操作	复位功能
白	未赋予特定含义	除急停以外的一般功能的启动	启动 / 接通（优先） 停止 / 断开
灰			启动 / 接通 停止 / 断开
黑			启动 / 接通 停止 / 断开（优先）

2. 按钮的结构和符号

按钮的结构和符号如图 5–29 所示。

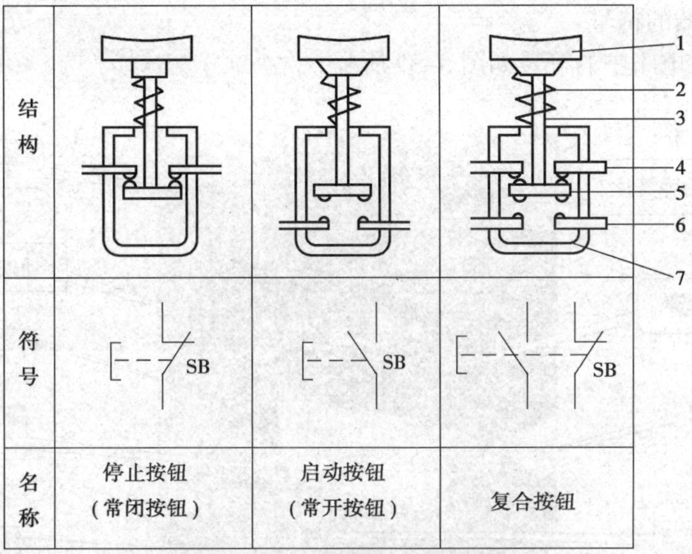

图 5–29　按钮的结构和符号

1—按钮帽　2—复位弹簧　3—支柱连杆　4—常闭静触头　5—桥式动触头　6—常开静触头　7—外壳

3. 按钮的触头动作顺序

对于启动按钮，按下按钮帽时触头闭合，松开后触头自动断开复位；停止按钮则相反；复合按钮是当按下按钮帽时，桥式动触头向下运动，使常闭触头先断开后，常开触头才闭合；当松开按钮帽时，则常开触头先分断复位后，常闭触头再闭合复位。

二、交流接触器

交流接触器是一种自动的电磁式开关。其触头的通断不是手动控制，而是电动操作。它适用于远距离频繁地接通和断开交、直流主电路及大容量的控制电路，具有欠电压和失压自动释放保护功能，控制容量大，工作可靠，操作频率高，使用寿命长。因此在电力拖动和自动控制系统中得到了广泛应用。

常见的交流接触器外形如图 5–30 所示。

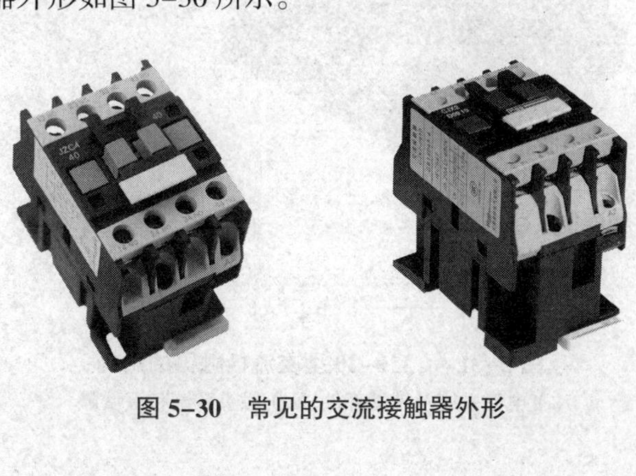

图 5–30　常见的交流接触器外形

1．交流接触器的结构

交流接触器主要由电磁系统、触头系统、灭弧装置和辅助部件等组成，如图 5–31 所示。

2．交流接触器的符号

交流接触器在电路中的符号如图 5–32 所示。

a）

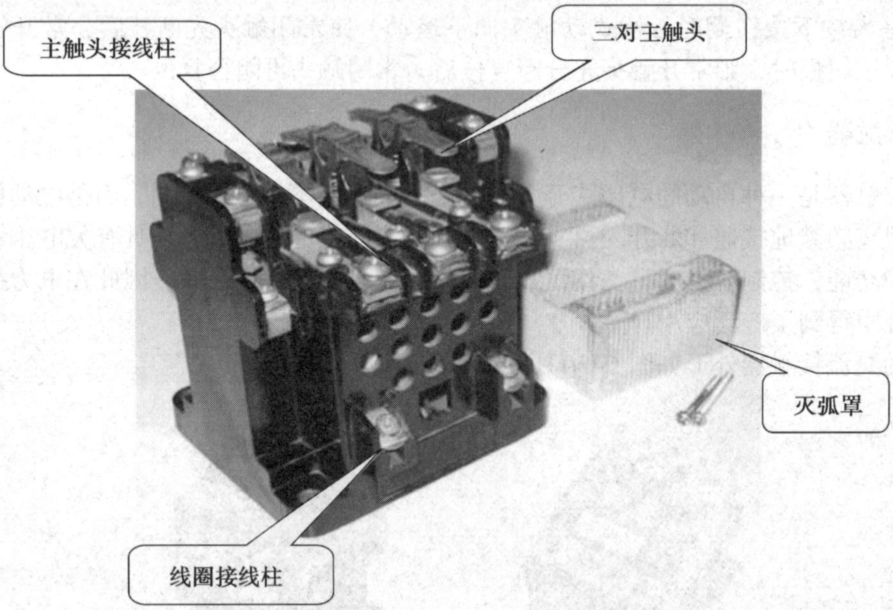

b）

图 5–31　CJ10–20 型交流接触器的结构

a）电磁系统及辅助部件　b）触头系统和灭弧罩

图 5–32 交流接触器的符号

a）线圈 b）主触头 c）辅助常开触头 d）辅助常闭触头

3．交流接触器的工作原理

交流接触器的工作原理如下。

接触器线圈通电→铁芯产生足够大的电磁吸力→克服弹簧的反作用力将衔铁吸合→衔铁带动触头动作（辅助常闭触头先断开，三对常开主触头和辅助常开触头后闭合）。

接触器线圈断电→铁芯的电磁吸力消失→衔铁在弹簧的反作用力下复位并带动各触头恢复常态。

任务实施

一、认识点动正转控制线路的组成

本任务中的刀架快速移动采用的是点动控制线路。所谓点动控制，就是按下按钮，电动机就得电运转；松开按钮，电动机就失电停转的控制方法。

点动正转控制线路如图 5–33 所示，它是用按钮、接触器来控制电动机运转的最简单的控制线路。

二、分析点动正转控制线路的原理

三相交流电源与低压断路器 QF 组成电源电路；熔断器 FU1、接触器 KM 主触头和三相笼型异步电动机 M 构成主电路；而由熔断器 FU2、启动按钮 SB 和接触器 KM 的线圈组成的电路称为控制电路。合上低压断路器 QF，按下启动按钮 SB，使接触器 KM 线圈得电，KM 主触头闭合，电动机 M 得电启动运转。松开 SB，KM 线圈失电，其主触头断开复位，电动机失电停转。可见，电动机的运转不再由低压开关手动直接控制，而是由按钮、接触器配合实现自动控制。

低压断路器 QF 作为电源隔离开关；熔断器 FU1、FU2 分别作为主电路、控制电路的短路保护；启动按钮 SB 控制接触器 KM 线圈的得电与失电；接触器 KM 的主触头控制电动机 M 的启动和停止。

点动正转控制线路的工作原理可叙述如下。

先合上电源开关 QF。

启动：按下 SB → KM 线圈得电→ KM 主触头闭合→电动机 M 启动运转。

停止：松开 SB → KM 线圈失电→ KM 主触头分断→电动机 M 失电停转。

停止使用时，断开电源开关 QF。

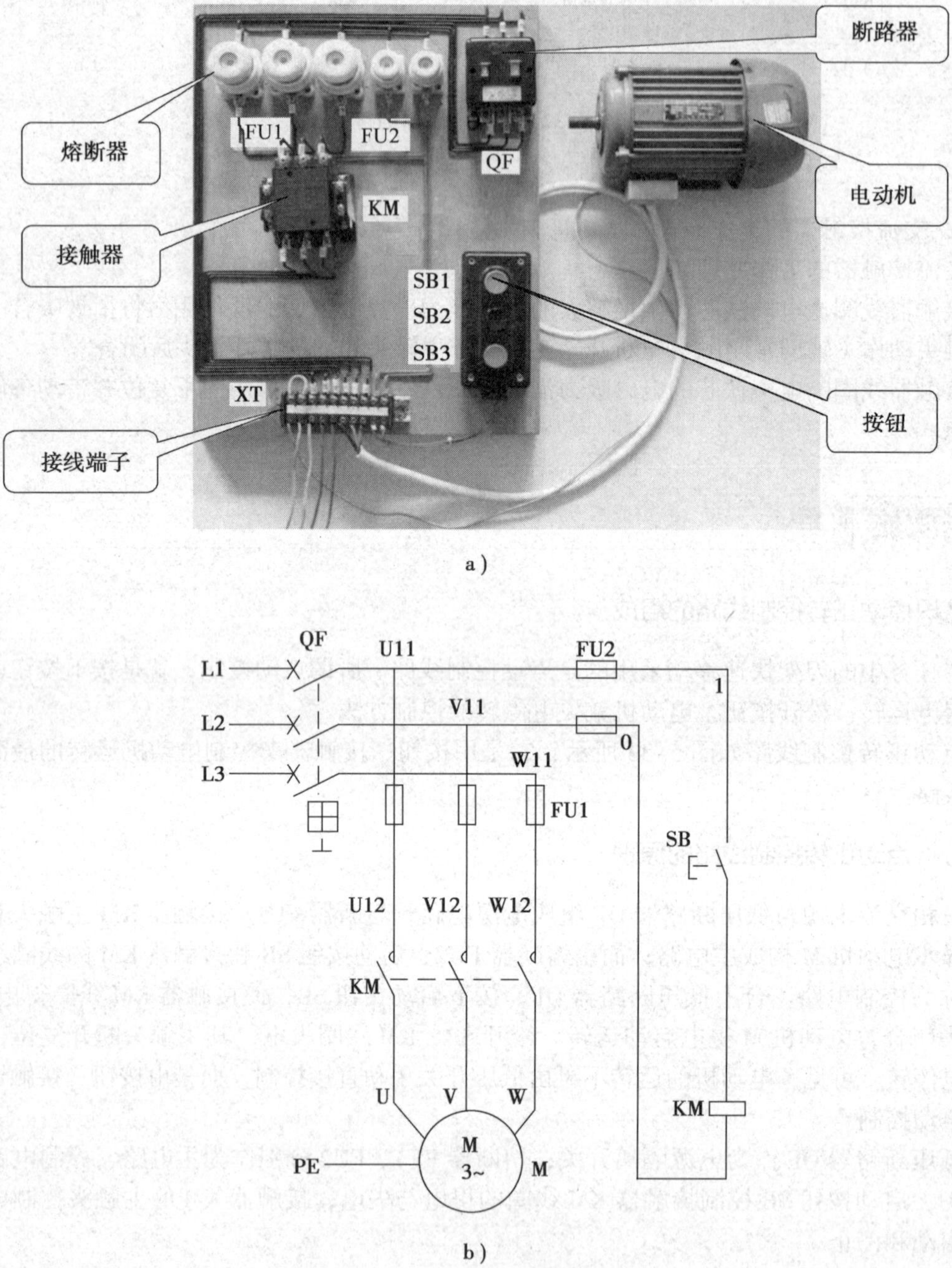

图 5-33　点动正转控制线路

a）模拟配电盘　b）电路图

知识链接

绘制和识读电路图的原则

电路图是根据生产机械运动形式对电气控制系统的要求，采用国家统一规定的电气图形符号和文字代号，按照电气设备的工作顺序排列，详细表示电路、设备或成套装置的全部基本组成和连接关系，但不涉及电气元件的结构尺寸、材料选用、安装位置和实际配线方法的一种简图。

电路图能充分表达电气设备的用途、作用和线路的工作原理，是电气线路安装、调试和维修的理论依据。

绘制、识读电路图应遵循以下原则。

（1）电路图一般分电源电路、主电路和辅助电路三部分绘制。

1）电源电路一般画成水平线，三相交流电源相序 L1、L2、L3 自上而下依次画出，若有中线 N 和保护地线 PE，则依次画在相线之下。直流电源的“+”端在上、“-”端在下画出。电源开关要水平画出。

2）主电路是指受电的动力装置及控制、保护电器的支路等，是电源向负载提供电能的电路，它是由主熔断器、接触器的主触头、热继电器的热元件以及电动机等组成。主电路通过的是电动机的工作电流，电流较大，因此一般在图样上用粗实线垂直于电源电路绘于电路图的左侧。

3）辅助电路一般包括控制主电路工作状态的控制电路、显示主电路工作状态的指示电路、提供机床设备局部照明的照明电路等。一般由主令电器的触头、接触器的线圈及辅助触头、继电器的线圈及触头、仪表、指示灯和照明灯等组成。通常辅助电路通过的电流较小，一般不超过 5 A。

辅助电路要跨接在两相电源之间，一般按照控制电路、指示电路和照明电路的顺序，用细实线依次垂直画在主电路的右侧，并且耗能元件（如接触器和继电器的线圈、指示灯、照明灯等）要画在电路图的下方，与下边电源线相连，而电器的触头要画在耗能元件与上边电源线之间。为读图方便，一般应按照自左向右、自上而下的排列来表示操作顺序。

（2）电路图中，电气元件不画实际的外形图，而是采用国家统一规定的电气图形符号来表示。同一电器的各元件不按它们的实际位置画在一起，而是按其在线路中所起的作用分别画在不同的电路中，但它们的动作是相互关联的，必须用同一文字代号标注。若同一电路图中，相同的电器较多时，需要在电气元件文字代号后面加注不同的数字以示区别。各电器的触头位置都按电路未通电或电器未受外力作用时的常态位置画出，分析原理时应从触头的常态位置出发。

（3）电路图采用电路编号法，即对电路中的各个连接点用字母或数字编号。

1）主电路在电源开关的出线端按相序依次编号为 U11、V11、W11。然后按从上至下、从左至右的顺序，每经过一个电气元件后，编号要递增，如 U12、V12、W12，U13、V13、W13 等。单台三相交流电动机（或设备）的三根引出线，按相序依次编号为 U、V、W。对于多台电动机引出线的编号，为了不引起误解和混淆，可在字母前用不同的数字加以区别，如 1U、1V、1W，2U、2V、2W 等。

2）辅助电路编号按“等电位”原则，按从上至下、从左至右的顺序用数字依次编号，每经过一个电气元件后，编号要依次递增。控制电路编号的起始数字必须是 1，其他辅助电路编号的起始数字依次递增 100，如照明电路编号从 101 开始，指示电路编号从 201 开始等。

任务三　分析接触器自锁正转控制线路

学习目标

- 了解热继电器的结构和工作原理
- 理解自锁的定义和实现方法
- 理解具有过载保护的接触器自锁正转控制线路的工作原理

任务引入

CA6140 型车床在加工工件的过程中，要求主轴电动机必须能连续运转，即在松开启动按钮后，电动机仍能保持继续运转，同时线路还必须对电动机具有相应的保护措施。本任务将学习如何来实现这些功能。

相关知识

电动机的连续运转可以在点动线路的基础上修改实现。但电动机连续运转时，一旦过载就有可能烧坏电动机，因此线路中必须设置过载保护措施，在三相笼型异步电动机控制线路中，一般使用热继电器来实现过载保护的功能。

一、过载保护

过载保护是指当电动机出现过载时，能自动切断电动机的电源，使电动机停转的一种保护。

电动机为什么需要过载保护呢？

因为电动机在运行的过程中，如果长期负载过大、启动操作频繁、缺相运行等，都可能使电动机定子绕组的电流增大，并超过其额定值。在这种情况下，熔断器往往并不会熔断，从而引起电动机定子绕组过热，使温度持续升高。若温度超过允许温升，就会造成绝缘损坏，缩短电动机的使用寿命，严重时甚至会烧毁电动机的定子绕组。因此，对长时间运行的电动机必须采取过载保护措施。

二、热继电器

热继电器是利用流过继电器的电流所产生的热效应而使其触头动作的自动保护电器。它的延时动作时间随电流的增大而减少，常见的热继电器如图 5-34 所示。

a） b） c）

图 5–34 常见的热继电器

a）JR20 系列热继电器 b）JR36 系列热继电器 c）T 系列热继电器

热继电器的种类有很多种，其中以双金属片式的应用最多。它主要由热元件、传动机构、常闭触头、电流整定装置和复位按钮组成。

使用时，将热元件串联在主电路中，常闭触头串联在控制电路中。当电动机过载时，热元件受热发生弯曲，通过传动机构推动常闭触头断开，分断控制电路，再通过接触器切断主电路，实现对电动机的过载保护。

热继电器动作电流的大小可通过旋转电流整定旋钮来调节。热继电器的符号如图 5–35 所示。

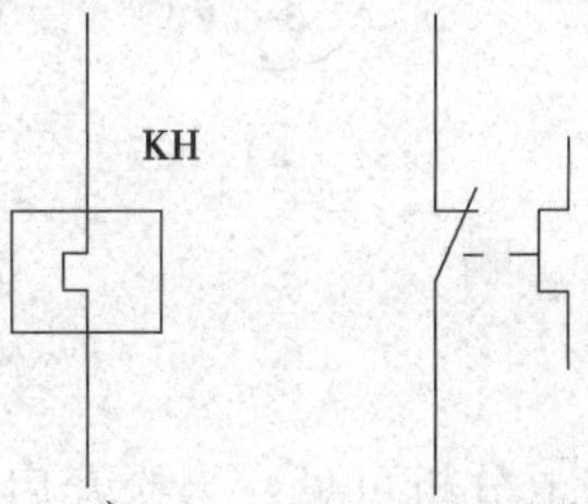

a） b）

图 5–35 热继电器的符号

a）热元件 b）常闭触点

任务实施

一、认识接触器自锁正转控制线路的组成及工作原理

接触器自锁正转控制线路如图 5–36b 所示，与如图 5–36a 所示的点动控制线路比较得知，两线路的主电路相同，但控制电路不同。在如图 5–36a 所示的控制电路中串接一个停止按钮 SB2，在启动按钮 SB1 的两端并联接触器 KM 的一对辅助常开触头，得到如图 5–36b 所示的接触器自锁正转控制线路。线路的工作原理如下。

先合上电源开关 QF。

1．启动

按下 SB1→KM 线圈得电→KM 主触头闭合→电动机 M 启动，连续运转
　　　　　　　　　　　└→KM 辅助常开触头闭合┘

2．停止

按下 SB2→KM 线圈失电→KM 主触头分断→电动机 M 失电停转
　　　　　　　　　　　└→KM 辅助常开触头分断┘

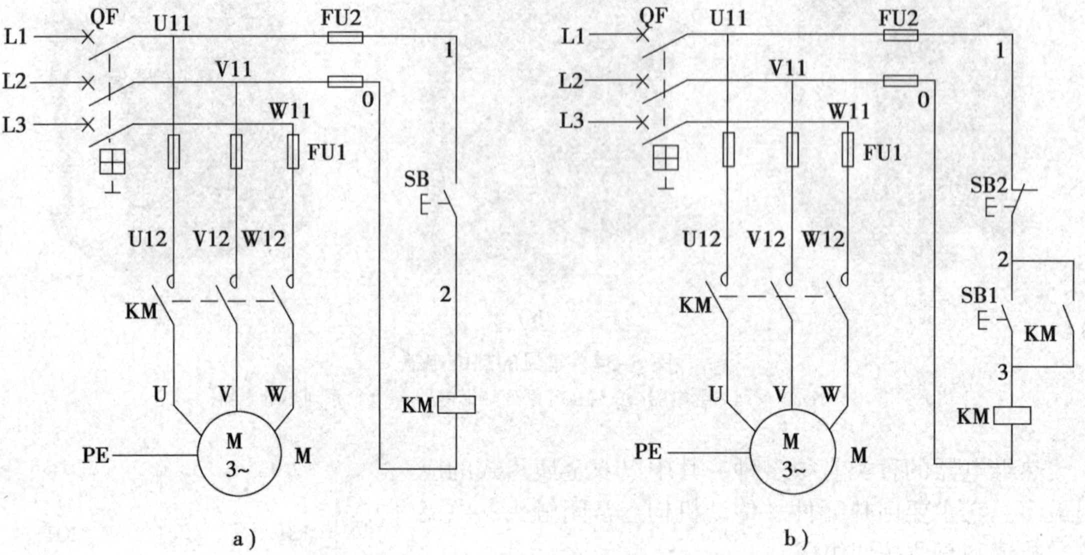

图 5-36　点动与自锁控制线路

a）点动控制线路　b）接触器自锁正转控制线路

由以上分析可见，当松开启动按钮 SB1 后，SB1 的常开触头虽然恢复分断，但接触器 KM 的辅助常开触头闭合时已将 SB1 短接，使控制电路仍保持接通，接触器 KM 继续得电，电动机 M 实现了连续运转。

这种松开启动按钮后，接触器通过自身的辅助常开触头使其线圈保持得电的作用叫作自锁。与启动按钮并联起自锁作用的辅助常开触头叫作自锁触头。而如图 5-36b 所示的控制线路叫作接触器自锁控制线路。

在按下停止按钮 SB2 切断控制电路时，接触器 KM 失电，其自锁触头分断，解除自锁。而这时 SB1 也是分断的，所以当松开 SB2 使其常闭触头恢复闭合后，接触器也不会自行得电，电动机也就不会自行重新启动运转。

二、认识具有过载保护的接触器自锁正转控制线路的组成及工作原理

在如图 5-36b 所示接触器自锁正转控制线路中，为防止电动机过载时烧毁，需要对电动机采取过载保护措施。

具有过载保护的接触器自锁正转控制线路如图 5-37 所示，它是在接触器自锁正转控制线路的基础上，增加了一只热继电器 KH 而构成的。

若电动机在运行过程中，由于过载或其他原因使其定子绕组的电流超过额定值，那么经过一段时间后，串接在主电路中的热元件因受热发生弯曲，通过传动机构使串接在控制电路中的常闭触头分断，切断控制电路，于是接触器线圈失电，其主触头和辅助触头分断，电动机也随之失电停转，达到过载保护的目的。

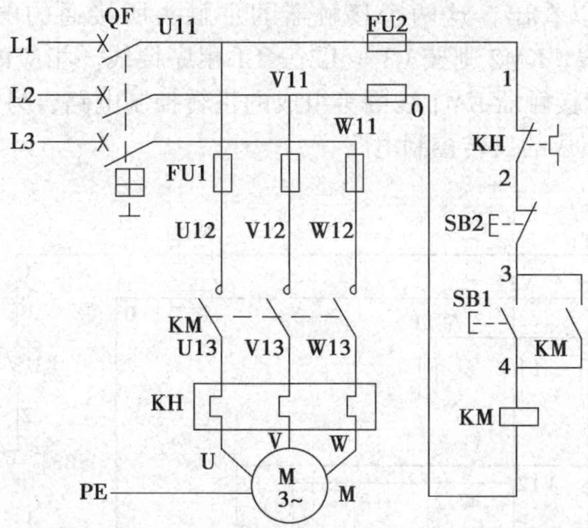

图 5-37　具有过载保护的接触器自锁正转控制线路

任务四　分析三相笼型异步电动机正反转控制线路

学习目标

- 掌握联锁的概念和实现方法
- 理解接触器联锁正反转控制线路的组成和工作原理
- 理解双重联锁正反转控制线路的组成和工作原理

任务引入

在实际生产过程中，常常需要电动机能够正反转，如万能铣床的主轴需要正转与反转，起重机的吊钩需要上升和下降。这时就需要控制电动机实现正反转，而要改变电动机的转向，只要改变通入电动机定子绕组的三相电源相序，即把接入电动机三相电源进线中的任意两相对调接线即可。在实际生产中，常用按钮、接触器来控制电动机的正反转，本任务将认识接触器联锁正反转控制线路和双重联锁正反转控制线路。

任务实施

一、认识接触器联锁正反转控制线路的组成

接触器联锁正反转控制线路如图 5-38 所示，线路中采用了两个接触器，即正转用的接触器 KM1 和反转用的接触器 KM2，它们分别由正转启动按钮 SB1 和反转启动按钮 SB2

控制。从主电路中可以看出，这两个接触器的主触头所接通的电源相序不同，KM1 按 L1 → L2 → L3 相序接线，KM2 则按 L3 → L2 → L1 相序接线。相应的控制电路有两条，一条是由启动按钮 SB1 和接触器 KM1 线圈等组成的正转控制电路，另一条是由启动按钮 SB2 和接触器 KM2 线圈等组成的反转控制电路。

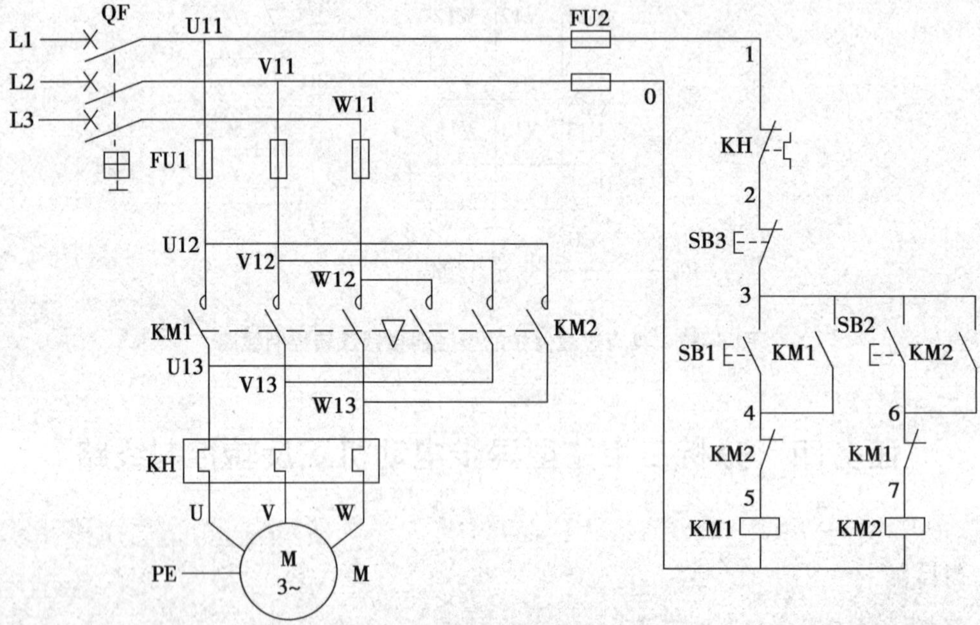

图 5–38　接触器联锁正反转控制线路

该电路在工作过程中接触器 KM1 和 KM2 的主触头绝不允许同时闭合，否则将造成两相电源（L1 相和 L3 相）短路的严重故障。为了避免两个接触器 KM1 和 KM2 同时得电动作，在正反转控制电路中分别串接了对方接触器的一对辅助常闭触头。

当一个接触器得电动作时，通过其辅助常闭触头使另一个接触器不能得电动作，接触器之间这种相互制约的作用叫作接触器联锁（或互锁）。实现联锁作用的辅助常闭触头称为联锁触头（或互锁触头），联锁用符号“▽”表示。

二、分析接触器联锁正反转控制线路的工作原理

线路工作原理如下。

合上电源开关 QF。

1. 正转控制

按下 SB1 → KM1 线圈得电 → KM1 自锁触头闭合自锁 → 电动机 M 启动，连续正转

按下 SB1 → KM1 线圈得电 → KM1 主触头闭合 → 电动机 M 启动，连续正转

按下 SB1 → KM1 线圈得电 → KM1 联锁触头分断，对 KM2 联锁

2. 停止

按下 SB3→KM1 线圈失电→KM1 自锁触头分断，解除自锁→电动机 M 失电停转
　　　　　　　　　　　→KM1 主触头分断→电动机 M 失电停转
　　　　　　　　　　　→KM1 联锁触头闭合，解除对 KM2 联锁

3．反转控制

再按下 SB2→KM2 线圈得电→KM2 自锁触头闭合自锁→电动机 M 启动，连续反转
　　　　　　　　　　　　→KM2 主触头闭合→电动机 M 启动，连续反转
　　　　　　　　　　　　→KM2 联锁触头分断，对 KM1 联锁

接触器联锁正反转控制线路的优点是工作安全可靠，缺点是操作不便。因为电动机从正转变为反转时，必须先按下停止按钮后，才能按反转启动按钮，否则由于接触器的联锁作用，不能实现反转。

三、认识按钮和接触器双重联锁正反转控制线路的组成

把如图 5-38 所示的接触器联锁正反转控制线路中的正转按钮 SB1 和反转按钮 SB2 换成两个复合按钮，并把两个复合按钮的常闭触头也串接在对方的控制电路中，构成如图 5-39 所示的按钮和接触器双重联锁正反转控制线路，就能克服接触器联锁正反转控制线路操作不便的缺点，使线路操作更加方便。

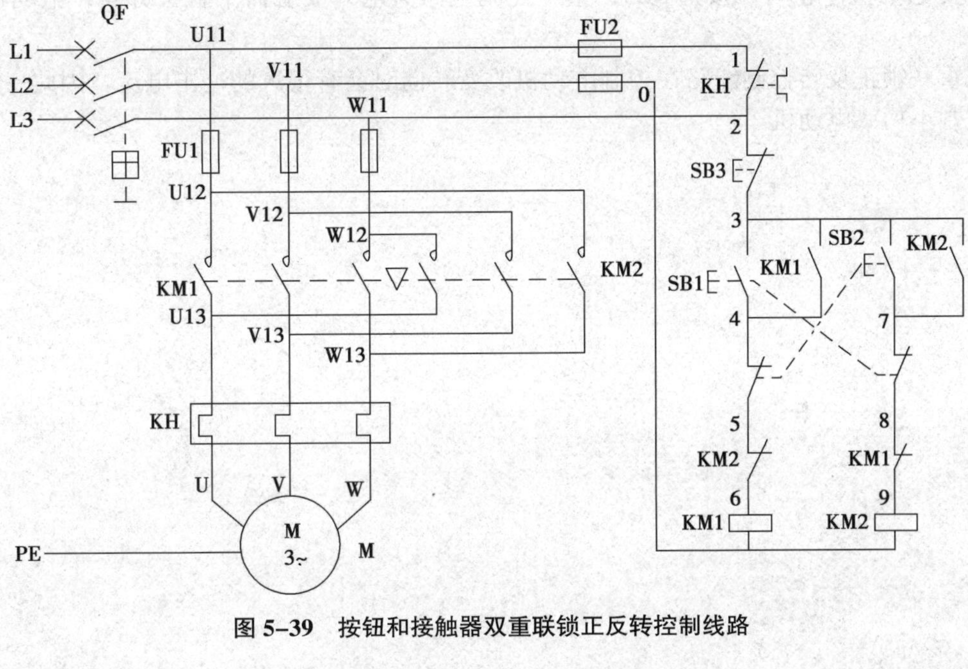

图 5-39　按钮和接触器双重联锁正反转控制线路

四、分析按钮和接触器双重联锁正反转控制线路的工作原理

线路的工作原理如下。

先合上电源开关 QF。

1．正转控制

按下 SB1 → SB1 常闭触头先分断，对 KM2 联锁（切断反转控制电路）
按下 SB1 → SB1 常开触头后闭合 → KM1 线圈得电 →
- KM1 自锁触头闭合自锁
- KM1 主触头闭合 → 电动机 M 启动，连续正转
- KM1 联锁触头分断，对 KM2 联锁

2．反转控制

按下 SB2 → SB2 常闭触头先分断 → KM1 线圈失电 →
- KM1 自锁触头分断
- KM1 主触头分断 → 电动机 M 失电
- KM1 联锁触头恢复闭合

按下 SB2 → SB2 常开触头后闭合 → KM2 线圈得电 →
- KM2 自锁触头闭合自锁
- KM2 主触头闭合 → 电动机 M 启动，连续反转
- KM2 联锁触头分断，对 KM1 联锁（切断正转控制电路）

需要电动机停止时，按下 SB3，整个控制电路失电，接触器主触头分断，电动机 M 失电停转。

双重联锁正反转控制线路在控制电动机改变转向时会有很大的冲击电流，因此一般只适用于控制小功率电动机。

模块六

常用机床电气控制线路

机床电气控制线路是根据机床加工过程的控制要求设计的，认识线路的组成和工作原理，并能处理一些简单的故障，对正确使用和维护机床，提高生产效率有很大帮助。

要识读和分析机床控制线路，必须熟悉机床的基本结构，了解机床的主要运动形式和控制要求，并结合其主要运动形式和控制要求，在线路图中找到相关的控制回路，进行工作原理分析。本模块主要介绍 CA6140 型车床和 M7130 型平面磨床电气控制线路的组成、工作原理及常见故障的处理方法。

课题一　CA6140 型车床电气控制线路

任务一　识读 CA6140 型车床电气控制线路图

学习目标

- 熟悉 CA6140 型车床电气控制线路的组成
- 掌握机床电气控制线路图的读图原则
- 能分析和识读车床电气控制线路图
- 能分析各主要控制回路的工作原理

任务引入

CA6140 型车床是机械加工中常用的一种设备，在加工过程中的各种运动都是电气控制线路控制电动机驱动相应机械机构完成的。本任务将介绍绘制和识读机床电气控制线路图的基本知识，认识 CA6140 型车床电气控制线路的组成，并分析控制线路的基本工作原理。

相关知识

一、绘制和识读机床电气控制线路图的基本知识

机床电气控制线路一般都比较复杂，所包含的电气元件和电气设备较多，其线路中的符号也较多，但即使再复杂的电气控制线路，也都是由一些基本控制线路组合而成的，因此，要识读机床电气控制线路图，首先应掌握绘制和识读电路图的基本原则，此外还应明确以下几点。

1. 在线路图上按电路功能划分并标注功能区域名称

将电气控制线路按电路功能分成若干个单元，并用文字将其功能标注在电气控制线路上部的栏内。例如，如图 6–1 所示的车床电气线路，按功能可分为电源保护、电源开关、主轴电动机、短路保护、冷却泵电动机、刀架快速移动电动机等 13 个单元（见图 6–2）。

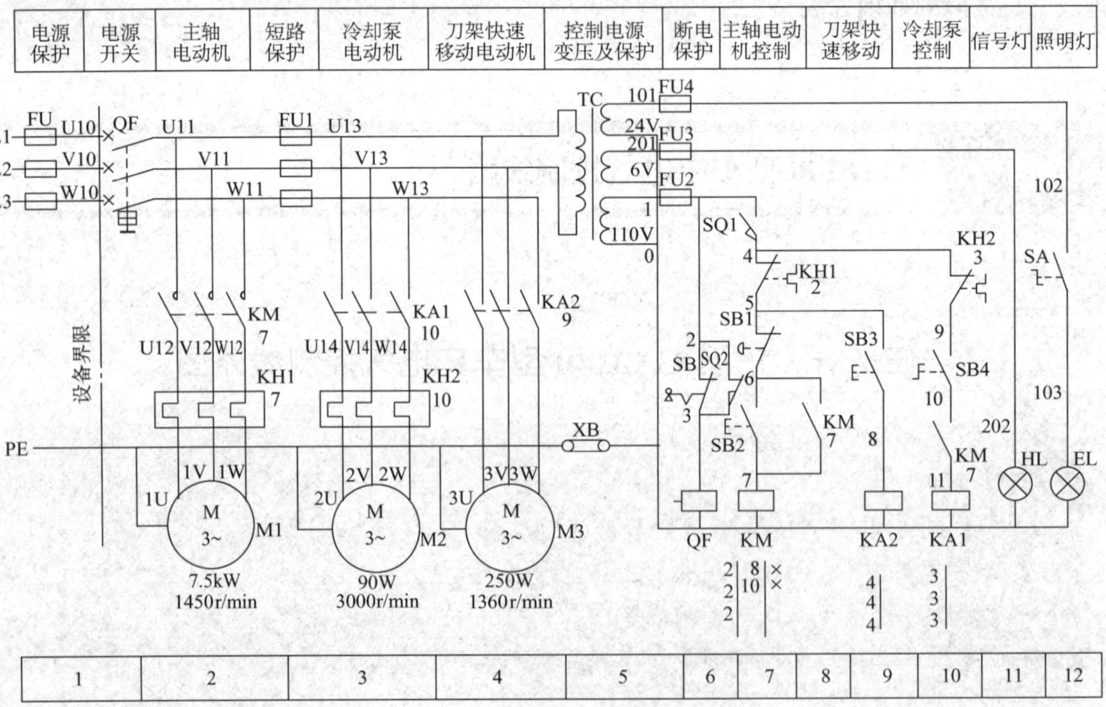

图 6–1 CA6140 型车床电气控制线路

电源保护	电源开关	主轴电动机	短路保护	冷却泵电动机	刀架快速移动电动机	控制电源变压及保护	断电保护	主轴电动机控制	刀架快速移动	冷却泵控制	信号灯	照明灯

图 6–2　功能区域名称

2．在线路图上按回路或支路划分图区

在电气控制线路下部（或上部）划分若干个图区，并从左向右依次用阿拉伯数字编号，标注在图区栏内。通常是将一条回路或一条支路划为一个图区，如图 6–1 所示的电气控制线路共划分了 12 个图区，分别对应了图区编号上方的电气回路，这样可以在线路图中标明每个电气元件（或部件）在图中所处的区域，以便迅速查找电气元件的触头、线圈等在线路图中的位置（见图 6–3）。

1	2	3	4	5	6	7	8	9	10	11	12

图 6–3　图区划分

3．在触头的文字符号下面标注该电气元件线圈所处的图区号

在电气元件触头的文字符号下面用数字标注该电气元件的线圈所处的图区号。如图 6–1 所示电气控制线路中，在图区 4 中有“$\dfrac{\text{KA2}}{9}$”，表示中间继电器 KA2 的线圈在图区 9，这样看到触头就能迅速找到对应的线圈。

4．在电气元件线圈的文字代号下面标注该电气元件的触头所处图区

在每个接触器线圈下方画出两条竖直线，分成左、中、右三栏，每个继电器线圈下方画出一条竖直线，分成左、右两栏。把受其线圈控制而动作的触头所处的图区号填入相应的栏内，对未用的触头，在相应的栏内用符号“×”标注或不标注任何符号，见表 6–1 和表 6–2。

表 6–1　接触器触头在电气控制线路中位置的标记

栏目	左栏	中栏	右栏
触头类型	主触头所处图区	辅助常开触头所处图区	辅助常闭触头所处图区
举例 KM 2 │ 8 │ × 2 │ 10 │ × 2 │ │	表示 3 对主触头均在图区 2	表示一对辅助常开触头在图区 8，另一对辅助常开触头在图区 10	表示两对辅助常闭触头未用

表 6–2　继电器触头在电气控制线路中位置的标记

栏目	左栏	右栏
触头类型	辅助常开触头所处图区	辅助常闭触头所处图区
举例 KA2 4 │ 4 │ 4 │	表示 3 对常开触头均在图区 4	表示常闭触头未用

二、CA6140 型车床的主要运动形式及控制要求

CA6140 型车床外形及其结构如图 6–4 所示，它主要由床身、主轴箱、进给箱、溜板箱、卡盘、尾架、丝杠和光杠等部分组成。

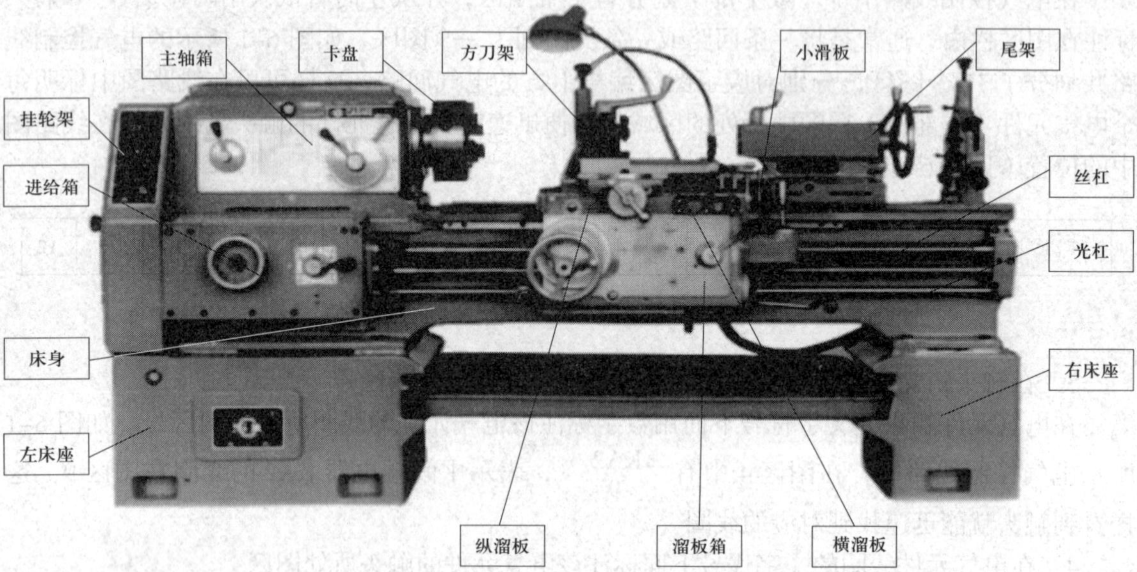

图 6–4　CA6140 型车床外形及其结构

CA6140 型车床的主要运动形式及控制要求见表 6–3。

表 6–3　　　　CA6140 型车床的主要运动形式及控制要求

运动种类	运动形式	控制要求
主运动	主轴通过卡盘或顶尖带动工件的旋转运动	（1）主轴电动机选用三相笼型异步电动机，不进行调速，主轴采用齿轮箱进行机械有级调速 （2）车削螺纹时要求主轴有正反转，一般由机械方法实现，主轴电动机只做单向旋转 （3）主轴电动机的容量不大，可采用直接启动
进给运动	刀架带动刀具纵向或横向的直线运动	进给运动也由主轴电动机驱动，主轴电动机的动力通过挂轮架传递给进给箱来实现刀具的纵向和横向进给。加工螺纹时，要求刀具的移动和主轴转动有固定的比例关系
辅助运动	刀架的快速移动	由刀架快速移动电动机驱动，该电动机可直接启动，也不需要正反转和调速
	尾架的纵向移动	由手动操作控制
	工件的夹紧与放松	由手动操作控制
	加工过程的冷却	冷却泵电动机和主轴电动机要实现顺序控制，冷却泵电动机不需要正反转和调速

任务实施

一、识读 CA6140 型车床的主电路

CA6140 型车床的主电路如图 6–5 所示，低压断路器 QF 作为线路的电源总开关，扳动断路器 QF，使其触点闭合，接通三相电源。主电路中共有三台电动机：M1 为主轴电动机，带动主轴旋转和刀架做进给运动；M2 为冷却泵电动机，用以输送切削液；M3 为刀架快速移动电动机，用以驱动刀架快速移动。各台电动机的控制和保护电器见表 6–4。

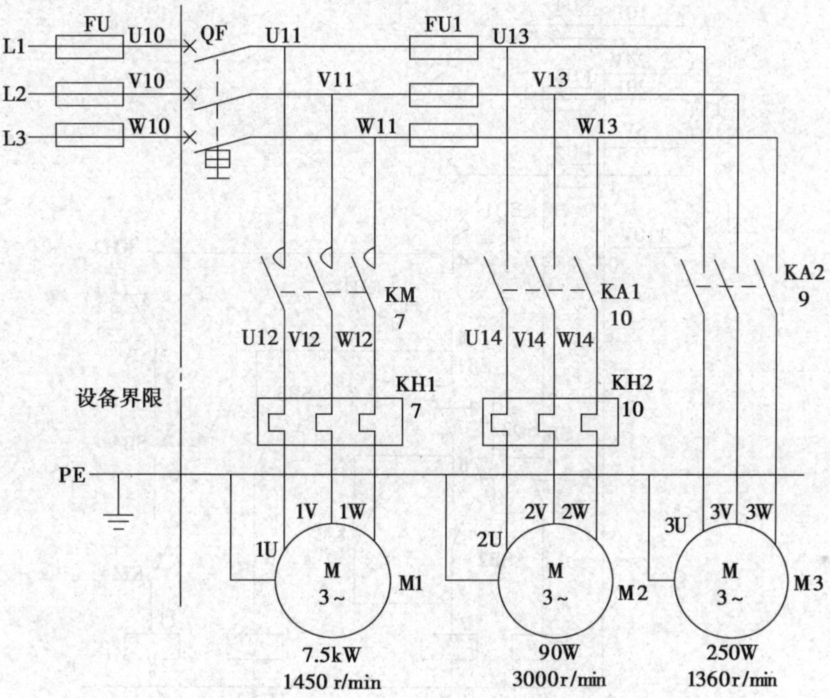

图 6–5 CA6140 型车床的主电路

表 6–4 各台电动机的控制和保护电器

名称及代号	作用	控制电器	过载保护电器	短路保护电器
主轴电动机 M1	带动主轴旋转和刀架做进给运动	接触器 KM	热继电器 KH1	低压断路器 QF
冷却泵电动机 M2	供应切削液	中间继电器 KA1	热继电器 KH2	熔断器 FU1
刀架快速移动电动机 M3	驱动刀架快速移动	中间继电器 KA2	无	熔断器 FU1

二、识读 CA6140 型车床的控制电路

CA6140 型车床的控制电路如图 6–6 所示，通过控制变压器 TC 输出的 110 V 交流电压

供电，由熔断器 FU2 作短路保护。在正常工作时，行程开关 SQ1 的常开触头闭合。当打开床头传动带罩后，SQ1 的常开触头断开，切断控制电路电源，使三台电动机都不能得电工作，以确保人身安全。钥匙开关 SB 和行程开关 SQ2 的常闭触头（线路图中等电位点 2 和 3 之间的触头，简单表示为 2—3）在车床正常工作时是断开的，QF 的线圈不通电，断路器 QF 能合闸。当打开配电壁龛门时，SQ2 闭合，QF 线圈得电，断路器 QF 自动断开，切断车床的电源。

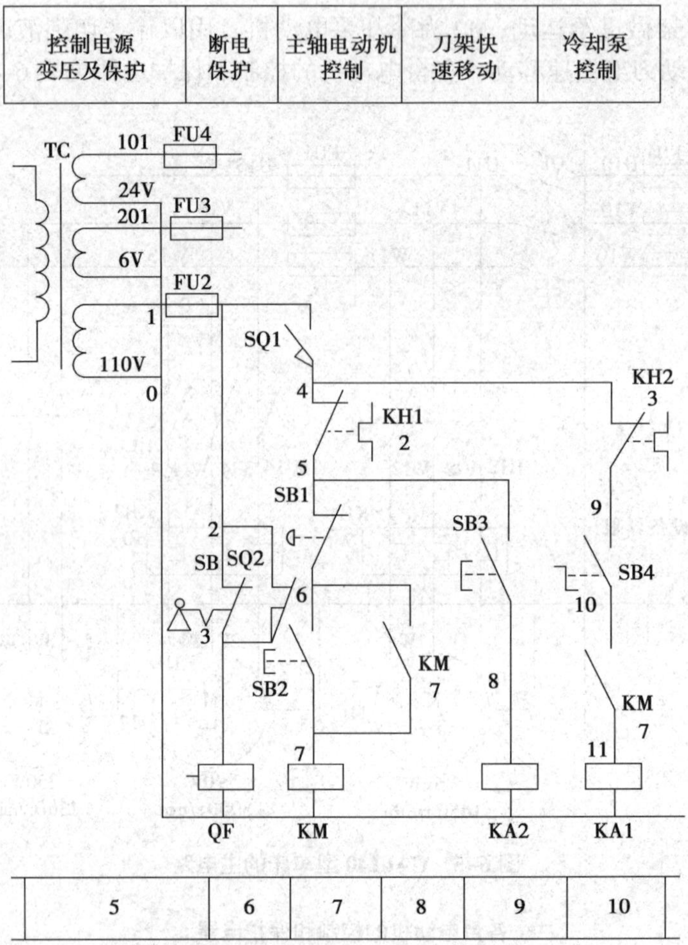

图 6–6　CA6140 型车床的控制电路

1．识读主轴电动机 M1 的控制电路

主轴电动机 M1 的启动和停止是由启动按钮 SB2 和停止按钮 SB1 控制接触器 KM 线圈的通电和断电来实现的。控制过程如下。

M1 启动：

按下 SB2 → KM 线圈得电 → KM 自锁触头闭合 ┐
　　　　　　　　　　　　→ KM 主触头闭合 ┴→ 主轴电动机 M1 启动运转
　　　　　　　　　　　　→ KM 辅助常开触头闭合，为 KA1 得电做准备

M1 停止：

按下 SB1⟶KM 线圈失电⟶KM 主触头复位断开⟶M1 失电停转

当主轴电动机 M1 在运行过程中出现过载时，热继电器 KH1 动作，其常闭触头（4—5）断开，接触器 KM 线圈断电，将 M1 电源切除，防止电动机 M1 因过载而发热烧毁。

2. 识读冷却泵电动机 M2 的控制电路

图 6–6 中最右侧回路为冷却泵电动机 M2 的控制电路，由中间继电器 KA1 控制冷却泵电动机 M2 的运行。KM 的常开触头（10—11）实现主轴电动机 M1 和冷却泵电动机 M2 的顺序控制，保证只有主轴电动机 M1 启动后冷却泵电动机 M2 才能启动运行，提供切削液。

当主轴电动机 M1 启动，KM 的常开触头闭合后，合上旋钮开关 SB4，中间继电器 KA1 吸合，KA1 的常开触头闭合，冷却泵电动机 M2 启动运转。当 M1 停止运行或断开旋钮开关 SB4 时，M2 停止运行。

3. 识读刀架快速移动电动机 M3 的控制电路

刀架快速移动电动机 M3 的启动是由安装在进给操作手柄顶端的按钮 SB3 控制的，它与中间继电器 KA2 组成点动控制环节。将操作手柄扳到所需移动的方向，按下 SB3，KA2 得电吸合，电动机 M3 启动运转，刀架沿指定的方向快速移动；松开 SB3，电动机 M3 停止运行，刀架停止快速移动。

三、识读车床信号与照明电路

图 6–1 中最右方的信号灯和照明灯区域表示的是 CA6140 型车床的信号与照明电路。其中，HL 为信号灯，EL 为车床的低压照明灯。车床电源开关 QF 闭合以后，信号灯 HL 就一直保持亮的状态。照明灯 EL 由开关 SA 控制，SA 闭合照明灯亮，SA 断开照明灯灭。控制变压器 TC 的二次侧输出 24 V 和 6 V 电压，分别作为车床低压照明和信号灯的电源。熔断器 FU4 和 FU3 用作短路保护，如图 6–7 所示。

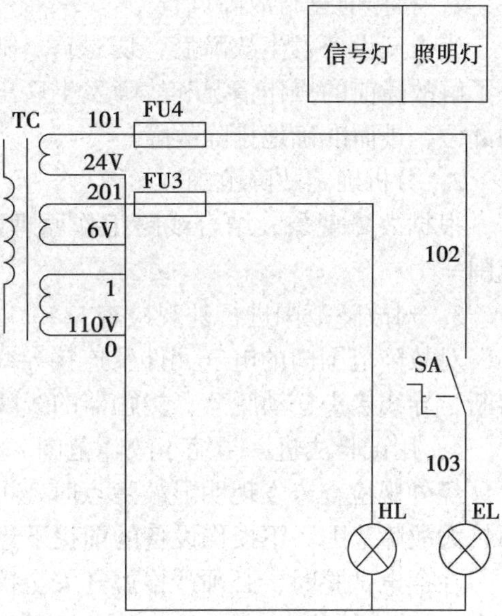

图 6–7 信号与照明电路

任务二 CA6140 型车床简单电气故障检修

学习目标

- 了解检修机床电气故障的一般方法和步骤
- 掌握 CA6140 型车床简单电气故障的检修方法

任务引入

机床设备在使用过程中，不可避免地会出现一些故障。本任务的目的是了解机床电气故障检修的一般方法和步骤，分析典型电气故障的产生原因，以便能更好地使用和维护机床设备。

相关知识

一、机床电气故障检修的一般步骤

机床在使用过程中不可避免地会发生各种电气故障，如车床不能启动，主轴不能停止，运动中自动停车等。一旦发生故障，应采用正确的方法，迅速查明故障原因并进行修复，以保证设备的正常使用。机床电气故障检修的一般步骤如下。

1．检修前进行故障调查

当电气设备发生故障后，切忌盲目随便动手检修。在检修前，通过问、看、听、摸、闻来了解故障前的操作情况和故障发生后出现的异常现象，以便根据故障现象判断出故障发生的部位，进而准确地排除故障。

2．分析确定故障范围

根据故障现象，结合线路工作原理进行认真分析和排查，初步判断出故障发生的可能范围。

3．对故障范围进行外观检查

对故障范围内的电气元件及连接导线进行外观检查，找出故障点。例如，熔断器的熔体熔断，导线接头松动脱落，接触器的线圈烧焦等，都能明确地表明故障点所在。

4．用试验法进一步缩小故障范围

经外观检查未发现明显故障点时，可根据故障现象，结合电路原理图分析故障原因，在不扩大故障范围、不损伤设备的前提下进行通电试验，根据试验现象进一步缩小故障范围。

在通电试验时，必须严格遵守安全操作规程，注意人身和设备的安全。

5．确定故障点

用测试工具和仪表（如万用表、验电笔等）对电路进行有关参数的测量，来判断电气元件的好坏、设备的绝缘情况及连接导线的通断情况，从而找出故障点。

6．修复故障

针对不同故障情况和部位采取正确的方法修复故障。更换新元件要注意尽量使用相同的规格和型号，并进行性能检测，确认性能完好后方可替换。在故障排除中还要注意周围的元件、导线等，不可将故障人为扩大。

7．通电试车

故障修复后，应重新通电试车，检查生产机械的各项操作是否符合技术要求。在通电试验时，必须注意人身和设备安全，通电试验时间要尽量短，同时要随时做好切断电源的准备，防止发生异常情况而扩大故障，损坏电气设备。要严格遵守安全操作规程，熟悉操作步骤，不得随意触及带电体。如需电动机运转，则应使电动机在空载下运行。要暂时切断有故障的电路，防止故障扩大，并预先充分估计到线路通电动作后可能发生的不良后果。

二、查找故障点的方法

检修过程的重点是判断故障范围和确定故障点。常用的检修方法有直观法、通电试验法、电压测量法、电阻测量法、短接法、试灯法、波形测试法等，下面主要介绍短接法。

短接法是用一根绝缘良好的导线，把所怀疑的断路部位短接，如短接过程中电路被接通，则说明该处断路。这种方法是检查线路断路故障的一种简便可靠的方法。

1. 局部短接法

用局部短接法检查故障如图 6–8 所示。按下启动按钮 SB2，若 KM1 不吸合，说明电路有故障。检查前，先用万用表测量 1—0 两点间的电压，若电压正常，可按住 SB2 不放，然后用一根绝缘良好的导线分别短接标号相邻的两点 1—2、2—3、3—4、4—5、5—6（注意绝对不能短接 6—0 两点，否则会造成电源短路），当短接到某两点时，接触器 KM1 动作，即说明故障点在该两点之间，具体方法见表 6–5。

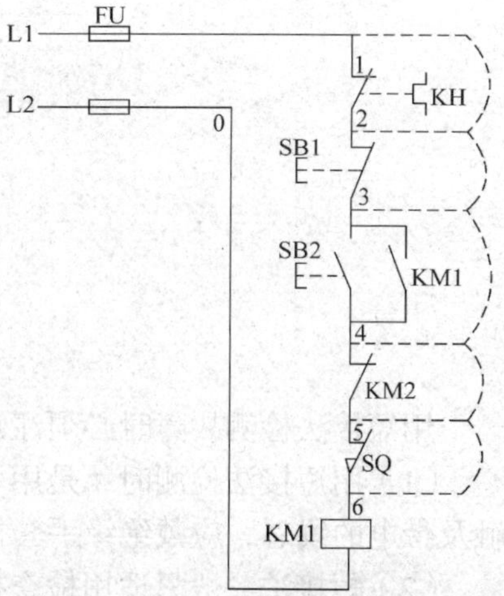

图 6–8 局部短接法

表 6–5 用局部短接法查找故障点

故障现象	测试状态	短接点标号	电路状态	故障点
按下 SB2，KM1 不吸合	按下 SB2 不放	1—2	KM1 吸合	KH 常闭触头接触不良或误动作
		2—3	KM1 吸合	SB1 触头接触不良
		3—4	KM1 吸合	SB2 触头接触不良
		4—5	KM1 吸合	KM2 常闭触头接触不良
		5—6	KM1 吸合	SQ 触头接触不良

2. 长短接法

长短接法是一次短接两个或两个以上触头来检查故障的方法，用长短接法检查故障如图 6–9 所示。

在如图 6–9 所示电路中，当 KH 的常闭触头和 SB1 的常闭触头同时接触不良时，若用局部短接法短接 1—2 点，按下 SB2，KM1 仍不能吸合，则可能造成错误判断。而用长短接法将 1—6 两点短接，如果 KM1 吸合，则说明 1—6 这段电路上有断路故障，然后再用局部短接法逐段找出故障点。

长短接法的另一个作用是可把故障范围缩小到一个较小的范围。例如，第一次先短接 3—6 两点，如果 KM1 不吸合，再短接 1—3 两点，KM1 吸合，说明故障在 1—3 范围内。可见，如果将长短接法和局部短接法结合使用，就能快速找出故障点。

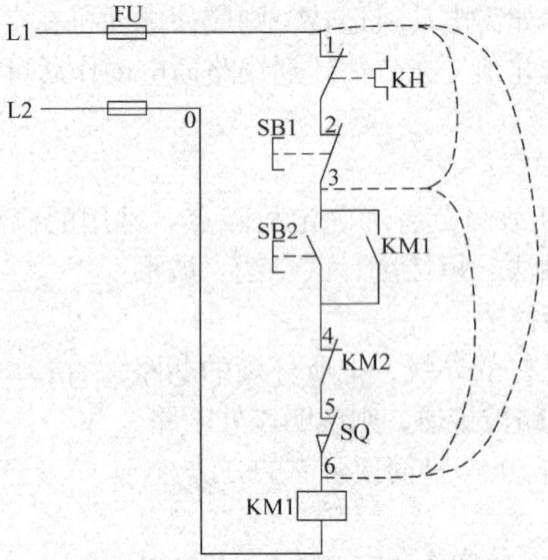

图 6–9　长短接法

用短接法检测故障时必须注意以下几点。

（1）用短接法检测时，是用手拿着绝缘导线带电操作，所以一定要注意用电安全，不能触及带电的线芯，应戴绝缘手套操作。

（2）短接法一般只适用检查控制电路，不能在主电路中使用。且绝对不能短接负载或压降较大的电器，如电阻、线圈、绕组等，否则将发生短路现象。

（3）对于生产机械的某些重要部位，必须保证在电气设备或机械部件不会出现事故的情况下，才能使用短接法。

在实际检修中，机床电气故障是多种多样的，即使同一种故障现象，发生故障的部位也可能是不同的。因此，采用以上故障检修步骤和方法时，不要生搬硬套，而应根据故障性质和具体情况灵活应用，各种方法可交叉使用，力求迅速、准确地找出故障点。

3．故障修复及注意事项

查找出电气设备的故障点后，就要着手进行修复、试运行和记录等，然后交付使用。在此过程中应注意以下几点。

（1）在找出故障点和修复故障时，应注意不要把找出故障点作为寻找故障的终点，还必须进一步分析查明产生故障的根本原因，避免类似故障再次发生。

（2）在故障修复的过程中，一般情况下应尽量做到复原。

（3）每次修复完毕后，应及时总结经验，填写好维修记录，存档以备日后维修时参考。

任务实施

按下启动按钮 SB2，主轴电动机 M1 不启动，此时应首先观察接触器 KM 是否动作，然后分以下两种情况做进一步检查。

（1）按下启动按钮 SB2，接触器 KM 动作，但电动机 M1 不启动或启动后转速很慢，且发出“嗡嗡”声，该故障是典型电动机缺相运行，其检修流程如图 6–10 所示。

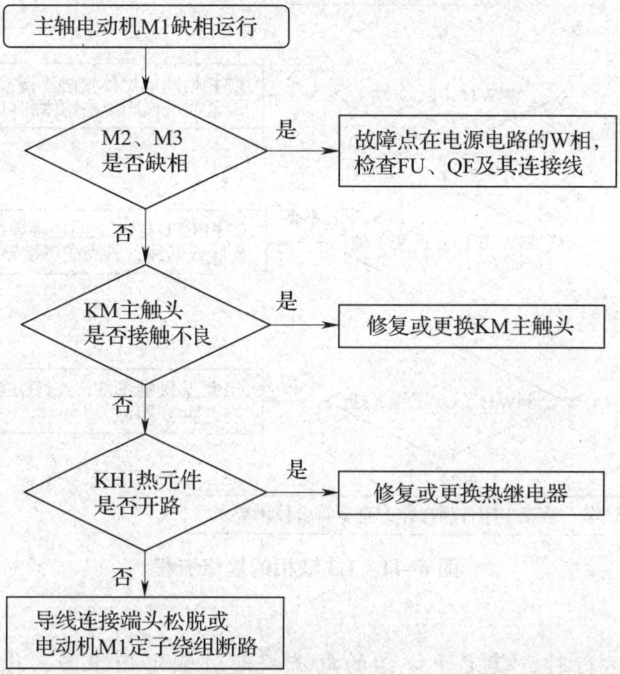

图 6–10 主轴电动机 M1 缺相运行的检修流程

提示

CA6140 型车床的配电盘壁龛有开门断电保护功能，若需要打开配电盘壁龛门进行带电检修时，需将行程开关 SQ2 的传动杆拉出，使断路器 QF 能合闸。关上壁龛门后，SQ2 复原恢复开门断电保护功能。

主轴电动机 M1 缺相运行故障的具体检修步骤如下。

1）观察故障现象。合上电源开关 QF，按下启动按钮 SB2，KM 得电吸合，主轴电动机 M1 转速很慢甚至不转，并发出“嗡嗡”声。这时要立即按下急停按钮 SB1，使 KM 断电释放，切断 M1 电源，防止电动机烧毁。再按下 SB3，观察电动机 M3 是否缺相运行。

2）确定故障范围。如果两台电动机 M1、M3 都缺相运行，说明故障在电源电路中，又因为接触器 KM 能正常动作，说明变压器 TC 能正常输出 110 V 电压，所以 L1、L2 两相电源电路正常，故障点应位于 L3 相电源电路中，即故障在 L3—FU—W10—QF—W11 范围内；如果 M3 不缺相，则故障点一般在 M1 主回路中，即 W11—KM 主触头—W12—KH1—1W 范围内和电动机 M1 内部。

3）查找故障点并排除故障。选择合适的测量方法查找故障点。如对两台电动机 M1、M3 都缺相运行的故障，由于故障范围较小，可用验电笔从 L3 相的电源进线端依次测量熔断器 FU、断路器 QF 的接线端子是否有电，从而找到故障点。L3 缺相的检修流程如图 6–11 所示。

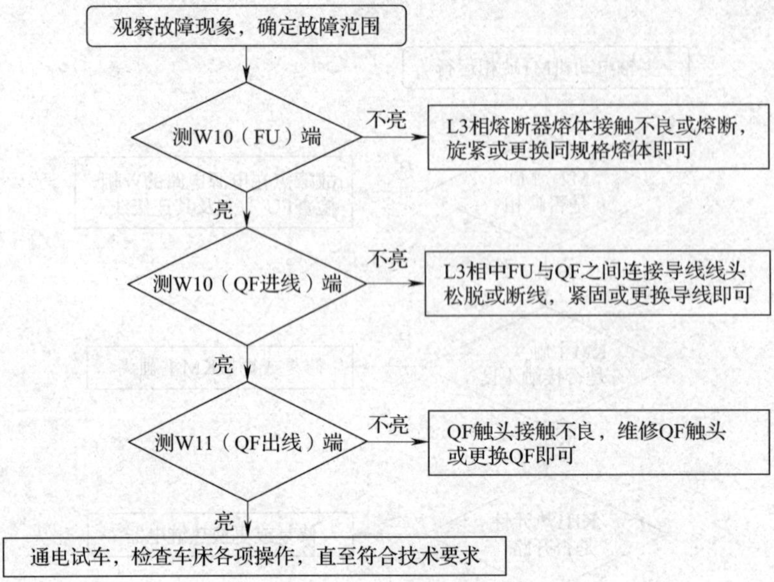

图 6–11　L3 缺相的检修流程

提示

1）电动机缺相运行时，其定子绕组的电流将超过额定值很多，很容易烧毁电动机，因此发现电动机缺相故障时要立即切断电动机电源，避免电动机因长时间通电而烧毁。

2）检修故障时，采用电压测量法一般可提高检修速度，但检修电动机缺相运行故障时，由于电动机不能长时间通电，故对于接触器主触头下方的故障点，一般只能采用电阻法测量。

3）遇到故障时，不要急于用测量法去查找故障点，应进行合理、充分地试车，通过试车认真观察故障现象，尽量缩小故障范围。如发现电动机 M1 缺相，应再按下 SB3，观察 M3 是否缺相，从而缩小故障范围，快速排除故障。

（2）按下启动按钮 SB2，接触器 KM 不吸合，主轴电动机 M1 不启动。

若接触器 KM 不吸合，则故障范围在接触器 KM 的线圈回路，可按如图 6–12 所示步骤进行检修。

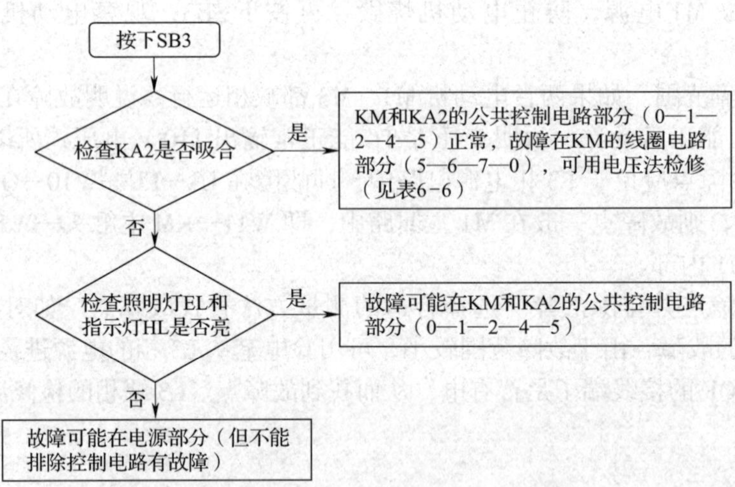

图 6–12　接触器 KM 不吸合的检修步骤

用电压法检修 KM 线圈电路部分故障的方法见表 6–6。

表 6–6　　用电压法检修 KM 线圈电路部分故障的方法

测量线路及状态	5—6	6—7	7—0	故障点	排除方法
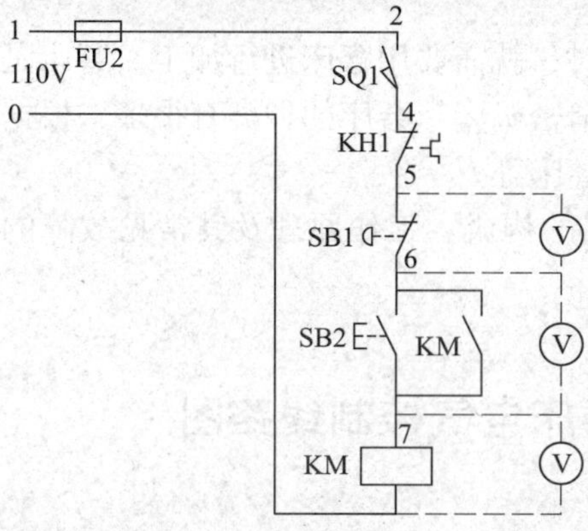 按住 SB2 不放	110 V	0	0	SB1 接触不良或接线脱落	更换 SB1 或将脱落线接好
	0	110 V	0	SB2 接触不良或接线脱落	更换 SB2 或将脱落线接好
	0	0	110 V	KM 线圈开路或接线脱落	更换线圈或将脱落线接好

提示

检修实例中给出的检修步骤和方法并非唯一，仅供实训时参考。

（3）CA6140 型车床其他常见电气故障的检修见表 6–7。

表 6–7　　CA6140 型车床其他常见电气故障的检修

故障现象	故障原因	处理方法
主轴电动机 M1 启动后不能自锁，即按下 SB2 后 M1 启动运转，松开 SB2 后 M1 随之停止	接触器 KM 的自锁触头接触不良或连接导线松脱	合上 QF，测 KM 自锁触头（6—7）两端的电压。若电压正常，故障是自锁触头接触不良；若无电压，故障是连线（6—7）断线或松脱
主轴电动机 M1 不能停止	KM 主触头熔焊；停止按钮 SB1 被击穿或线路中 5、6 两点连接导线短路；KM 铁芯端面被油垢粘牢不能脱开	断开 QF，若 KM 释放，说明故障是停止按钮 SB1 被击穿或导线短路；若 KM 过一段时间释放，则故障是铁芯端面被油垢粘牢；若 KM 不释放，则故障是 KM 主触头熔焊。可根据具体情况采取相应的修复措施
主轴电动机运行中停车	热继电器 KH1 动作，动作原因可能是电源电压不平衡或过低，整定值偏小，负载过重，连接导线接触不良等	找出 KH1 动作的原因，排除后使其复位
照明灯 EL 不亮	灯泡损坏；FU4 熔断；SA 触头接触不良；TC 二次绕组断线或接头松脱；灯泡和灯头接触不良等	可根据具体情况采取相应的修复措施

课题二 M7130 型平面磨床电气控制线路

在机械加工中，当对零件表面的光洁度要求较高时，就需要用磨床进行加工。磨床是用砂轮的周边或端面对工件的表面进行机械加工的一种精密机床。磨床的种类有很多，根据用途不同可分为平面磨床、内圆磨床、外圆磨床、无心磨床等。

本课题简要分析 M7130 型平面磨床电气控制线路的构成、工作原理及其常见故障的检修方法。

任务一 识读 M7130 型平面磨床电气控制线路图

学习目标

- 熟悉 M7130 型平面磨床电气控制线路的组成
- 能分析和识读 M7130 型平面磨床电气控制线路图，找出各条主要回路
- 能分析各主要控制回路的工作原理

任务引入

机床电气控制线路的分析方法大致相同，都必须在熟悉机床的基本结构、主要运动形式和控制要求的前提下，分析控制线路的工作原理。但每条线路都有其各自的特点，分析时要重点把握这些特点。M7130 型平面磨床电气控制线路如图 6–13 所示。该线路的重点和难点部分是电磁吸盘线路。本任务要求识读该线路图，找出各主要控制回路并能分析这些回路的工作原理。

相关知识

一、M7130 型平面磨床的主要结构

M7130 型平面磨床是卧轴矩形工作台式，其结构如图 6–14 所示，主要由床身、工作台、电磁吸盘、砂轮架（又称磨头）、滑座和立柱等部分组成。

二、M7130 型平面磨床的主要运动形式和控制要求

M7130 型平面磨床的主要运动形式及控制要求见表 6–8。

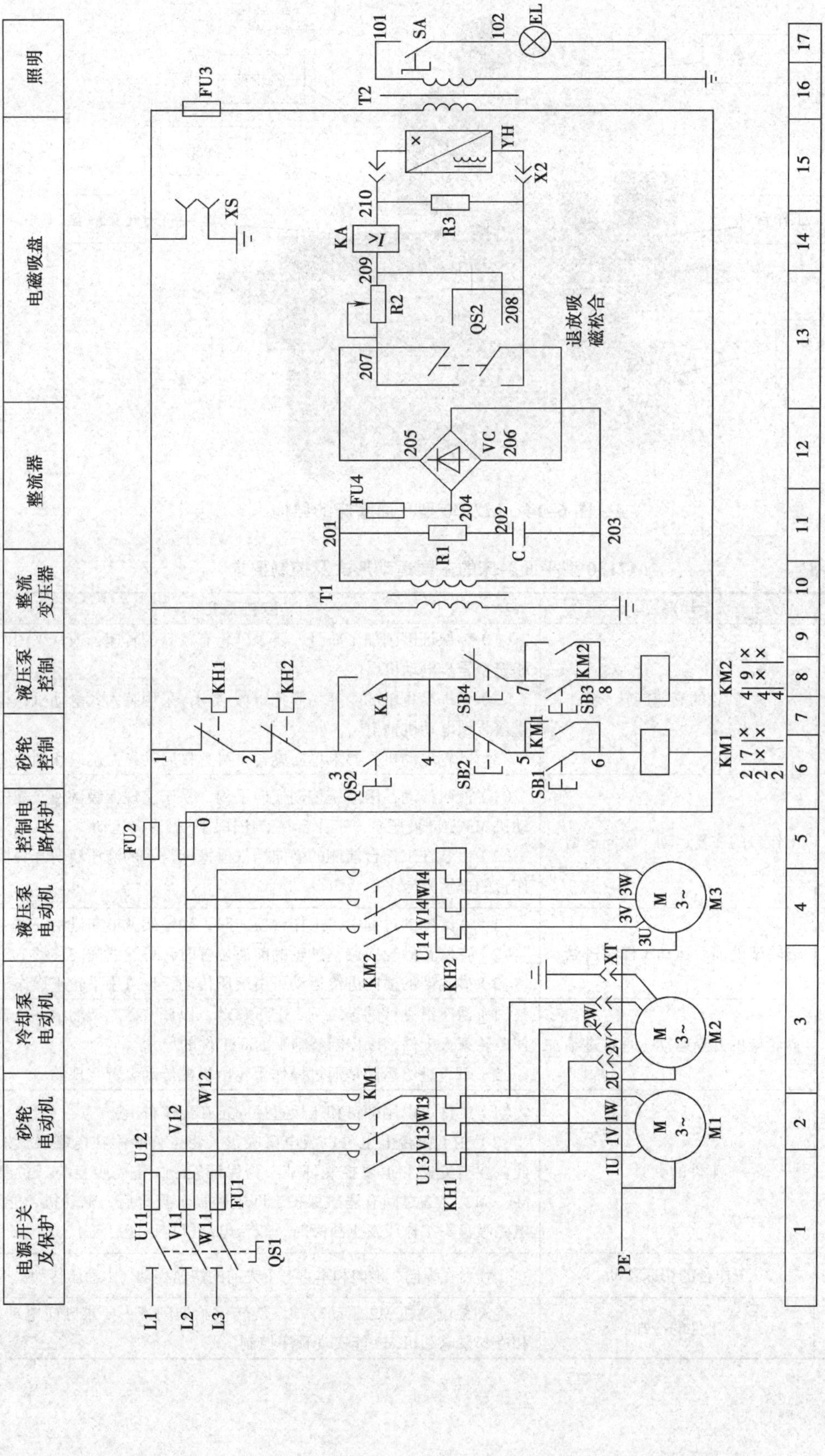

图 6-13　M7130 型平面磨床电气控制线路

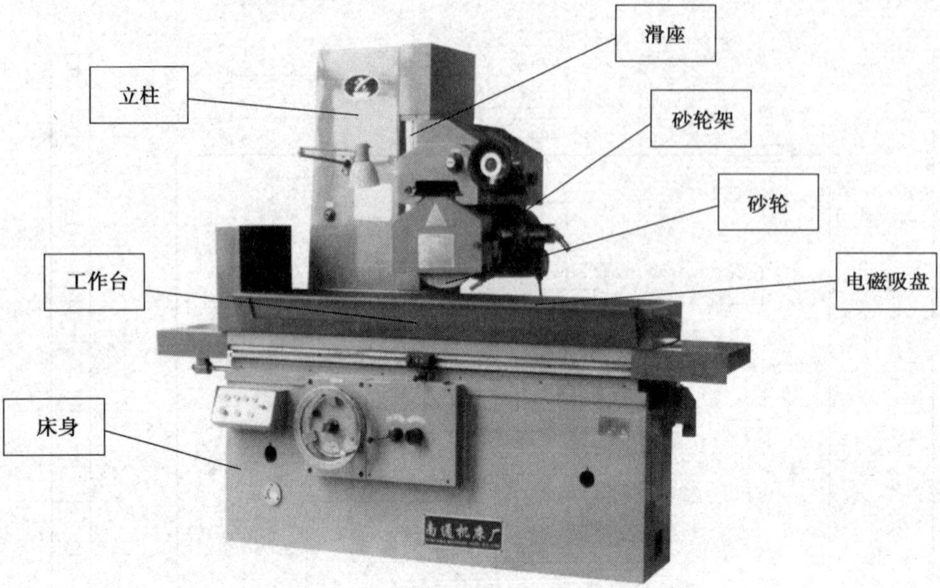

图 6–14 M7130 型平面磨床的结构

表 6–8 M7130 型平面磨床的主要运动形式及控制要求

运动种类	运动形式	控制要求
主运动	砂轮的高速旋转	（1）为保证磨削加工质量，要求砂轮有较高的转速，通常采用两极三相笼型异步电动机 （2）为提高主轴的刚度，简化机械结构，采用装入式电动机，将砂轮直接装到电动机轴上 （3）砂轮电动机只要求单向旋转，可直接启动，无调速和制动要求
进给运动	工作台的往复运动（纵向进给）	（1）液压传动，因液压传动换向平稳，易于实现无级调速。液压泵电动机 M3 驱动液压泵，工作台在液压作用下做纵向运动 （2）由装在工作台前侧的换向挡铁碰撞床身上的液压换向开关控制工作台的进给方向
	砂轮架的前后运动（横向进给）	（1）在磨削的过程中，工作台换向时，砂轮架就横向进给一次 （2）在修正砂轮或调整砂轮的前后位置时，可连续横向移动 （3）砂轮架的横向进给运动可由液压传动，也可用手轮来操作
	砂轮架的升降运动（垂直进给）	（1）滑座沿立柱的导轨垂直上下移动，以调整砂轮架的上下位置，或使砂轮磨入工件，以控制磨削平面时工件的尺寸 （2）垂直进给运动是通过操作手轮由机械传动装置实现的
辅助运动	工件的夹紧	（1）工件可以用螺钉和压板直接固定在工作台上 （2）在工作台上也可以装电磁吸盘，将工件吸附在电磁吸盘上。因此，要有充磁和退磁控制环节。为保证安全，电磁吸盘与三台电动机 M1、M2、M3 之间有弱磁保护，即电磁吸盘吸合后，电动机才能启动。电磁吸盘不工作或发生故障时，三台电动机均不能启动
	工作台的快速移动	工作台在纵向、横向和垂直三个方向的快速移动，由液压传动机构实现
	工件的冷却	冷却泵电动机 M2 驱动冷却泵旋转供给切削液；要求砂轮电动机 M1 和冷却泵电动机 M2 能实现顺序控制

任务实施

M7130 型平面磨床电路图如图 6–13 所示，该线路分为主电路、控制电路、电磁吸盘电路和照明电路四部分。

一、识读 M7130 型平面磨床的主电路

M7130 型平面磨床的主电路如图 6–15 所示，电源由组合开关 QS1 控制。主电路中有三台电动机，M1 为砂轮电动机，M2 为冷却泵电动机，M3 为液压泵电动机，其控制和保护电器见表 6–9。

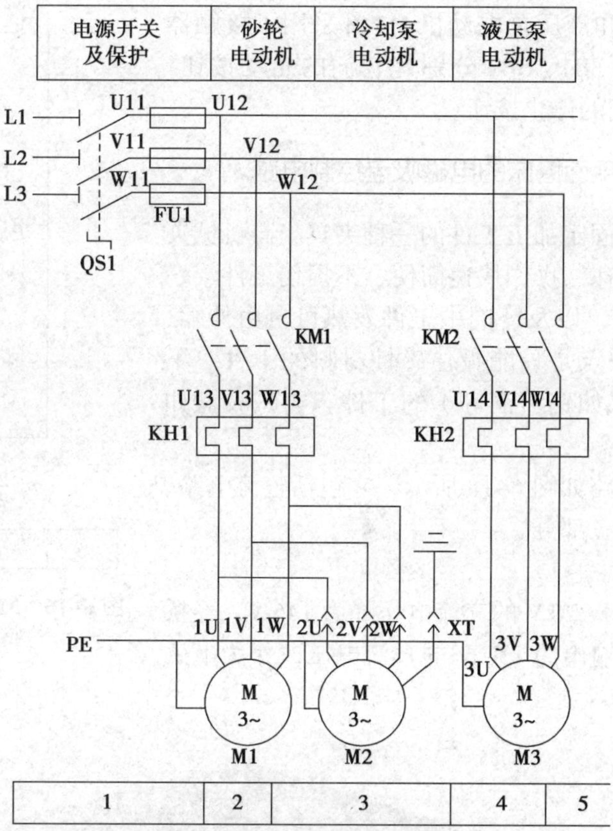

图 6–15 M7130 型平面磨床的主电路

表 6–9 主电路的控制和保护电器

名称及代号	作用	控制电器	过载保护电器	短路保护电器
砂轮电动机 M1	驱动砂轮高速旋转	接触器 KM1	热继电器 KH1	熔断器 FU1
冷却泵电动机 M2	供应切削液	接触器 KM1 和接插器 XT	无	熔断器 FU1
液压泵电动机 M3	为液压系统提供动力	接触器 KM2	热继电器 KH2	熔断器 FU1

二、识读 M7130 型平面磨床的控制电路

M7130 型平面磨床的控制电路如图 6–16 所示，控制电路直接采用交流 380 V 电压供电，由熔断器 FU2 作为短路保护。

当转换开关 QS2 的常开触头（3—4，6 区）闭合，或电磁吸盘得电工作，欠电流继电器 KA 线圈得电吸合，其常开触头（3—4，8 区）闭合，接通接触器 KM1（控制砂轮电动机 M1）和接触器 KM2（控制液压泵电动机 M3）的控制回路，为砂轮电动机 M1 和液压泵电动机 M3 的启动运行做好准备。

砂轮电动机 M1 和液压泵电动机 M3 都采用了接触器自锁正转控制线路，SB1、SB3 分别是它们的启动按钮，SB2、SB4 分别是它们的停止按钮。

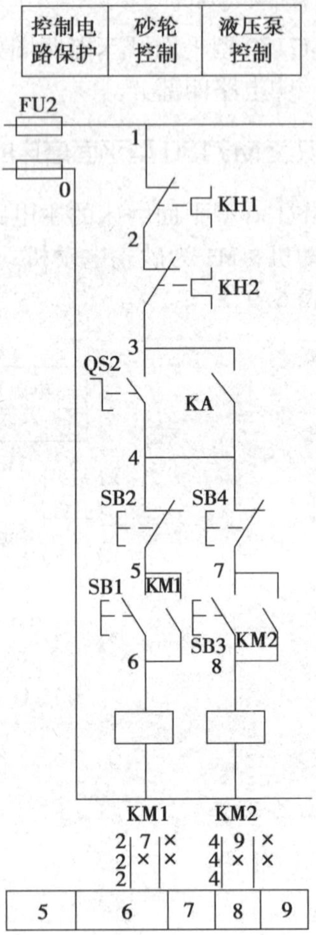

图 6–16 M7130 型平面磨床的控制电路

三、识读 M7130 型平面磨床的电磁吸盘控制电路

电磁吸盘是用来固定加工工件的一种夹具。与机械夹具比较，具有夹紧迅速、操作快速简便、不损伤工件、一次能吸牢多个小工件，以及磨削中工件发热可自由伸缩、不会变形等优点。缺点是只能吸住磁性材料的工件，不能吸牢非磁性材料（如铝、铜等）的工件。电磁吸盘如图 6–17 所示。

电磁吸盘控制电路如图 6–18 所示，它包括整流电路、控制电路和保护电路三部分。

1．整流电路

整流变压器 T1 将 220 V 的交流电压降为 145 V，经桥式整流器 VC 整流后输出约 130 V 的直流电压，作为电磁吸盘的电源。

图 6–17 电磁吸盘

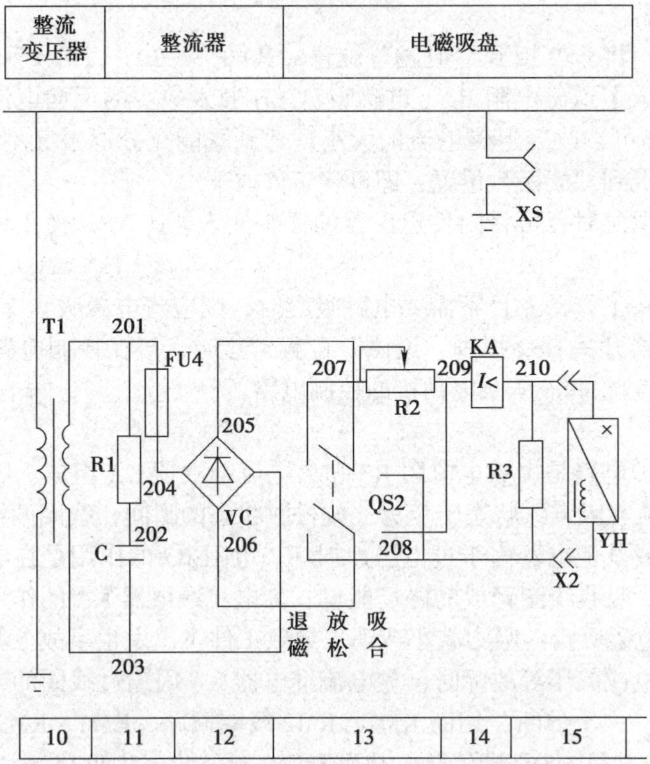

图 6–18 M7130 型平面磨床的电磁吸盘控制电路

2. 控制电路

电磁吸盘有“吸合”“放松”和“退磁”三种工作状态，由转换开关 QS2 控制工作状态的转换。转换开关 QS2 触点的状态见表 6–10。

表 6–10 转换开关 QS2 触点的状态

手柄位置 / 触点	吸合	放松	退磁
3—4	断开	断开	闭合
205—208	闭合	断开	断开
205—207	断开	断开	闭合
206—209	闭合	断开	断开
206—208	断开	断开	闭合

（1）吸合控制。将 QS2 扳到“吸合”位置，其触头（205—208）和（206—209）闭合，直流电压接入电磁吸盘 YH，工件被牢牢吸住。此时，欠电流继电器 KA 线圈得电吸合，KA 的常开触头（3—4）闭合，接通砂轮和液压泵电动机的控制电路。

（2）放松控制。当工件加工完毕，先把 QS2 扳到“放松”位置，其触头（205—208）和（206—209）恢复断开，切断电磁吸盘 YH 的直流电源。由于工件具有剩磁而不易取下，因此，必须进行退磁。

（3）退磁控制。将 QS2 扳到“退磁”位置，其触头（205—207）和（206—208）闭合，由于退磁回路中串入了退磁电阻 R2，电磁吸盘 YH 通入较小的反向电流进行退磁。调节退磁电阻 R2 的阻值即可以改变退磁电流的大小，达到既能充分退磁又不致反向磁化的目的。退磁结束，将 QS2 扳到“放松”位置，即可将工件取下。

如果工件不易退磁时，可将附件退磁器的插头插入插座 XS，使工件在交变磁场的作用下进行退磁。

如果将工件夹在工作台上且不需要电磁吸盘时，则应将电磁吸盘 YH 的插头 X2 从插座上拔下，同时将转换开关 QS2 扳到“退磁”位置，这时，接在控制电路中的 QS2 常开触头（3—4）闭合，接通砂轮和液压泵电动机的控制电路。

3．保护电路

电磁吸盘的保护电路是由放电电阻 R3 和欠电流继电器 KA 组成。因为电磁吸盘的电感很大，当电磁吸盘从“吸合”状态转变为“放松”状态的瞬间，线圈两端将产生很大的自感电动势，易使线圈或其他电器由于过电压而损坏。电阻 R3 的作用是在电磁吸盘断电瞬间给线圈提供放电通路，吸收线圈释放的磁场能量。欠电流继电器 KA 的作用是防止电磁吸盘断电或电流不足时，电磁吸盘的吸力减小或消失导致工件飞出发生事故。其保护原理为：当电磁吸盘突然发生断电或欠压等故障时，欠电流继电器 KA 因通过线圈的电流小于整定值而释放，其常开触头（3—4）分断，切断 KM1、KM2 线圈回路，KM1、KM2 断电释放，砂轮电动机 M1 和液压泵电动机 M3 立即停转，从而避免工件飞出发生事故。

电阻 R1 与电容器 C 串联组成阻容吸收电路，用以吸收电磁吸盘回路交流侧的过电压和直流侧通断时产生的浪涌电压，对整流器进行过电压保护。熔断器 FU4 为电磁吸盘提供短路保护。

四、识读 M7130 型平面磨床的照明电路

照明变压器 T2 将 380 V 的交流电压降为 36 V 的安全电压供给照明电路。EL 为照明灯，一端接地，由开关 SA 控制。熔断器 FU3 作照明电路的短路保护。

任务二　M7130 型平面磨床简单电气故障检修

学习目标

- 学会分析电磁吸盘的简单故障
- 能进行 M7130 型平面磨床简单电气故障的检修

任务引入

M7130 型平面磨床工作时，若照明灯 EL 正常工作但电磁吸盘无吸力，故障原因可能是什么？该如何进行检修？本任务将学习 M7130 型平面磨床的常见电气故障的检修方法。

相关知识

M7130 型平面磨床的常见电气故障及检修方法与车床相似，具体见表 6–11。

表 6–11　　M7130 平面磨床的常见电气故障及检修方法

故障现象	故障原因	检修方法
电磁吸盘吸力不足	电磁吸盘损坏或整流器输出电压不正常	检查电磁吸盘和整流器，查出故障元件，进行更换或修理
三台电动机均不能启动	欠电流继电器 KA 的常开触头或转换开关 QS2 的触头（3—4）接触不良、接线松脱或有油垢，热继电器 KH1 或 KH2 动作等，使电动机的控制电路处于断电状态	分别检查欠电流继电器 KA 的常开触头和转换开关 QS2 的触头（3—4）的接触情况，不通则修理或更换；检查 KH1 或 KH2 是否动作
砂轮电动机的热继电器 KH1 经常动作	（1）M1 前轴承铜瓦磨损后易发生堵转现象，使电流增大，导致热继电器动作 （2）砂轮进刀量太大，电动机超负荷运行 （3）热继电器规格选得太小或整定电流过小	（1）修理或更换轴承铜瓦 （2）选择合适的进刀量，防止电动机超载运行 （3）更换或重新整定热继电器
电磁吸盘退磁不好，使工件取下困难	（1）退磁电路断路，没有退磁 （2）退磁电压过高 （3）退磁时间太长或太短	（1）检查转换开关 QS2 接触是否良好，退磁电阻 R2 是否损坏 （2）应调整退磁电阻 R2，使退磁电压调至 5 ~ 10 V （3）根据不同材质掌握好退磁时间

任务实施

若照明灯 EL 正常工作而电磁吸盘无吸力，说明整流变压器的电源正常但没有电流通过电磁吸盘，检修时应先测量电磁吸盘两端有无电压，然后逐级向变压器 T1 测量，检修步骤如图 6–19 所示。

具体故障分析如下。

（1）如果电磁吸盘有吸力但吸力不足，故障原因一般是电磁吸盘线圈发生局部短路或整流器输出电压不正常造成的。M7130 型平面磨床电磁吸盘的电源由整流器 VC 供给。空载时，整流器直流输出电压应为 130 V 左右，负载时不应低于 110 V。若整流器空载输出电压正常，带负载时电压远低于 110 V，故障原因可能是电磁吸盘线圈短路，一般需更换电磁吸盘线圈。

若空载时电磁吸盘电源电压不正常，大多是因为整流元件短路或断路造成的。应检查整流器 VC 的交流侧电压及直流侧电压。若交流侧电压正常，直流输出电压不正常，则表明整流器发生元件短路或断路故障，可用万用表测量整流器的输出及输入电压，判断出故障部位，查出故障元件，进行更换或修理即可。

实践证明，在直流输出回路中加装快速熔断器，可避免损坏整流二极管。

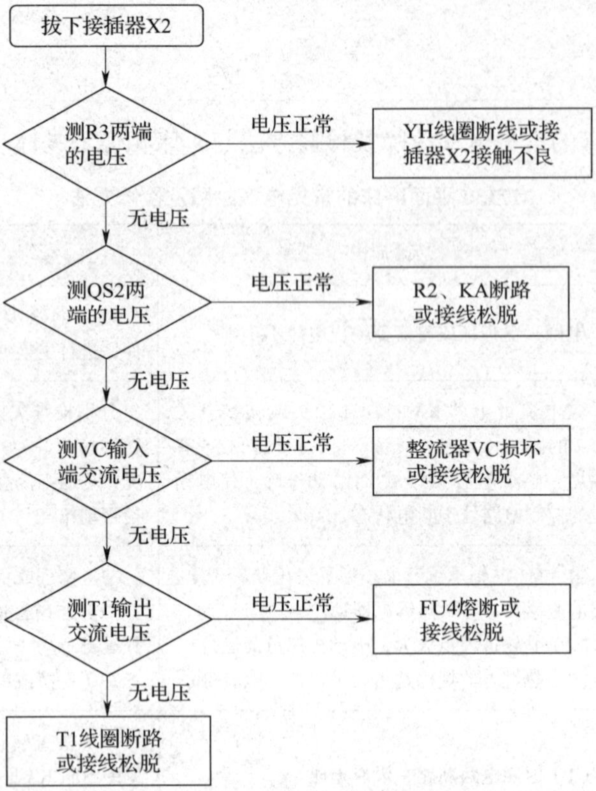

图 6–19　电磁吸盘无吸力故障检修流程

（2）电磁吸盘的另一常见故障是退磁不好，工件取下困难。从如图 6–20 所示电磁吸盘的退磁回路电路图中可以看出，电磁吸盘退磁不好的原因为：一是退磁电路断路，根本没有退磁，应检查转换开关 QS2 接触是否良好，退磁电阻 R2 是否损坏；二是退磁电压过高，应调整电阻 R2 阻值，使退磁电压降至 5 ~ 10 V；三是退磁时间掌握不当，退磁时间太长或太短。对于不同的材料，所需的退磁时间不同，应根据经验注意掌握退磁时间。

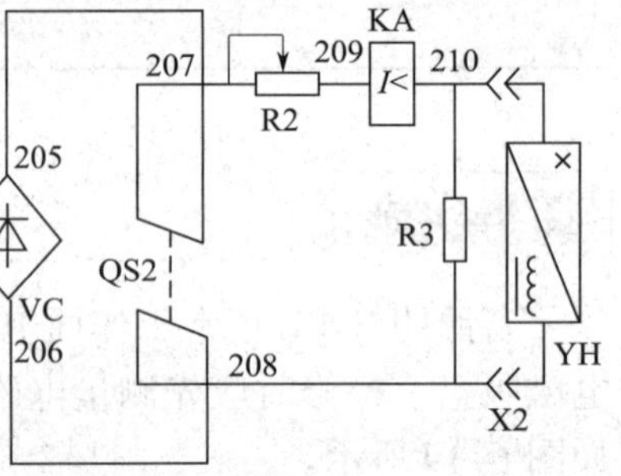

图 6–20　电磁吸盘的退磁回路

模块七

电子元器件与简单电子线路

课题一 常用电子元器件

任务一 认识与检测电阻器、电容器、电感器

学习目标

- 认识常用的电阻器
- 了解电阻器、电容器、电感器的主要参数
- 掌握电阻器、电容器、电感器的测量与质量判断方法

任务引入

随着科技的日新月异、新技术的快速发展，电子技术在生活中得到更为广泛的应用，目前电子技术已成为信息产业与传统产业之间的重要环节和桥梁。如图 7-1 所示为一台直流稳压电源的线路板，上面有许多的电子元器件。你能说出这些电子元器件的名称吗？知道应如何检查和测量这些电子元器件吗？

图 7–1 直流稳压电源线路板

相关知识

一、电阻器

1．电阻器的外形、符号

电阻器是具有一定阻值、几何形状和技术性能的元件，将电阻器接在电路中后，它可以限制通过所连支路的电流大小。在电路中起电阻作用，用英文字母“R”表示。电阻器按结构通常可分为固定电阻器、可变电阻器和敏感电阻器三大类。常用电阻器的外形和符号见表 7–1。

表 7–1 常用电阻器的外形和符号

种类	实物图	图形符号	说明
固定电阻器	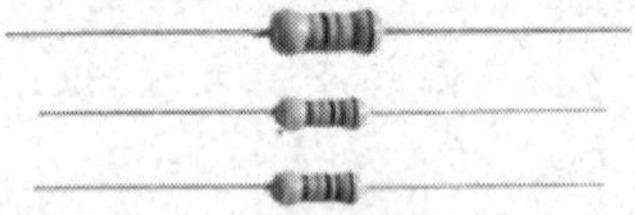	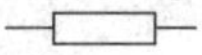	主要用在阻值固定而不需要变动的电路中
可变电阻器		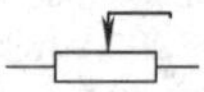	主要用在阻值需要变动的电路中
敏感电阻器	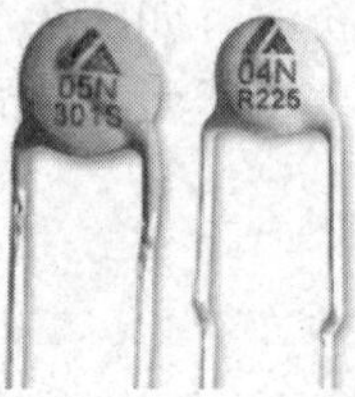	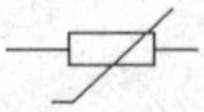	主要用在阻值需要随某一物理量（温度、湿度等）变化而变化的电路中

2．电阻器的参数

电阻器的常用参数如图 7–2 所示，其参数说明见表 7–2。

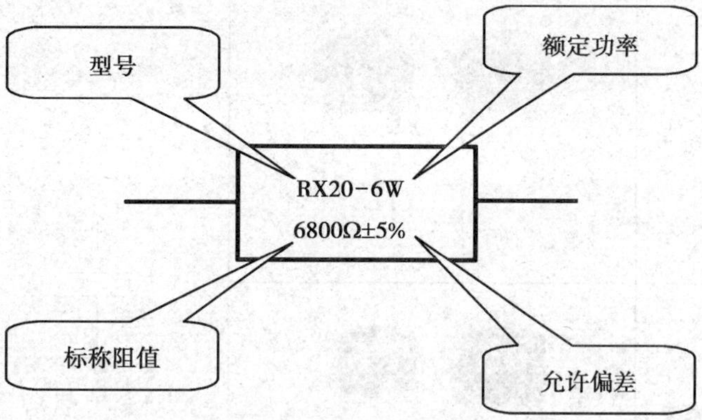

图 7–2　电阻器的常用参数

表 7–2　电阻器的参数说明

识读内容	参数说明
型号	RX20 表示本电阻器为线绕电阻器，常用的电阻器型号还有 RT 碳膜电阻、RJ 金属膜电阻、RH 合成膜电阻
标称阻值	6 800 Ω 表示本电阻器的标称阻值为 6 800 Ω，这种将电阻器的标称阻值直接用数字和单位标注在电阻器表面的方法称为直标法；也可写成 6k8，这种将字母、数字有规律地结合起来表示电阻的阻值的方法称为文字符号法；也可写成 682（即 68×10^2=6 800 Ω），用三位数码来表示阻值时，前两位表示有效数字，后一位表示倍乘，单位是欧姆，这种用三位数码标注阻值的方法称为数码标志法；另外，小功率的电阻器还多采用色标法进行标注
允许偏差	电阻器的实际阻值对于标称阻值的最大允许偏差范围，称为电阻器的允许偏差，它表示电阻器产品的精度高低。本电阻器的允许偏差为 ±5%。一般通用电阻器有三个等级：Ⅰ级（对应允许偏差为 ±5%）、Ⅱ级（±10%）、Ⅲ级（±20%） ±5%、±10%、±20% 也可分别用字母 J、K、M 来表示。当没有任何标注时，默认值为 ±20%
额定功率	额定功率是指电阻器长期安全使用所允许承受的最大功率。本电阻器的额定功率为 6 W，通常大于 1 W 的电阻器的额定功率直接标注在电阻器的表面。小功率电阻器的额定功率可根据电阻器的长度、直径和经验来判断

二、电容器

1．电容器的外形、符号

电容器是由两个金属电极中间夹一层绝缘介质构成的，当电容器的两个电极之间加上电压时，电容器就会储存电荷，它是一种能储存电能的元件，在电路中作隔直流、旁路、耦合、调谐等用，用英文字母“C”表示。电容器按结构一般可分为固定电容器和可变电容器两大类。常用电容器的外形、符号见表 7–3。

表 7–3　　常用电容器的外形、符号

<table>
<tr><th>种类</th><th>名称</th><th>实物图</th><th>图形符号</th><th>说明</th></tr>
<tr><td rowspan="3">固定电容器</td><td>瓷片电容器</td><td>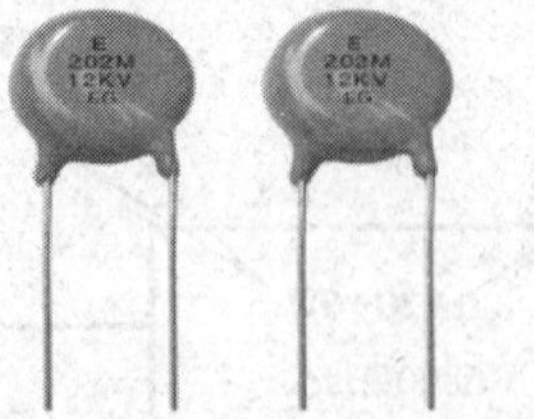</td><td rowspan="3"></td><td rowspan="3">主要用在电容量固定而不需要变动的电路中
其中瓷片电容器、涤纶电容器因其电容量较小，多用于高频电路。电解电容器因其电容量较大，多用于低频电路</td></tr>
<tr><td>涤纶电容器</td><td></td></tr>
<tr><td>电解电容器</td><td></td></tr>
<tr><td>可变电容器</td><td>可变电容器</td><td></td><td>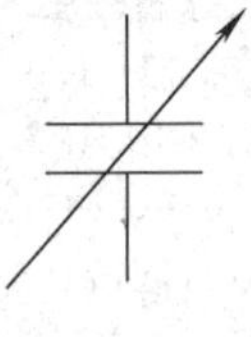</td><td>主要用在电容量需要变动的电路中，如调谐回路</td></tr>
</table>

2. 电容器的参数

电容器的常用参数如图 7–3 所示，其参数说明见表 7–4。

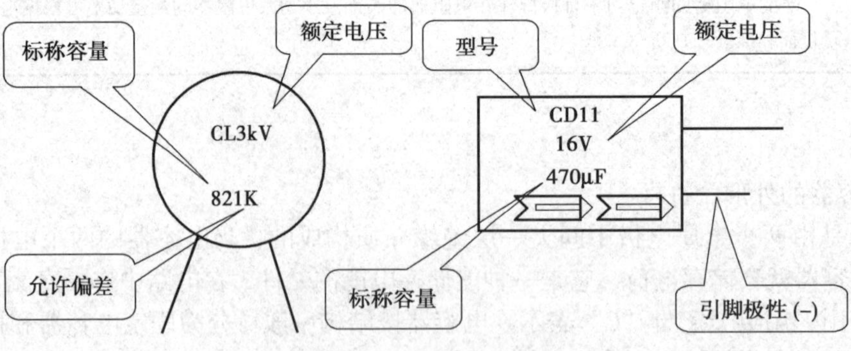

图 7–3　电容器的常用参数

表 7–4　　电容器的参数说明

识读内容	参数说明
型号	CL 表示本电容器为涤纶薄膜电容器。常用的电容器型号还有 CD 铝电解电容器、CC 高频陶瓷电容器、CT 低频陶瓷电容器、CZ 纸介电容器
标称容量	470 μF 表示本电容器的标称容量为 470 μF，这种将电容器的标称容量直接用数字和单位标注在电容器表面的方法称为直标法；821（即 82×10^1）表示 820 pF，它用三位数码来表示容量，前两位表示有效数字，后一位表示倍乘，单位是 pF，这种用三位数码标注电容量的方法称为数码法；另外，电容器和电阻器一样也有采用色标法进行标注的
允许偏差	“K”表示本电容器的允许偏差为 ±10%，一般通用电容器有三个等级：Ⅰ级（对应允许偏差为 ±5%）、Ⅱ级（±10%）、Ⅲ级（±20%） ±5%、±10%、±20% 也可分别用字母 J、K、M 来表示。当没有任何标注时，默认值为 ±20%
额定电压	额定电压是指电容器在线路中能够长期可靠地工作，而不被击穿时所能够承受的最大直流电压（又称耐压）。本电容器的额定电压为 3 kV

注：电解电容器还应该注意识别其引脚极性。在电路中正极接高电位，负极接低电位。

三、电感器

1．电感器的外形、符号

凡能产生自感、互感作用的元器件均称为电感器。一般电感是用漆包线、沙包线在绝缘管上绕一定圈数制作而成，它在电路中用字母“L”表示，电感器的主要作用是对交流信号进行隔离、滤波或与电阻器、电容器等组成谐振电路。电感器一般可分为电感线圈和变压器两大类。常用电感器的外形、符号见表 7–5。

表 7–5　　常用电感器的外形、符号

种类	实物图	图形符号	说明
电源变压器		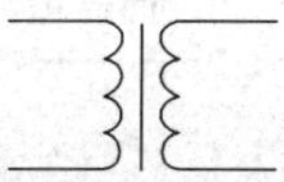	变压器是变换电压、电流和阻抗的器件
电感线圈			在交流电路中作阻流、降压、负载用。与电容器配合可以作调谐、滤波等用

2．电感器的参数

电感器的常用参数如图 7–4 所示，其参数说明见表 7–6。

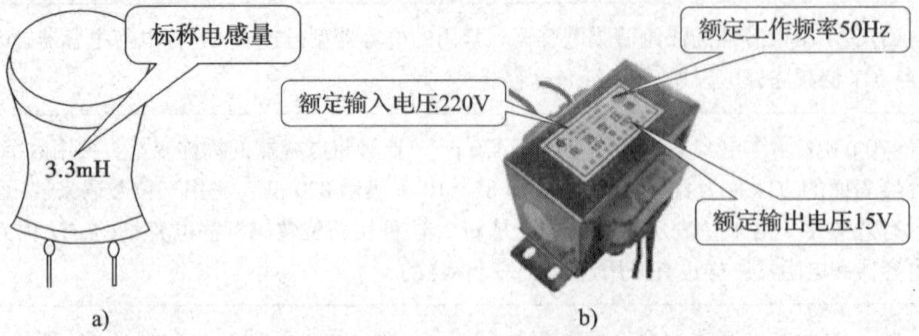

图 7–4　电感器的常用参数

a）电感器　b）变压器

表 7–6　　电感器的参数说明

识读内容	参数说明
标称电感量	3.3 mH 表示本电感器的标称电感量为 3.3 mH
变压器额定工作电压	变压器额定工作电压分为额定输入电压和额定输出电压。本变压器的额定输入电压为 220 V，额定输出电压为 15 V
额定工作频率	本变压器的额定工作频率为 50 Hz
额定功率	是指变压器在规定的频率和电压下，长期工作而不超过规定温度的最大输出功率。单位用 W 表示。小功率的变压器有时不予标出

任务实施

一、标出直流稳压电源线路板上的电阻器、电容器

根据已学相关知识，在如图 7–5 所示的直流稳压电源线路板上，参照图中标注，标注出其他元件。

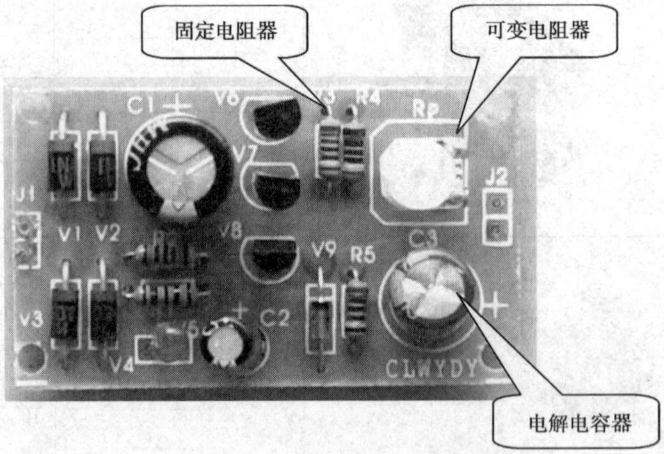

图 7–5　标出电阻器、电容器

二、检测电阻器、电容器和电感器

1．检测电阻器

电阻器的检测参考模块一中所学的方法进行，这里不再介绍。

2．检测电容器

电容器常见的故障有短路、断路、漏电和失效等。对电容器的检测，可首先通过直观检测法观察电容器外观是否有爆裂、鼓起等现象，然后使用万用表对电容器进行测量，并判断其性能的好坏。具体检测方法和步骤见表 7–7。

表 7–7　　　　电容器的检测方法和步骤

测试步骤	图示	判断说明
电容器放电		将电容器两引脚短接，对电容器进行放电，确保数字万用表的安全。对于小容量电容器可直接短接放电，对于容量较大的电容器可通过负载进行放电
万用表挡位选择	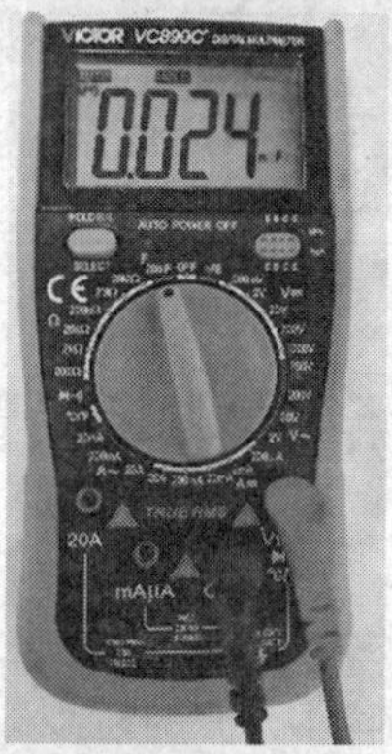	将功能旋钮开关转至电容挡“F”挡位
测量电容		将万用表表笔搭接电容器的两个引脚，读出 LCD 显示屏上的数字，即为电容器的容量值。若显示 0.000 则说明电容器开路；若显示“0L”，则说明电容器短路

3．检测电感器

电感器常见的故障有短路和断路等。对电感器的检测，首先应通过直观检测法观察电感器外观是否有变色、变形等现象，然后使用万用表对电感器进行测量，判断其性能的好坏。具体检测方法和步骤见表 7–8。

表 7–8　　电感器的检测方法和步骤

测试步骤	图示	判断说明
挡位选择		一般电感线圈铜线的直流阻抗很小，基本上接近于短路，所以用数字万用表检测电感元件时就根据这一特点，选择电阻的较低挡，以测量其通、断的方法来判断好坏。可将数字万用表拨到“二极管蜂鸣挡”的量程挡
测量电感	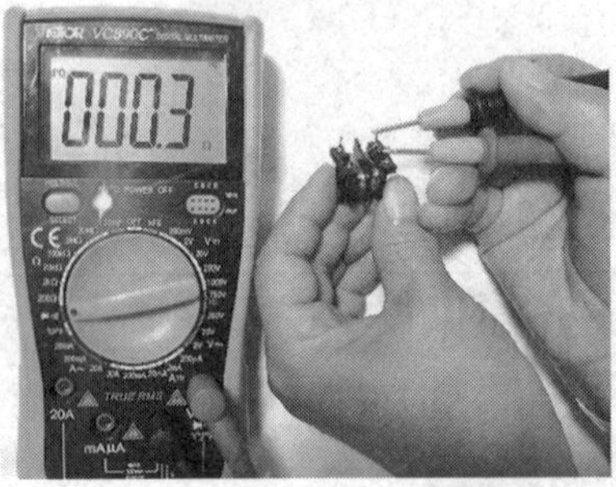	用数字万用表的两表笔分别接电感器两端，一般电感线圈的直流电阻很小（零点几欧至几十欧） 当测得线圈直流电阻无穷大时，表明线圈内部或引出端已断路。当测得线圈直流电阻远小于正常值或接近零时，表明线圈局部短路

任务二　认识与检测半导体二极管、三极管

学习目标

- 认识常用的半导体二极管、半导体三极管
- 了解半导体二极管、半导体三极管的常用参数
- 能进行半导体二极管、半导体三极管的质量检测

任务引入

半导体二极管、半导体三极管和电阻器、电容器一样，都是组成各种电子线路的最常用的元器件。在如图 7–1 所示的直流稳压电源线路板中，就使用了半导体二极管和半导体三极管，能从中找到它们吗？如何对它们进行检测？

相关知识

一、半导体二极管

1．半导体二极管的外形、符号

半导体二极管简称二极管。它是用半导体材料制成的一种电子元器件，它有两只引脚，两引脚分别为正极（+）和负极（-），具有单向导电性。即给二极管正极和负极加上正向电压时，二极管导通；当加反向电压时，二极管截止，因此二极管的导通和截止相当于开关的接通和断开。常用二极管的外形、符号见表 7–9。

表 7–9　　常用二极管的外形、符号

名称和型号	实物图	符号	说明
整流二极管 2CZ 系列	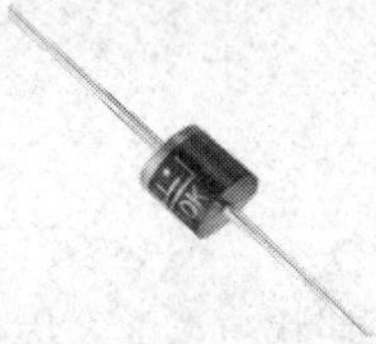	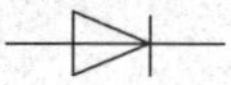	多用于整流电路，利用二极管的单向导电性，将交流电转变成直流电
稳压二极管 2CW 系列	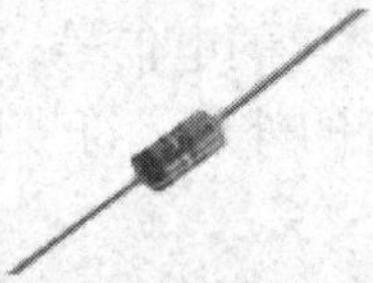	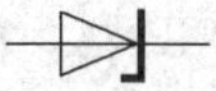	利用其反向击穿电压，使稳压二极管两端呈现稳定的电压。多为电路提供稳定的基准电压
发光二极管 FG 系列			它是能将电能转换成光能的半导体元件。多用作电路通、断及工作指示

2．二极管的单向导电性

二极管的单向导电性实验见表 7–10。

表 7–10　　二极管的单向导电性实验

实验电路	二极管的实验条件	实验现象	结论
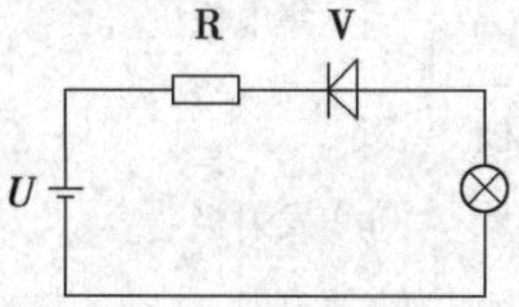	反向连接 （正极接低电位、负极接高电位）	灯不亮	当二极管承受反向电压时不导通，称为反向截止状态
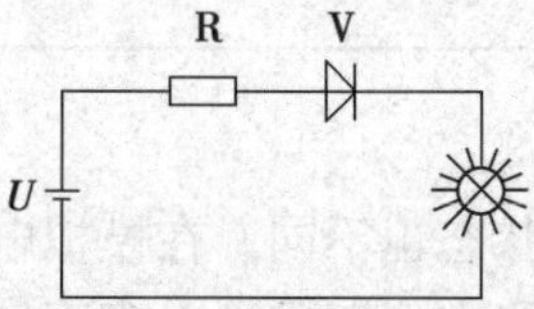	正向连接 （正极接高电位、负极接低电位）	灯亮	当二极管承受正向电压时导通，称为正向导通状态

3．二极管的极限参数

二极管的参数可分为特性参数和极限参数。在实际生产中，主要考虑其极限参数。

（1）最大整流电流 I_{FM}（I_{OM}），是指二极管长期连续工作时允许通过的最大正向电流。当超过该值时，二极管会发热损坏。

（2）最大反向工作电压 U_{RM}，是指二极管正常工作时加在二极管两端的最大反向电压，使用时不得超过此值，否则二极管可能被击穿。

（3）反向电流 I_R，是指在室温条件下，在二极管两端加上规定的反向电压时，流过管子的反向电流。I_R 值越小，说明二极管的单向导电性越好。

（4）最高工作频率 f_M 是指二极管在正常工作条件下的最高频率，其值主要取决于 PN 结结电容的大小，结电容越大，二极管允许的最高工作频率越低。

提示

二极管的极限参数不会在二极管上直接标出，可以根据二极管上所标出的型号，查阅有关手册获得。

二、半导体三极管

1．半导体三极管的外形、符号

半导体三极管简称三极管。它有三只引脚，分别为基极（b）、集电极（c）、发射极（e），具有电流放大作用，可以将微弱信号放大成幅度值较大的电信号，也可作为无触点开关使用。按其导电极性分为 NPN 型和 PNP 型。常见三极管的外形、符号见表 7–11。

表 7–11　常见三极管的外形、符号

种类	名称和型号	实物图	图形符号	说明
塑料封装	塑料封装小功率管（3DG 系列和 3CG 系列）		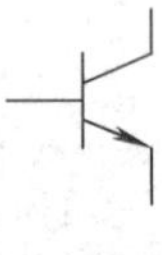 NPN 型	1．型号说明 3DG 系列表示 NPN 型高频小功率三极管 3CG 系列表示 PNP 型高频小功率三极管 3DD 系列表示 NPN 型低频大功率三极管 3CD 系列表示 PNP 型低频大功率三极管 2．符号说明 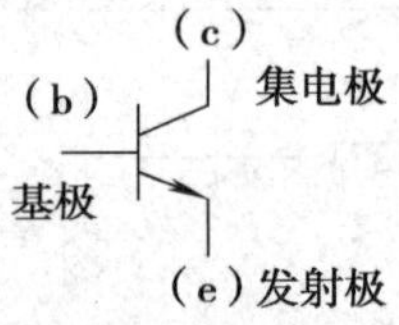 发射极箭头方向为电流方向
	塑料封装大功率管（3DD 系列和 3CD 系列）			
金属封装	金属封装大功率管（3DD 系列和 3CD 系列）		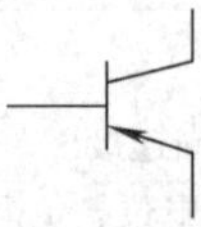 PNP 型	

2．三极管的放大条件

三极管有三种工作状态，不同的工作条件决定了三极管的工作状态也不同。在模拟电子电路中，三极管大多工作在放大状态，作为放大管使用。在数字电路中，三极管大多工作在饱和或截止状态，作为开关管使用。三极管的工作状态与工作条件的关系（以 NPN 管为例）见表 7–12。

表 7–12　　　　三极管的工作状态与工作条件的关系

实验电路	三极管的工作条件	三极管的工作状态
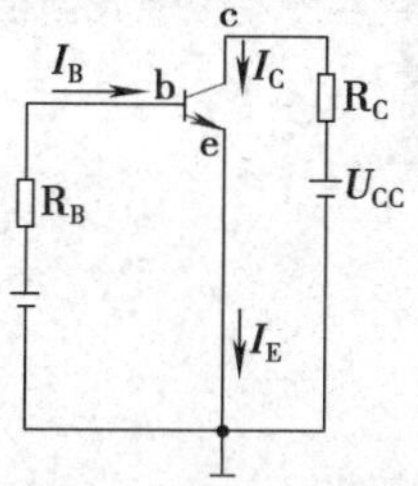	若 $U_C>U_B>U_E$， 并且 U_{be}=0.7 V	三极管工作在放大状态 $I_C=\beta I_B$ $I_E=I_C+I_B$
	若 $U_B>U_E$，$U_B>U_C$	三极管工作在饱和状态
	若 $U_B<U_E$	三极管工作在截止状态

3. 三极管的极限参数

三极管的参数有很多，在实际生产中，主要考虑其极限参数。

（1）集电极最大电流 I_{CM}。当集电极的电流太大时，三极管的放大倍数要下降，当三极管的放大倍数下降到正常值 2/3 时的集电极电流，称为集电极最大电流。

（2）集电极—发射极反向击穿电压 $U_{(BR)CEO}$。基极开路时，允许加在集电极—发射极之间的最高反向电压。

（3）集电极最大允许耗散功率 P_{CM}。它是由三极管允许的最高温度和散热条件来规定的。

任务实施

一、标出直流稳压电源线路板上的二极管、三极管

根据已学相关知识，在图 7–6 中标出二极管、三极管。

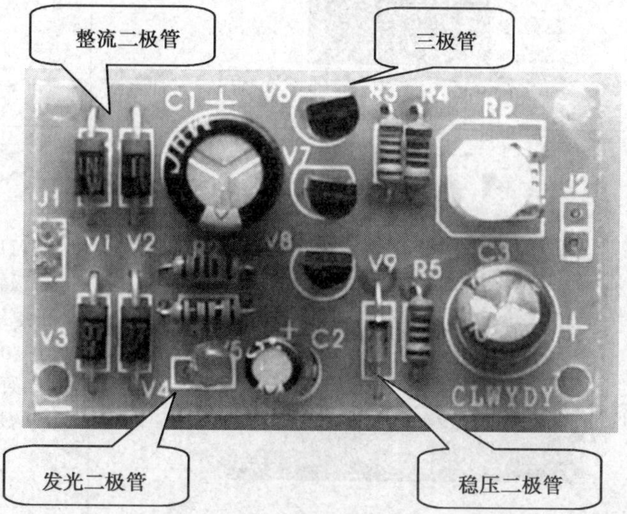

图 7–6　标出二极管、三极管

二、检测二极管、三极管

1．检测二极管

（1）直观识别二极管的引脚极性，如图 7–7 所示。

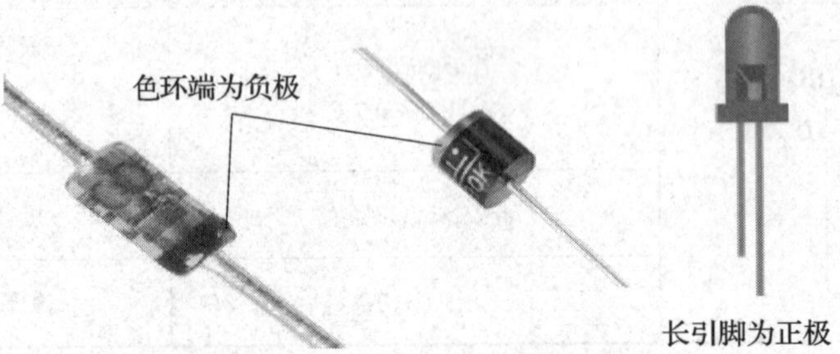

图 7–7　直观识别二极管的引脚极性

（2）用万用表来判别二极管的引脚极性和质量，具体的测试方法见表 7–13。

表 7–13　　二极管的测试方法

测试方法	图示	判断说明
挡位选择		首先把万用表黑表笔插入“COM”端，红表笔插入“VΩ”端，红表笔相当于是电池的正极，黑表笔相当于是电池的负极。将挡位调整旋转到“二极管蜂鸣挡”
测量二极管正负极	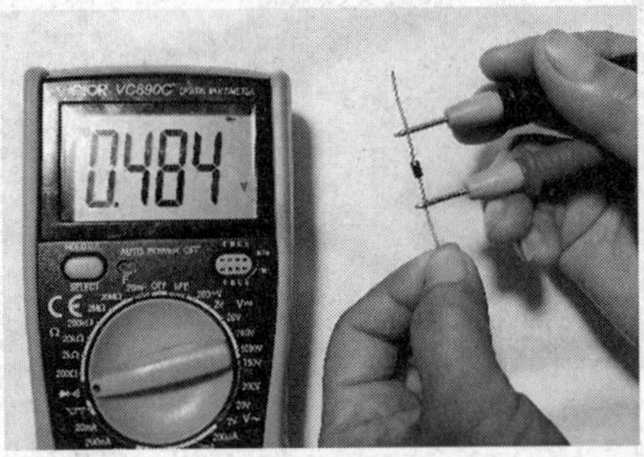	将万用表黑、红两表笔分别接至二极管的两个管脚，若一次测得的电压值为 0.48 V 左右，另一次为“0L”，则第一次测量时红表笔接的是二极管的正极，黑表笔接的是二极管的负极

续表

测试方法	图示	判断说明
测量二极管好坏	 	如果两次都显示“0L”，说明二极管开路；如果两次都接近于零，说明二极管已经被击穿

2. 检测三极管

（1）直观识别三极管引脚极性，见表 7–14。

（2）用万用表来判别三极管的引脚，具体的测试方法见表 7–15。

表 7–14　　　　直观识别三极管引脚极性

外形	管脚排列
	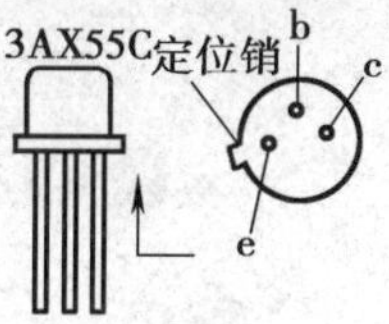
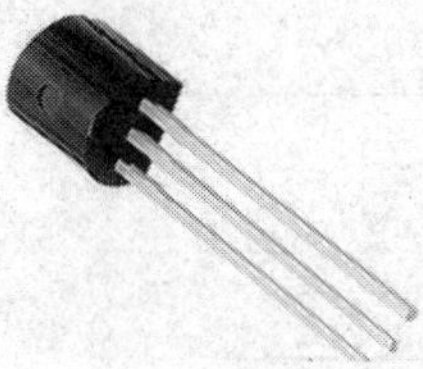	
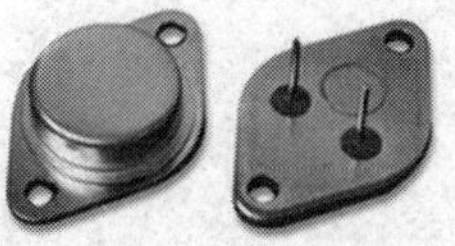	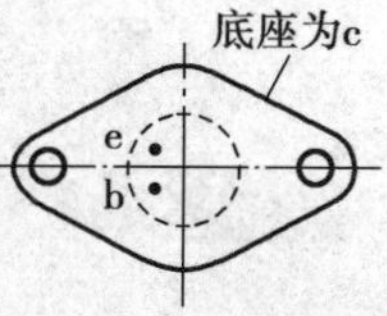

表 7–15　　三极管的测试方法

测试方法	图示	判断说明
挡位选择		将万用表挡位调整旋转到“二极管蜂鸣挡”
判断管型和基极	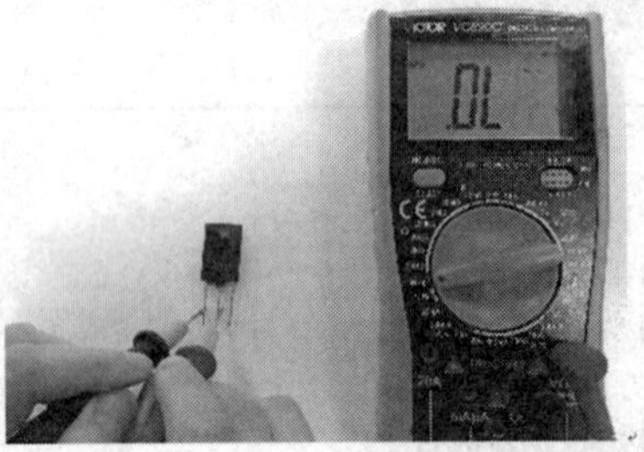	假设该管的任意一脚为基极，把黑表笔接在假设的基极上，红表笔分别接另外两只管脚，如果两次都有导通电压显示，则该管管型为 PNP 型，黑表笔接的是基极。把红表笔接在假设的基极上，黑表笔分别接另外两只管脚，如果两次都有导通电压显示，则该管管型为 NPN 型，红表笔接的是基极。若两次测量都无电压显示，应互换一下表笔测量
判断集电极	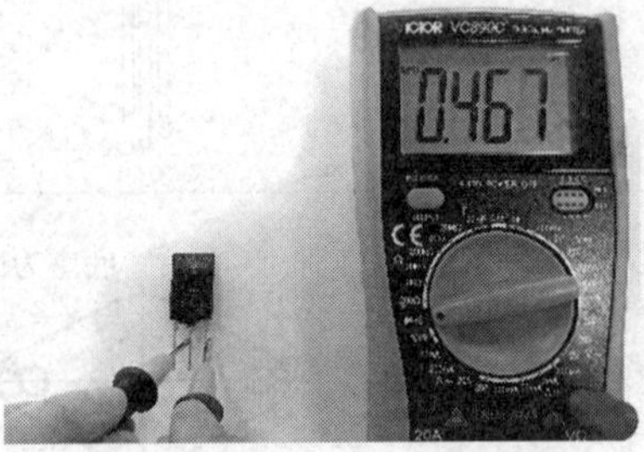	当分别测量基极、集电极、发射极时，电压值大一点的是发射极，电压值小一点的是集电极

课题二 简单电子线路

任务一 分析晶体管放大电路

学习目标

- 了解放大电路的作用和种类
- 了解放大电路的组成及工作原理

任务引入

外观时尚、体积轻巧的便携式扩音器（见图 7–8）非常适合教师和导游使用，它采用了最常用的一种基本单元电路——三极管基本放大电路（见图 7–9），它是利用半导体三极管的电流控制作用，将微弱的信号放大从而驱动负载正常工作。本任务将了解三极管基本放大电路的组成及工作原理。

图 7–8 便携式扩音器

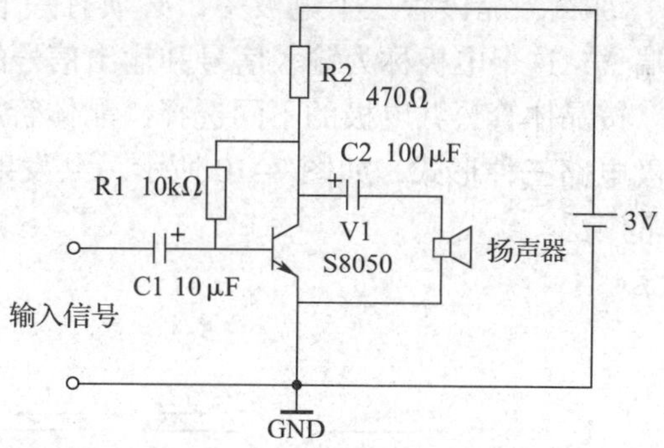

图 7–9 三极管基本放大电路

相关知识

一、放大电路的概念与分类

电子线路的主要作用是对信号进行传输和处理，其中最基本的作用是对信号进行放大。能将信号放大的电路称为放大电路或放大器，其作用是将微弱的电信号放大为功率或幅度足够大且与原来信号变化规律一致的信号，即进行不失真地放大。许多电子设备如收音机、电视机、手机、音响等都要用到放大器。

放大电路的种类繁多，可按照不同的方法进行分类，见表 7–16。

表 7–16　放大电路的分类

分类方法	种类	应用
按三极管的连接方式	共发射极放大器	最常用的放大器，具有电压和电流放大能力
	共集电极放大器	常用放大器，只有电流放大能力
	共基极放大器	用于高频放大电路中
按放大信号的频率	直流放大器	用于放大直流信号和变化缓慢的信号，集成电路采用的就是直流放大器
	低频放大器	用于低频信号的放大
	高频放大器	用于高频信号的放大
按信号的大小	小信号放大器	位于多级放大器前级，用于小信号放大
	大信号放大器	位于多级放大器后级，如功率放大器

二、基本放大电路的组成

所谓基本放大电路是指由单个三极管构成的放大电路。当三极管组成放大器时，其中两个电极用作信号（待放大信号）的输入端子；两个电极作为信号（放大后的信号）的输出端子。那么，晶体管三个电极中，必须有一个电极既是信号的输入端子，又同时是信号的输出端子，这个电极称为输入信号和输出信号的公共电极。

按晶体管公共电极的不同选择，晶体管放大电路分为共基极电路、共发射极电路和共集电极电路三种形式，如图 7–10 所示。共发射极电路是放大电路的一种基本电路形式，应用非常广泛。

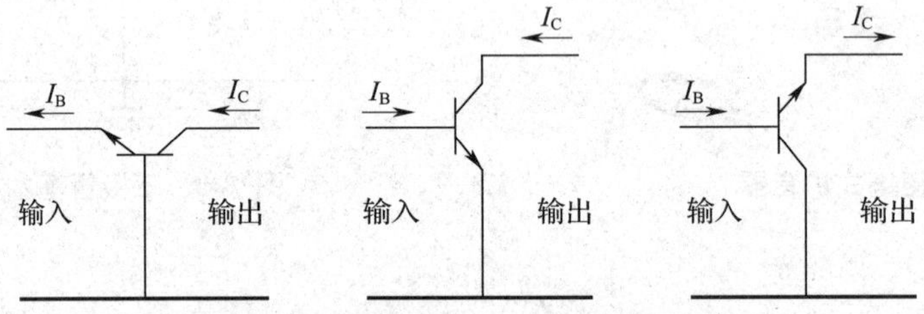

图 7–10　晶体管放大电路的三种形式

为了保证三极管工作在放大区，必须通过直流电源给器件提供适当的偏置电压或电流，这就需要有提供偏置的电路和电源；为了确保信号能有效地输入和输出，还必须设置合理的输入电路和输出电路。可见，放大电路应由放大器件、直流电源、偏置电路、输入电路和输出电路几部分组成。

1. 共发射极基本放大电路的电路结构

共射双电源供电电路如图 7–11 所示，其中 u_i 为电路的输入信号，它所在的回路称为输入回路；而放大后的信号作为电路的输出信号，它所在的回路称为输出回路。输入回路为基极和发射极所在的回路，输出回路为集电极和发射极所在的回路，由于发射极作为输入回路和输出回路的公共端（又称为地），所以称为共发射极电路，简称共射电路。

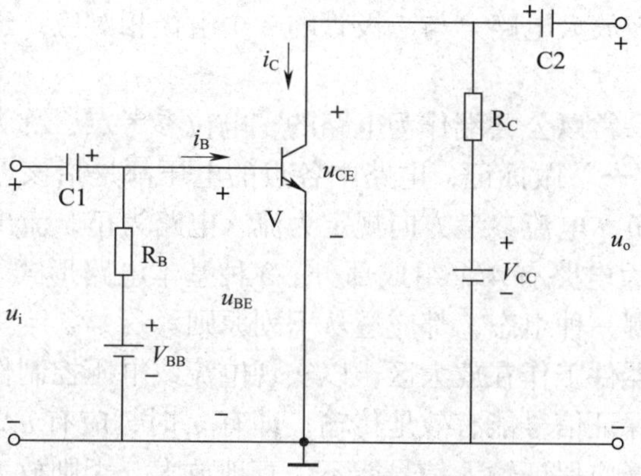

图 7–11 共射双电源供电电路

为简化如图 7–11 所示电路，一般选取 $V_{BB}=V_{CC}$，这样就得到如图 7–12a 所示的单电源供电的共射基本放大电路。此外，因为 V_{CC} 一端总是与地相连，在画电路图时，可利用电位的概念，省略电源符号，只标出另一端的电压数值和极性，这样就得到共射基本放大电路的习惯画法，如图 7–12b 所示，为了表示更普遍的情况，还画出了信号源的内阻 R_S 及电压源 u_s。

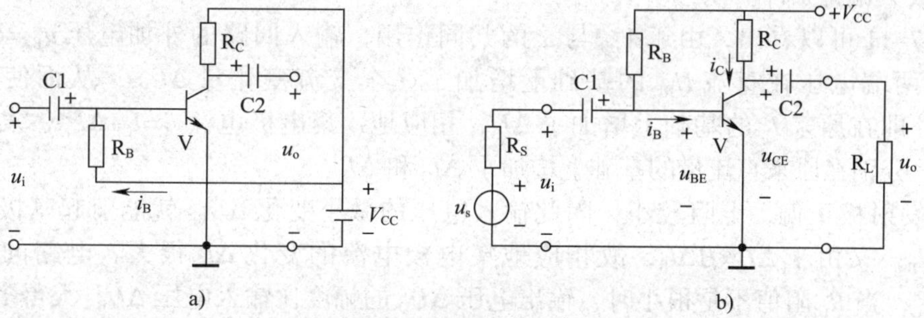

图 7–12 共射基本放大电路

a）单电源供电电路 b）习惯画法

2. 共射基本放大电路元器件的作用

直流电源 V_{CC}（几伏至几十伏），一方面通过 R_B 给三极管的发射结提供正向偏压，通过 R_C 给集电极提供反向偏压；另一方面提供负载所需信号的能量。

R_B 决定基极偏置电流 i_B 的大小，称为基极偏置电阻（一般为几十千欧至几百千欧）。

R_C 将集电极电流的变化转换为电压的变化，提供给负载，称为集电极负载电阻（一般为几千欧至几十千欧）。

电容 C1、C2 的作用是隔断放大电路与信号源、放大电路与负载之间的直流通路，仅让交流信号通过，即隔直通交。C1 称为输入耦合电容，C2 称为输出耦合电容。

C1、R_B、V_{CC} 及三极管的 b、e 极构成信号的输入电路；C2、R_C、V_{CC} 及三极管的 c、e 极构成信号的输出电路。

R_B、V_{CC} 构成三极管的偏置电路。三极管的发射极是输入回路和输出回路的公共端，所以称这种电路为共发射极放大电路。与三极管的 3 个电极相对应，还可构成共基极放大电路和共集电极放大电路。

在分析放大电路时，常以公共端作为电路的零电位参考点，称为"地"端（并非真正接到大地）。电路图上用"⊥"做标记，电路中各点的电压都是指该点对地端的电位差。电压参考方向规定为上正下负，电流参考方向规定为流入电路为正，流出电路为负。

综上所述，基本放大电路有 4 个组成部分、3 种基本电路形式（或称为组态），在构成具体放大电路时，无论哪一种组态，都应遵从下列原则。

（1）必须保证放大器件工作在放大区，以实现电流或电压控制作用。

（2）元件的安排应保证信号能有效地传输，即有 u_i 时，应有 u_o 输出。

（3）元件参数的选择应保证输入信号能不失真地放大，否则放大将失去意义。

以上 3 条原则也是判断一个电路是否具有放大作用的依据。

任务实施

三极管放大电路的工作原理如下。

在图 7–11 中，三极管 V 为核心放大器件，直流电源 V_{BB} 通过 R_B 给三极管发射极加正向电压，直流电源 V_{CC} 通过 R_C 给集电极加反向电压，从而保证三极管满足发射极正偏、集电极反偏的放大偏置条件。

由图 7–11 可以看出，由于 V_{BB} 与 u_i 的共同作用，输入回路的外加电压 $u_{BE}=U_{BE}+\Delta U_{BE}$，即发射极两端电压在直流 U_{BE} 的基础上增加了一个交流变化量 ΔU_{BE}，从而使基极电流 $i_B=I_B+\Delta I_B$，即在原来 I_B 的基础上增加了 ΔI_B，相应地，集电极电流 $i_C=I_C+\Delta I_C$，发射极电流 $i_E=I_E+\Delta I_E$，分别在原来直流量的基础上增加了 ΔI_C 和 ΔI_E。

由于发射极正偏，电阻较小，因此输入电压的微小变化 ΔU_{BE} 就能引起基极电流的较大变化 ΔI_B；又由于 $\Delta I_C=\beta\Delta I_B$，故相应地集电极电流的变化 ΔI_C 很大。电路的输出电压 $\Delta U_O=\Delta I_C R_C$，当 R_C 阻值不是很小时，输出电压 ΔU_O 的幅度比输入电压 ΔU_{BE} 大得多，且二者波形相同，因此，该电路具有电压放大作用。

从能量的角度来看，输入的电压 ΔU_{BE} 和电流 ΔI_B 均较小，输入的功率也较小，而输出的电流 ΔI_C 和电压 ΔU_O 均较大，输出的功率也较大。输出功率是由电源 V_{CC} 提供的（直流能量转化为交流能量），不是由输入电压 ΔU_{BE} 提供的。当然，由于三极管的特殊作用，输入电压 ΔU_{BE} 则完全控制着输出电流 ΔI_C 和电压 ΔU_O 的变化，因此输出端可以得到与输入信号波形完全一致的但功率要大得多的信号，即使信号不失真地放大。

综上所述，共射电路具有电流放大、电压放大和功率放大的作用，而"放大"的本质实际上是指功率的放大或能量的放大。

知识链接

放大电路的静态工作点

所谓静态是指放大器在没有交流信号输入（即 $u_i=0$）时的工作状态。这时三极管的基极电流 I_B、集电极电流 I_C、基极与发射极间的电压 U_{BE}、集电极与发射极间的电压 U_{CE} 的值叫静态值。这些静态值分别在输入、输出特性曲线上对应着一点 Q，如图 7–13 所示。

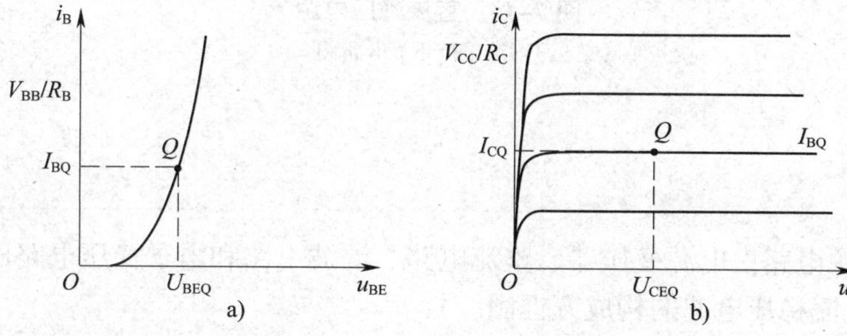

图 7–13　静态工作点

a）输入曲线上的 Q 点　b）输出曲线上的 Q 点

从放大电路原理图可以看出，如保持电源 V_{CC} 不变，调节 R_B 即可改变 I_{BQ}，从而使静态工作点改变。为使放大器能正常工作，放大器必须有一个合适的静态工作点。

任务二　安装与调试直流稳压电源

学习目标

- 了解直流稳压电源的组成和工作原理
- 知道相关元器件在直流稳压电源电路中的应用
- 掌握常用电子组装工具的使用方法
- 能安装与调试直流稳压电源

任务引入

人们日常使用的收音机、录音机等许多电子产品都需要采用直流电源供电，可普遍使用的是 220 V 的交流电压，这就需要有一个转换电路来实现交流到直流的转换，这个交—直流转换电路称为直流稳压电源，直流稳压电源实物如图 7–14a 所示。

如图 7–14b 所示为直流稳压电源的电路图，直流稳压电源是如何实现交—直流转换的呢？本任务将了解该电路的组成和工作原理，并学习直流稳压电源的安装与调试方法。

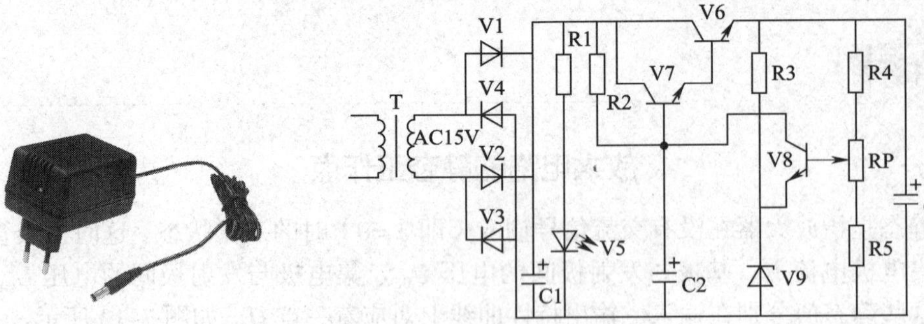

a) b)

图 7–14 直流稳压电源

a）实物图 b）电路图

相关知识

直流稳压电源电路由电源变压器、整流电路、滤波电路和电子稳压电路四部分组成。如图 7–15 所示为直流稳压电源的构成方框图。

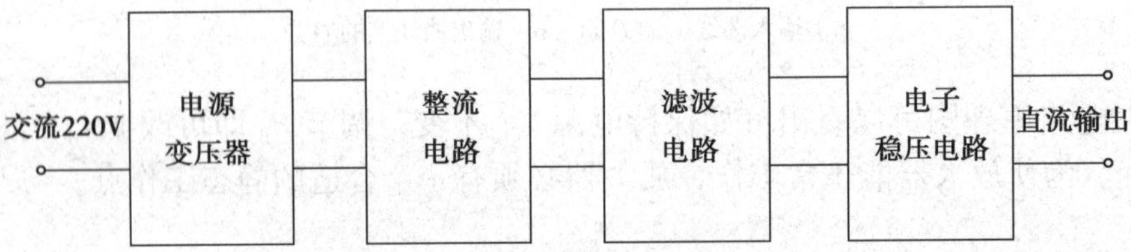

图 7–15 直流稳压电源的构成方框图

一、电源降压电路

如图 7–14b 所示，T 是电源降压变压器。

其作用是通过降压变压器的互感作用，将 220 V 的交流电变为所需要的交流 15 V 电压。

二、电源整流、滤波电路

1. 电源整流电路

如图 7–14b 所示，二极管 V1、V2、V3、V4 共同组成电源整流电路。电源整流电路是利用整流器件（如整流二极管）的单向导电特性将交流电转变为直流电。一般可分为半波整流电路、全波整流电路和桥式整流电路。这里采用的是桥式整流电路。

（1）桥式整流电路的电路组成。如图 7–16a 所示为单相桥式整流电路图，由变压器 T、四个整流二极管 V1 ~ V4 和负载电阻器 R 组成。

（2）桥式整流电路的工作原理。首先变压器 T 先将交流 220 V/50 Hz 的电网电压 u_1 变换成所需要的较低的交流电压 u_2。其变压比等于变压器一次侧与二次侧的匝数比，即 $u_1/u_2=N_1/N_2$。

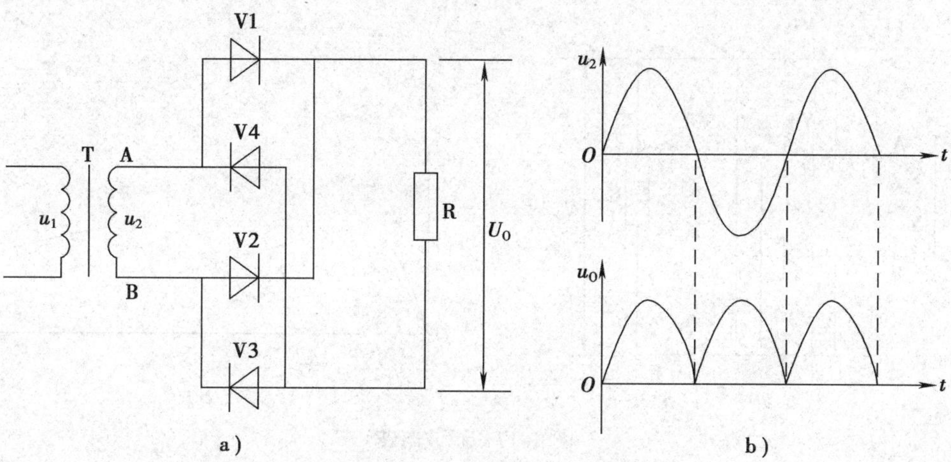

图 7–16 单相桥式整流电路

a）电路图 b）波形图

当 u_2 为正半周时，A 正 B 负，V1、V3 因正偏而导通，V2、V4 因反偏而截止，电流从 B 点经过二极管 V1、R、V3 至 B 点，构成回路，在负载电阻器 R 上得到上正下负的电压。

当 u_2 为负半周时，B 正 A 负，V2、V4 因正偏而导通，V1、V3 因反偏而截止，电流从 A 点经过二极管 V2、R、V4 至 A 点，构成回路，在负载电阻器 R 上也得到上正下负的电压。

由此可见，在交流电压 u_2 的正半周、负半周期间，负载电阻器 R 都有电流通过，负载两端都有电压输出。其波形如图 7–16b 所示。

（3）负载上的直流电压

$$U_O \approx 0.9U_2$$

2. 电源滤波电路

如图 7–14b 所示，C1 和二极管 V1、V2、V3、V4 共同组成电源滤波电路。电源滤波电路是利用电容的储能作用，将整流电路输出的脉动直流电转换为比较平滑的直流电。

（1）电路组成。电源滤波电路如图 7–17a 所示，它由桥式整流电路、滤波电容器 C1 和负载电阻器 R 组成。

（2）工作原理。在滤波电路中，电容器 C1 与负载 R 并联。当电源供给的电压升高时，电源把部分能量供给负载，部分能量供给电容器储存起来；当电源供给的电压降低时，电容器就把储存的能量释放出来，从而抑制了电容器两端电压的变化，使负载两端的电压变得比较平滑，脉动成分减小，这就是电容器的滤波作用。

接上电容器 C1 后，电容器周而复始地进行充放电，使负载上得到如图 7–17b 所示的输出波形。

（3）负载上的直流电压

$$U_O \approx 1.2U_2$$

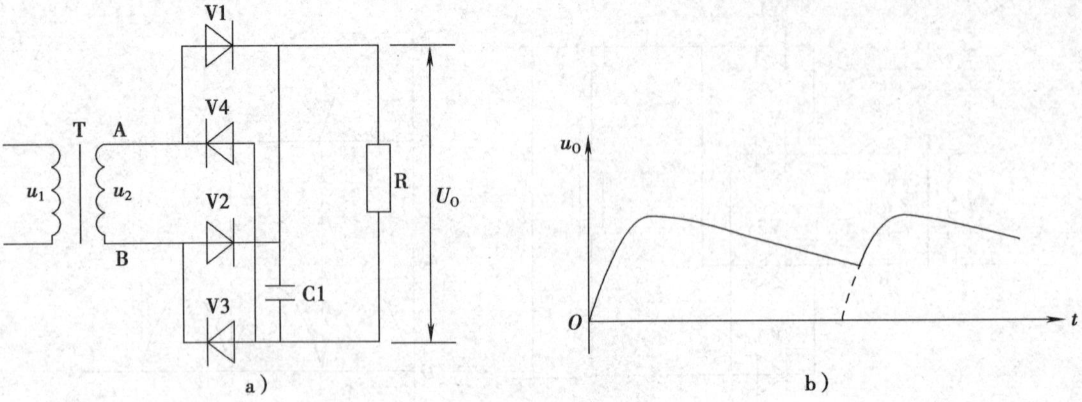

图 7–17　滤波电路

a）滤波电路　b）输出波形

三、电子稳压电路

交流电压经过整流滤波后，虽然已经由交流电转变为直流电，但是输出电压会随着电网电压的波动而波动，或随着负载电阻的变化而变化。为了获得稳定的直流电压，必须采取稳压措施。

1. 电子稳压电路的组成与工作原理

串联型直流电子稳压电路由取样电路、基准电压电路、比较放大电路、电压调整电路等组成。

（1）取样电路。如图 7–14b 所示，取样电路由 R4、RP、R5 组成。当输出电压 U_O 因电网电压或负载发生变化时，取样电路将其变化量的一部分取出送到比较放大管 V8 的基极。调整可变电阻器 RP 可调整输出电压的大小。

（2）基准电压电路。如图 7–14b 所示，基准电压电路由 R3、V9 组成。V9 是稳压二极管，它为比较放大管 V8 的发射极提供稳定的基准电压。

（3）比较放大电路。如图 7–14b 所示，比较放大电路由 V8 等元件组成。V8 是比较放大管，其作用是以 V8 发射极基准电压作为参考，将基极由取样电路获得的能够反映输出电压变化的电压值与之比较然后放大，再由 V8 的集电极输出调整控制电压至电压调整电路 V6 的基极。

（4）电压调整电路。如图 7–14b 所示，电压调整电路由 V6、V7 等元件组成。V6 是电压调整管，它是组成电压调整电路的核心元件。V7 与 V6 组成复合管。调整原理如下。

假如因某种原因导致稳压电源电压 U_O 输出增大，经取样电路、电压基准电路、比较放大电路和调整电路的作用，最终使电压调整管 U_{ce}（V6）增大。

因为：U_O=U_c（V1）–U_{ce}（V6）

所以通过电路自动调整 V6 的 U_{ce} 电压，从而达到自动调整输出电压 U_O 的目的。其稳压过程如下。

U_e（V8）恒定不变

$U_O\uparrow\rightarrow U_b(V8)\uparrow\rightarrow U_{bc}(V8)\uparrow\rightarrow U_c(V8)\downarrow\rightarrow U_b(V7)\downarrow\rightarrow U_b(V6)\downarrow$

$U_O = U_c(V1) - U_{ce}(V6)$

$U_O\downarrow\leftarrow U_{ce}(V6)\uparrow$

2. 输出电压值调整范围

直流稳压电路的输出电压大小可以通过调整取样电路中电位器 RP 实现，电压调整范围的计算方法如下。

当 RP 调整到最上端时，输出电压为最小值

$$U_{omin} = (U_Z + U_{be8})(R_4 + R_P + R_5)/(R_P + R_5)$$

当 RP 调整到最下端时，输出电压为最大值

$$U_{omax} = (U_Z + U_{be8})(R_4 + R_P + R_5)/R_5$$

任务实施

直流稳压电源安装与调试的基本操作步骤如下。

准备→熟悉安装工艺要求→核对元器件数量、规格和型号→元器件质量检测→元器件预加工、安装→焊接、检查→总装→检查、通电调试。

一、根据要求，准备好安装所需要的工具、仪表

将工作台整理有序，工具摆放合理。常用的电子组装工具有电烙铁（烙铁架、焊锡丝、松香），一字和十字旋具（75×5、50×3 各一把），尖嘴钳，剪子，镊子，吸锡器，万用表等。

二、熟悉安装工艺要求

认真阅读电路原理图、装配图和安装工艺要求。

三、根据原理图要求，清点安装所需要的材料

元器件明细表见表 7–17。

表 7–17　　元器件明细表

代号	名称	规格	代号	名称	规格
V1，V2，V3，V4	二极管	1N4001	R5	电阻器	510 Ω
V5	发光二极管	红色	RP	微调电位器	2.2 kΩ
V6	三极管	9013	C1	电解电容器	470 μF/16 V
V7，V8	三极管	9014	C2	电解电容器	10 μF/16 V
V9	稳压管	2CW56	C3	电解电容器	200 μF/16 V
R1	电阻器	2.2 kΩ	T	降压变压器	AC220 V/7.5 V×2
R2，R3	电阻器	1 kΩ	—	印制线路板	×1
R4	电阻器	300 Ω			

四、元器件质量检测

根据前面所学的元器件质量检测法，逐一对元器件进行识别和检测，剔除并更换不符合要求的元器件。

五、印制线路板和元器件的预加工与安装

1. 印制线路板

通常在绝缘板上，按预定设计制成印制线路，为元器件之间电气连接提供导电图形，称为印制线路板。如图 7–18 所示为直流稳压电源的印制线路板。

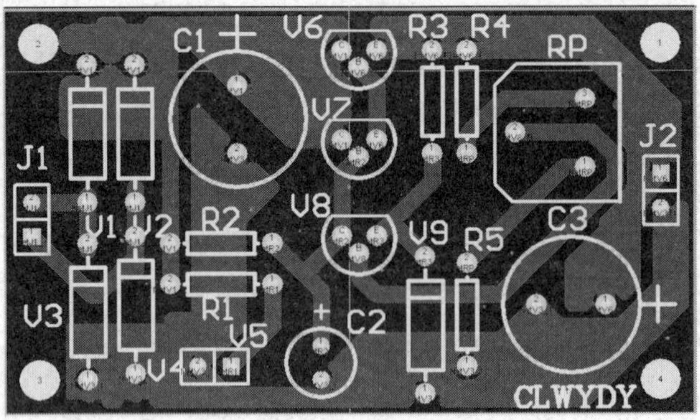

图 7–18　直流稳压电源的印制线路板

印制线路板上与元器件引线焊接处，称为焊盘。为了提高焊点质量，印制线路板制成后，焊盘处需涂助焊剂。故在焊接过程中，切勿用油手、汗手及其他油脂物弄脏焊盘。若弄脏则用无水酒精擦干净，并重涂助焊剂。

2. 元器件安装前的引线成形

印制线路板上元器件的安装方式通常有卧式安装和立式安装两种，如图 7–19 所示。采用哪种安装方式，主要取决于焊盘的间距和元器件的外形。

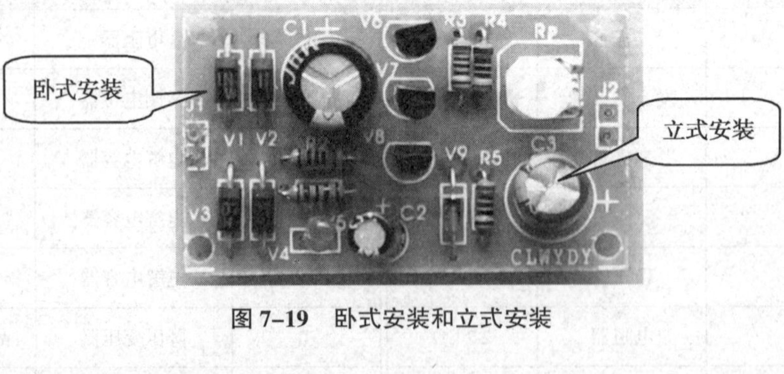

图 7–19　卧式安装和立式安装

元器件引线弯折方法如图 7–20 所示。

对元器件引线成形，应注意以下几点。

（1）所有元器件引线均不得从根部弯折。因为根部容易折断，一般弯折时从根部留

1.5 mm 以上距离。

（2）弯折一般不要成直角。

（3）要尽量将元器件有字符的面朝向便于观察的方向。

（4）卧式安装时两引线左右弯折要对称，引出线要平行，期间的距离应与印制线路板两焊盘孔的间距相等。

3．元器件的安装

将元器件向印制线路板上安装时，应严格对照装配图进行，避免错装、漏装。认真遵循先小后大、先低后高、先里后外、先轻后重的安装原则。图 7–21 所示为元器件的安装方法。

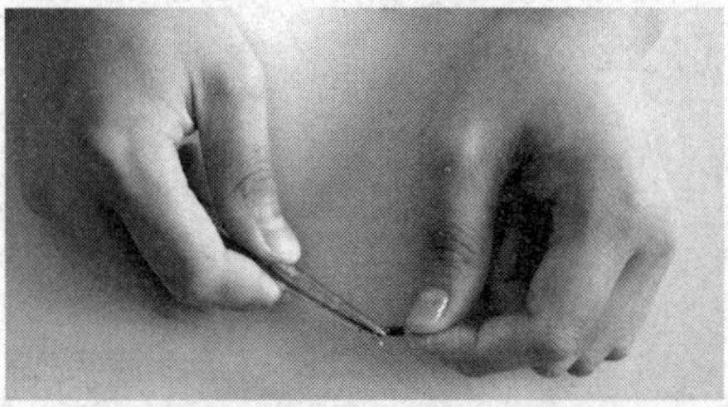

图 7–20 元器件引线弯折方法

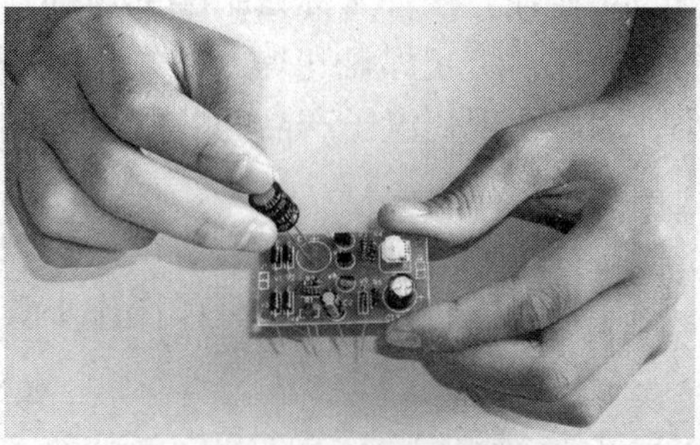

图 7–21 元器件的安装方法

六、线路板的焊接

电子产品的质量不但取决于电子元器件的性能，还取决于其装配工艺。因此线路板的焊接质量就显得尤为重要，而焊接质量又与哪些因素有关呢？一是焊接工具和焊接材料的合理使用，二是操作者的焊接技术。

1．焊接工具

电烙铁是电子产品装配过程中最重要的手工焊接工具。图 7–22 所示为常用的内热式电烙铁。

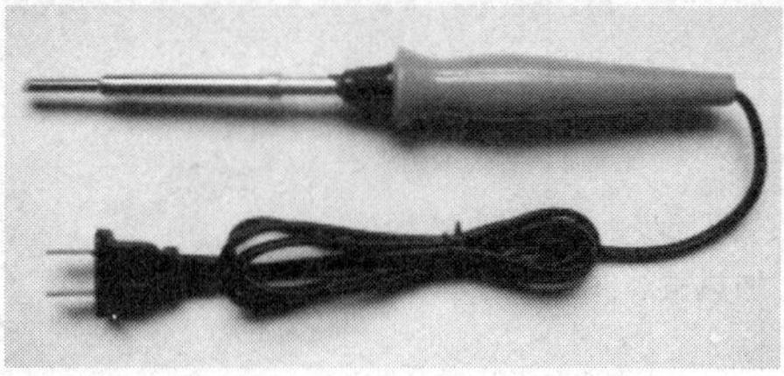

图 7–22 常用的内热式电烙铁

（1）电烙铁的选用方法

1）根据被焊点和空间的大小，选择合适大小的烙铁头。

2）根据被焊点热容量的大小，选择合适功率的电烙铁。一般的电子元器件焊接时，多采用功率 20 ~ 35 W 的电烙铁。

（2）电烙铁的使用注意事项

1）轻拿、轻放，避免过度撞击造成损坏。

2）烙铁头的工作面要经常保持清洁，工作面清洁是焊点质量的重要保证。

2．焊接材料

图 7–23 所示为常用的焊接材料，包括焊锡丝、松香。

（1）焊锡丝。手工焊接一般采用管状焊锡，又称焊锡丝。按焊锡丝的直径分为 0.5 mm、0.8 mm、0.9 mm、1.0 mm、1.2 mm、1.5 mm、2.0 mm 等多种规格。可根据被焊点的大小进行选择。

图 7–23　焊锡丝、松香

（2）松香。松香又称松脂类助焊剂。它有利于清除被焊材料表面的氧化膜，增强被焊材料的可焊性，防止焊盘和焊点的氧化，并有助于焊锡的流动，减小焊点表面的张力，且腐蚀性小，因此在现代电子产品的装配与焊接过程中得到了广泛的应用。

3．焊接技术

手工焊接一般采用锡焊五步操作法和锡焊三步操作法。

（1）锡焊五步操作法。具体操作步骤见表 7–18。

表 7–18　　锡焊五步操作法

操作步骤		操作说明
第一步：准备施焊	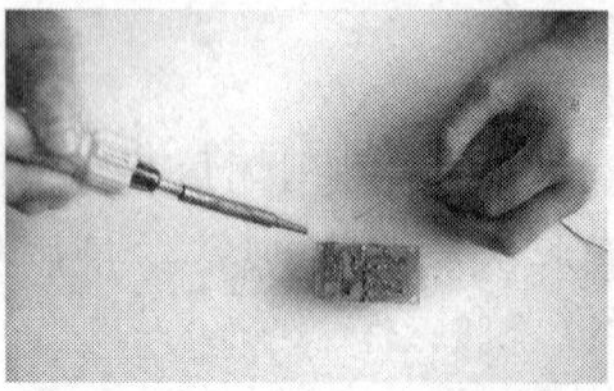	左手拿焊锡丝，右手握电烙铁，进入备焊状态。要求烙铁头工作面保持干净，无焊渣等氧化物，并在表面镀一层焊锡
第二步：加热被焊件	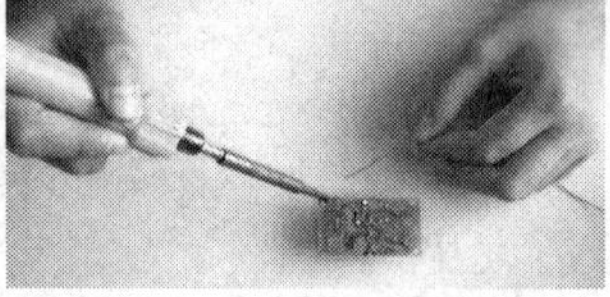	将烙铁头工作面靠在两被焊件的连接处，加热整个被焊件，时间为 1 ~ 2 s。对于在印制板上焊接元器件来说，要注意使烙铁头同时接触两个被焊接物，使它们均匀受热
第三步：送入焊锡丝	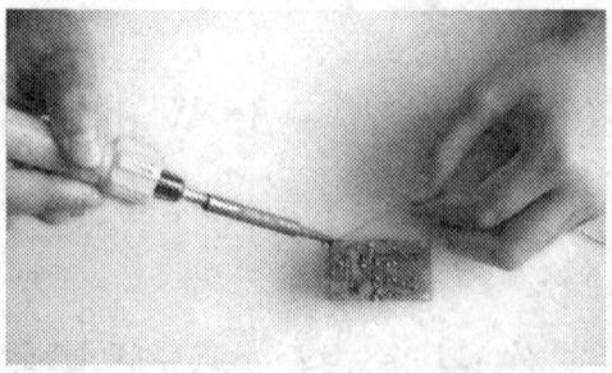	被焊件的焊接面被加热到一定温度时，焊锡丝从烙铁对面送入并接触被焊件。注意不要把焊锡丝送到烙铁头上
第四步：移开焊锡丝	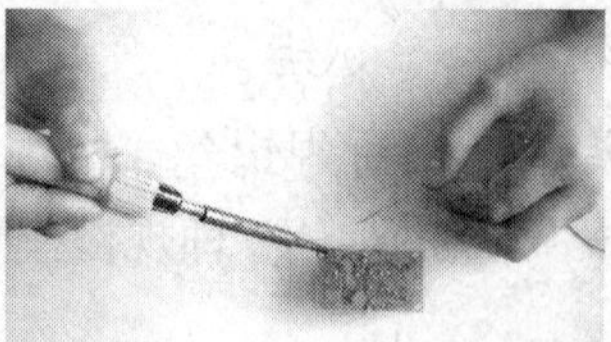	当焊锡丝熔化一定量后，立即向左上 45° 角方向移开焊锡丝

续表

操作步骤		操作说明
第五步：移开电烙铁	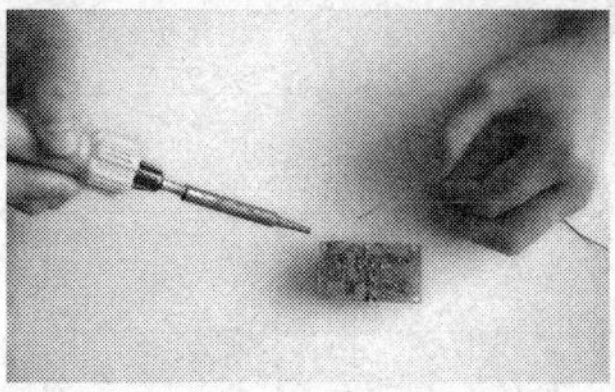	焊锡浸润焊盘和焊件的全部施焊部位以后，向右上45°角方向移开电烙铁，移开时先慢后快，在烙铁与焊锡似接非接时，迅速一带，离开焊点

（2）锡焊三步操作法。对于热容量小的被焊件，例如印制板上较小的元器件，可以将五步操作法简化为三步操作，具体方法如下。

1）准备工作同五步操作法第一步。

2）加热与送入焊锡丝：将烙铁头工作面靠在两被焊件的连接处，加热整个被焊件，同时从烙铁头对面送入焊锡丝。

3）移去焊锡丝与移开电烙铁：焊锡在焊接面上浸润扩散达到预期范围后，同时拿开焊锡丝并移开电烙铁。注意移去焊锡丝的时间不得滞后于移开电烙铁的时间。

4．焊后剪除引脚、检查焊点质量

（1）焊后剪除引脚，如图7–24所示。

（2）检查焊点应光滑，无毛刺、虚焊、假焊、连焊等不良现象。

七、总装、通电调试与检测

1．总装、通电调试

总装、通电调试如图7–25所示。

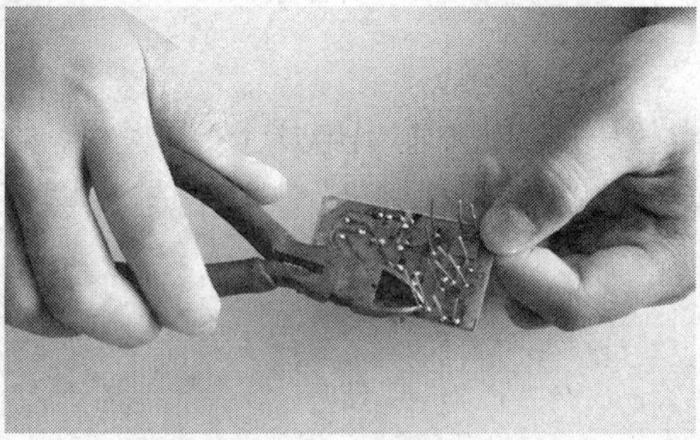

图7–24 焊后剪除引脚

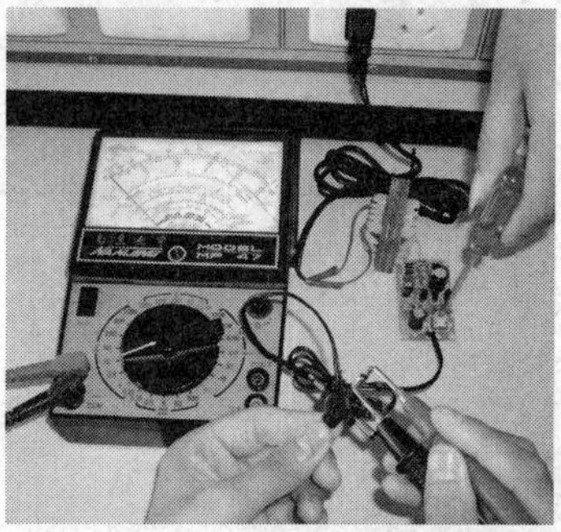

图7–25 总装、通电调试

（1）先用万用表电阻挡正确判断降压变压器的一次绕组和二次绕组。然后将一次绕组接电源线，二次绕组接线路板桥式整流电路的输入端。

（2）检测无误后通电，调整电位器RP，将稳压电源输出电压 U_0 调整至3 V。

2．检测数据

将 U_0 调至3 V时的测量数据填入表7–19中。

再将稳压电源输出电压 U_0 调至6 V，重复测量。将测量结果填入表7–20中。

表 7–19　　U_O 调至 3 V 时的测量数据

测量点	测量电压值			
变压器二次绕组				
电容器 C1 两端				
V6	U_b	U_e	U_c	U_{ce}
V7	U_b	U_e	U_c	U_{ce}
V8	U_b	U_e	U_c	U_{ce}
V9				

表 7–20　　U_O 调至 6 V 时的测量数据

测量点	测量电压值			
变压器二次绕组				
电容器 C1 两端				
V6	U_b	U_e	U_c	U_{ce}
V7	U_b	U_e	U_e	U_{ce}
V8	U_b	U_e	U_c	U_{ce}
V9				

3．数据分析

（1）比较 V9 两次测量数据，看有无变化。

（2）比较 V8 两次测量数据，找出（V8）集电极 U_c 与电源输出电压 U_O 的关系。

（3）比较 V6 两次测量数据，找出（V6）集电极—发射极电压 U_{ce} 与电源输出电压 U_O 的关系。

知识链接

集成电路

相比分立器件的电子电路而言，集成电路是把一个电路所需的晶体管、电阻、电容和电感等元件及布线互连在一起，制作在一小块或几小块半导体晶片或介质基片上，然后封装在一个管壳内，成为具有所需电路功能的微型结构，如图 7–26 所示；集成电路中所有元件在结构上已组成一个整体，使电子元件向着微型化、低功耗、智能化和高可靠性方面迈进了一大步。集成电路是一种微型电子器件，它在电路中用字母“IC”表示。

图 7–26 集成电路

集成电路具有体积小、重量轻、引出线和焊接点少、使用寿命长、可靠性高、性能好等优点，同时成本低，便于大规模生产。它不仅在工业、民用等方面得到广泛的应用，同时在军事、通信、遥控等方面也得到广泛的应用。用集成电路来装配电子设备，其装配密度可比晶体管提高几十倍至几千倍，设备的稳定工作时间也可大大提高。